Hans Christ

Der Apfel fällt nicht weit vom Pferd

Weitere Episoden aus dem Leben eines Landtierarztes

V. F. SAMMLER

Umschlaggestaltung: DSR – Werbeagentur Rypka/Thomas Hofer, A-8143-Dobl/Graz
Titelillustration: Hans Christ, Thomas Aldrian/DSR – Werbeagentur Rypka
Die im Buch abgebildeten Illustrationen stammen vom Autor.

Bibliographische Information der Deutschen Nationalbibliothek
Die Deutsche Nationalbibliothek verzeichnet diese Publikation in der Deutschen Nationalbibliographie; detaillierte bibliographische Daten sind im Internet über http://dnb.d-nb.de abrufbar.

Hinweis:
Dieses Buch wurde auf chlorfrei gebleichtem Papier gedruckt. Die zum Schutz vor Verschmutzung verwendete Einschweißfolie ist aus Polyethylen chlor- und schwefelfrei hergestellt. Diese umweltfreundliche Folie verhält sich grundwasserneutral, ist voll recyclingfähig und verbrennt in Müllverbrennungsanlagen völlig ungiftig.

Auf Wunsch senden wir Ihnen gerne *kostenlos* unser Verlagsverzeichnis zu:
V. F. SAMMLER
Hofgasse 5 / Postfach 438
A-8011 Graz
Tel.: +43 (0)316/82 16 36
Fax: +43 (0)316/83 56 12
E-Mail: stocker-verlag@stocker-verlag.com
www.stocker-verlag.com

ISBN 978-3-85365-252-7

Layout: Klaudia Aschbacher, A-8111 Judendorf-Straßengel
Gesamtherstellung: Druckerei Theiss GmbH, 9431 St. Stefan

Inhalt

Vorwort in eigener Sache

Als ebenso unberechenbar wie die Medizin und die Tiere allgemein erweisen sich manchmal auch die Tiermediziner!

Getreu dem Grundsatz „Aller guten Dinge sind drei“ wollte ich eigentlich nach den „Hühnern“ Schluß machen, um nicht das sprichwörtliche erfolgreiche Pferd zu Tode zu reiten.

Erstaunlicherweise setzen jedoch noch viele Leute Vertrauen in meine schriftstellerischen Jockey-Künste, denn im Laufe der Zeit häuften sich die Anfragen, wann denn endlich das nächste Buch herauskäme! Da begann es mich wieder zu jucken, und Juckreiz kann, wie wir alle wissen, unerträglich werden!

Tröstlich dabei ist der James-Bond-Film „Sag niemals nie“, dessen Titel ironisch darauf anspielt, daß Sean Connery vorher auch einmal erklärt hatte, nie wieder die Rolle des 007 zu übernehmen. Und wenn schon ein Superagent schwach werden kann, wieviel mehr ein kleiner Landtierarzt!

Das Ergebnis liegt nun in gedruckter Form vor und verhilft hoffentlich zu weiteren heiteren Momenten!

Für Ihre Treue bedankt sich ganz herzlich
Hans Christ

SOS am Oktoberfest

Mehr als dreißig Jahre lang rief der Begriff *„Münchner Oktoberfest“* bei mir die gleiche Reaktion hervor wie das Wort *„Tortenschlacht“!*

Ich registrierte, daß so etwas veranstaltet wird, nahm erstaunt zur Kenntnis, daß sich eine ganze Menge Leute dabei offenbar amüsieren können, und dachte nie im Traum daran, jemals selbst an dem einen oder anderen teilzunehmen.

Nicht etwa, weil ich Alkoholgenuß, auch fallweise übermäßigem, abhold wäre, wie sämtliche meiner guten Bekannten unter Eid bekräftigen können.

Aber diese ritualisierte Fröhlichkeit mit ihrer allgemeinen Pseudotrachtenverkleidung, den überfüllten Bierzelten, wo man sich die Seele aus dem Leib brüllen muß, um die penetranten Sauf- und Wiesenhits der Kapellen zu übertönen, den enthemmten Bierzeltbesuchern, bei denen man sich nicht sicher sein kann, ob sie noch auf den Bänken schunkeln oder nur noch unschlüssig sind, auf welche Seite sie wegkippen sollen, samt den unappetitlichen Begleiterscheinungen im Freien war nichts für einen altmodischen Pfeifenraucher wie mich, der zu einem guten Bier ein gutes Gespräch mit guten Freunden schätzt! Das hat nun nichts mit der leider zum „guten“ Ton in Österreich gehörigen Germanophobie zu tun, auch die wesentlich bescheideneren heimischen Feuerwehrfeste genossen bei mir aus dem gleichen Grund die gleiche Beliebtheit.

Diese zugegebenermaßen misanthropische Einstellung änderte sich schlagartig, als ich der Süddeutschen Zeitung, die ich mir aus Zeitgründen stets nur samstags gönne, entnahm, daß zum 200. Jubiläum eine „Historische Wies'n“ veranstaltet würde – mit der nostalgischen Pracht alter Ringelspiele und Fahrgeschäfte, mit Pferderennen, traditionellen Bierzelten und was sonst noch aus der guten alten Zeit herübergerettet worden war!

Für mich als alten Nostalgiker – die erwähnten Bekannten können das ebenfalls bezeugen – stand somit der Entschluß fest: „Karin, was hältst du davon, nächstes Wochenende aufs Oktoberfest zu fahren?“

Meine Frau ließ das, was sie gerade in der Hand gehalten hatte und sich nach dem Aufklauben der Scherben als Glasschüssel rekonstruieren ließ, fallen und fragte besorgt: „Soll ich den Arzt holen?“

Erst als ich meiner Angetrauten glaubhaft versichert hatte, daß ich mich sehr wohl fühlte, meinte sie amüsiert: „Na, wenn du glaubst, daß du noch ein Zimmer in München auftreibst …?"

Der ebenfalls durch das Telefon amüsierte Herr im bayerischen Tourismusamt glaubte das nicht: „Fünf-Stern, Vier-Stern, Drei-Stern, Zwei-Stern, Ein-Stern, alles ausgebucht! Höchstens Tausend-Stern-Kategorie wäre noch frei!"

„…?"

„Na, da liegen Sie am Rücken im Hofgarten vor der Staatskanzlei und schauen zum Nachthimmel hinauf, hahaha!"

„Ha!" sagte ich ins Telefon und bewies ihm, daß Heiterkeit im Gegensatz zum Gähnen nicht zwangsläufig ansteckend sein muß.

„Oh, warten Sie, da seh' ich gerade eine Stornierung! Ist nichts Besonderes, aber dafür liegt das Hotel ziemlich nahe zur Theresienwiese, da können Sie praktischerweise zu Fuß hingehen und später auf allen vieren retour! Hahaha! Apropos zu Fuß! Wenn Sie mit dem Auto anreisen, brauchen Sie für die Stadt eine Umweltzonenplakette!"

„Eine was?" fragte ich mittlerweile in einem Tonfall, der sogar den Marx-Brothers die Späße ausgetrieben hätte.

„Am besten, Sie wenden sich an Ihren Autofahrerklub!" sagte mein Gegenüber rasch und legte auf. Offenbar hatte er die Gefährlichkeit der Lage kapiert!

Die freundliche Dame am Stützpunkt erkundigte sich nach dem Alter unseres Audi und händigte mir gegen fünf Euro in bar eine gelbe Vignette aus: „Die kleben Sie sichtbar an die Windschutzscheibe! Gelb entspricht dem Baujahr des Wagens und den Emissionswerten! Damit können Sie in ganz München herumfahren, außer in den grünen Zonen!"

In mir keimte ein furchtbarer Verdacht!

Zum Glück hatte ich die Telefonnummer des Hotels bei mir: „Hallo, ich hab' für das Wochenende ein Zimmer bei Ihnen reserviert! In welcher Zone liegen Sie denn? … In der grünen? Na perfekt! Wissen Sie was? Damit die liebe Zone auch so grün bleibt, bleibe ich mit meiner gelben Plakette daheim, und Sie können wieder frei über mein Zimmer verfügen!"

„Aber wieso denn! Das gilt doch erst ab 1. November! Bis dahin können Sie sogar mit der roten zu uns herfahren!"

„Ach so? Na, dann brauch' ich doch überhaupt keine Plakette!"

„Das würde ich lieber nicht riskieren! Ohne Plakette können Sie nämlich gestraft werden!"

O heiliger Bürokratius, du Schutzpatron aller Vorschriften! Gepriesen sei deine Gerechtigkeit, in der du durch dein grenzenloses Wirken alle Menschen auf diesem Planeten gleichermaßen an deinen Segnungen teilhaben läßt!

Nach einer herrlichen Arbeitswoche, zumindest wettermäßig, brausten wir somit Freitag abend auf der Autobahn Richtung München. Zur Einstimmung hatte ich das Autoradio mit CDs von der Biermöslblas'n, Gerhard Polt und dem Weiß Ferdl gefüttert.

„Fürs Wochenende haben sie Schlechtwetter angesagt!" versuchte Karin meine Euphorie ein wenig in den Griff zu bekommen.

„Aber geh! Wetterbericht! Daß ich nicht lache! Wenn ich mit meinen Diagnosen auch so oft danebenliegen würde, könnte ich die Praxis dichtmachen!"

Der Abendhimmel leuchtete nämlich im zarten Blauorange, nur über den Untersberg schwebte ein schüchternes Wölkchen daher.

Aber offenbar hatten die Wetterfrösche dazugelernt! Kurz vor München war Schluß: ein paar Autos waren infolge Aquaplanings ineinandergekracht, und der Stau betrug mittlerweile sechs Kilometer! Um die Verkehrsdurchsagen zu hören, mußte ich das Radio lauter drehen, weil der Regen mittlerweile sintflutartig auf Dach und Scheiben prasselte.

Der Verkehr wurde umgeleitet, und über eine mir völlig unbekannte Bundesstraße erreichten wir das nächtliche München und dank des Navigationssystems endlich unser Hotel. Auf den ersten Blick darauf wäre der Hofgarten, vom Wetter abgesehen, vielleicht gar keine so schlechte Alternative gewesen!

Das Zimmer erwies sich zwar als sauber, machte aber aufgrund des abgewohnten Zustandes keinen sehr heimeligen Eindruck, und um den Fusel aus der Minibar zu verdrücken, brauchte es schon ein übermäßiges alkoholisches Grundbedürfnis! Na ja, einem in allerletzter Minute ergatterten Zimmer schaut man nicht auf die Tapeten, heißt es immer!

„Drehen wir noch eine kleine Runde!" schlug ich vor, „nach der Fahrt bin ich noch nicht müde, und hier in der Bude kriege ich höchstens Depressionen!"

„Bist du verrückt? Es waschelt in Strömen!"

„Na und? Wir sind nicht aus Zucker, und außerdem sind die Goretexschuhe wasserdicht!"

„Na, dann viel Vergnügen! Ich bleibe hier im Palast!" nickte Karin und drehte den Fernseher auf.

Goretexschuhe sind dann wasserdicht, wenn das Wasser nicht von den Hosenbeinen aufgesaugt und über die Socken direkt abgeleitet wird! Es war, als machte ich meinen Spaziergang am Fuße der Niagarafälle! Nach einem halben Häuserblock gab ich auf.

„Ah, Gott Poseidon persönlich!“ bemerkte Karin, die mittlerweile im Bett lag, maliziös.

Im Fernsehen lief eine amerikanische Schwarzweißkomödie und darin Katherine Hepburn im Badeanzug herum! Beneidenswert!

„Hast du wenigstens das Wetter für morgen am Teletext angesehen?“ knurrte ich.

„Nanu! Ich dachte, du hältst nichts von Wetterprognosen?“

„Neuerdings schon!“ gab ich kleinlaut zu, während ich meine Schuhe in die Duschtasse entleerte, „also, wie schaut's aus?“

„Schlecht!“ sagte Karin.

Schlecht war, gelinde gesagt, untertrieben!

Als wir am nächsten Morgen aus dem Frühstücksraum – das Frühstück war übrigens ausgezeichnet – durch die großen Fenster in den Innenhof starrten, war von der Welt nicht viel zu sehen!

„Sinnlos, bei dieser Sintflut auf die Wies'n zu schauen!“ brummte ich verdrossen. Ich fand das von Petrus, der die karge Freizeit eines Landtierarztes schließlich kennen mußte, im höchsten Maße gemein, mir den Ausflug derart zu versauen!

„Fahren wir halt wieder heim!“ meinte Karin. „Ich muß sowieso noch eine Menge Tests für die kommende Woche vorbereiten!“

„Aber vorher mache ich wenigstens noch einen Abstecher ins Deutsche Museum! Vor zwanzig Jahren war ich das letzte Mal dort! Dann bin ich wenigstens nicht ganz umsonst über vierhundert Kilometer gefahren!“

Wir ließen uns ein Taxi rufen.

Im allgemeinen bin ich ja davon überzeugt, bei den meisten Menschen einen akzeptablen gesellschaftlichen Rang zu genießen, aber daß mir ein wildfremder Mann in aller Öffentlichkeit beinahe die Füße küßte, überraschte mich doch ein wenig!

„Danke, danke, danke, ich bin Ihnen so dankbar!“ stammelte der Lenker, ein gebürtiger Türke, der bereits sein halbes Leben in München Taxi fuhr. „Sie sind nämlich die ersten seit einer Woche, die nicht zur Wies'n wollen!“

Hier irrte der Gute! Mit uns gemeinsam hatten sich nämlich noch zirka 8000 andere Besucher dazu entschlossen, das Wetter für ihre Bildung im Museum auszunutzen. Diejenigen, die zu geizig gewesen waren, ihre Mäntel an der Garderobe abzugeben, liefen zwar Gefahr, an möglichem Hitzschlag zu kollabieren, nicht aber, dabei umzufallen! Das erwies sich als schlichtweg unmöglich! Zum Glück besaßen die meisten Exponate – Schiffe, Flugzeuge und Raketen – eine genügende Größe, daß man zumindest ihre obere Hälfte über die Köpfe der dampfenden Menge hinweg bewundern konnte. Darin besteht der unbestreitbare Vorteil von ausgestellten Schiffen, Flugzeugen und Raketen gegenüber Schmetterlingen!

„Mir reicht's!“ stöhnte Karin trotzdem nach einer halben Stunde, „ich geh' jetzt auf die Terrasse eine rauchen!“

Fünf Minuten später kehrte sie eilig zurück: „Was sagt man dazu? Der Regen hat aufgehört, und stellenweise blinzelt schon der bayerische Himmel durch!“

Leider hatte sie zu laut gesprochen! Die Frohbotschaft verbreitete sich wie die Nachricht von einem gefundenen Zuckerwürfel in einem Ameisenhaufen!

Zusammen mit den restlichen 8000 – mir kam vor, sie hätten sich in der Ausstellung noch vermehrt, was allerdings rein technisch und anstandsmäßig unmöglich war – strömten wir aus dem Museum und strebten im Eilschritt dem nahen Taxistandplatz zu. Hierbei zeigte sich die angenehme Facette, mit einer Sportlehrerin verheiratet zu sein! Karin hängte die Meute mühelos ab und verteidigte einen Wagen so lange, bis ich angeschnauft kam. Ich hätte nicht so viel frühstücken sollen!

„Zum Oktoberfest!“ kommandierte ich unbarmherzig, ohne mich um die eventuelle psychische Befindlichkeit des neuen Fahrers zu kümmern.

Die „klassische“ Wies'n entpuppte sich als genau der Megarummel, den ich aus unzähligen Fernsehberichten kannte, mit dem kleinen Unterschied, daß sogar die Budengassen, von denen ich bisher angenommen hatte, sie würden eine halbwegs normale Fortbewegung ermöglichen, hoffnungslos überfüllt waren. Vielleicht war daran auch die unsichere Wettersituation schuld. Vor den Festzelten warteten Menschenmassen, von denen die Türsteher jeweils nur im Promillebereich Leute einließen, und auch nur dann, wenn aus dem inneren Promillebereich eine entsprechende Anzahl herausgetorkelt kam!

Uninteressant! Falls ich jemals auf Blockabfertigung neugierig sein sollte, kann ich mich den Sommer über an den Tauerntunnel stellen!

Nachdem wir gerade noch rechtzeitig einer Gruppe grölender Holländer in orangen Plastiklederhosen und ebensolchen Zylindern ausweichen konnten, die den Eindruck machte, sie habe die gesamte Zeit seit dem WM-Finale 1974 auf dem Oktoberfest zugebracht, zwängte ich mich auf einen Festordner zu und fragte: „Wo, bitteschön, geht's hier zur Jubiläumswies'n?"

„Glei' hinterm Riesenradl!" antwortete der Mann mit unverhohlenem Neid.

Das Gelände der Historischen Wies'n war durch eine grüne Plankenwand abgegrenzt. Um hineinzugelangen, waren vier Euro Eintritt extra zu bezahlen, eine geniale Einrichtung, wie ich befand, da dadurch das gesamte Ballermannpublikum ferngehalten wurde.

Man kam sich zwar auch so nicht unbedingt wie Robinson Crusoe vor, aber ein Volksfest bezieht eben seinen Namen vom Volk, daran ist nicht zu rütteln!

Und hier tauchte man wirklich ein in eine Zeit, da die Reizüberflutung die Menschen noch nicht so gepackt hatte und auch bescheidene Dinge den Geruch von Sensation für jung und alt besaßen! Drei mechanische Orchestrions säumten den Gehweg und spielten abwechselnd im Halbstundenintervall ihre Walzenprogramme herunter.

Es gab mächtige Dampfmaschinen zu bestaunen, das Münchner Marionettentheater bot regelmäßige Vorstellungen, Luftschaukeln und die exzentrisch zu fahrenden Fahrräder des Velodroms sorgten für gehörigen Muskelkater und ebensolchen Durst, für den zwei Bierzelte samt vorgelagerten Biergärten zuständig waren, und die alten Kettenkarusselle, Ringelspiele und Schaubuden faszinierten in ihrer liebevoll gestalteten Schlichtheit mehr als sämtliche computergesteuerten High-Tech-Rummelplatz-Attraktionen des 21. Jahrhunderts.

Das Bier, von den sechs Großbrauereien gemeinsam nach einem speziellen Rezept von 1810 für die Historische Wies'n gebraut und nur dort ausgeschenkt, stellte neben dem Pferderennen den absoluten Tageshöhepunkt dar!

Apropos Pferde! Es gab auch ein Zelt, in welchem ganz unspektakuläre Haustiere wie Kälber, Hühner, Kaninchen, Haflinger u. a. zu sehen und sogar anzugreifen waren. Für heutige Stadtkinder ein eindrucksvolles Erlebnis!

Sogar für manche Erwachsene!

Wie beispielsweise den Korpulenten neben mir, der seinen Wurstfinger durch das Maschengitter des Hasenstalls zwängte, um einem weißen Riesenrammler von beachtlichem Ausmaß die Barthaare zu kraulen. „Nettes Scheißerchen!“ grinste er mir zu und bezahlte im nächsten Augenblick diese fatale Ansicht mit einem herzhaften Biß in das Nagelbett, das sich sofort violett zu verfärben begann!

Für jemanden, der gerade an einem so dicken Finger lutschte, kamen die wüsten Verwünschungen ausgesprochen deutlich.

„Ausdrücke sind das!“ meinte Karin kopfschüttelnd, „und das vor Kindern!“

Wir wollten das Tierzelt gerade verlassen – schließlich hatte ich noch vom Vormittag einige Maß aufzuholen –, als plötzlich Unruhe entstand und alle Leute in eine Richtung drängten.

Eine schlanke Haflingerstute warf sich plötzlich in ihrer Box zu Boden, schlug mit den Hufen um sich, stand wieder auf, scharrte mit den Füßen, um sich erneut hinzuschmeißen! Dabei ließ sie ein schmerzhaftes Schnauben hören!

„Oje!“ schoß es mir durch den Kopf.

„Die will spielen!“ rief ein kleines Mädchen entzückt.

Ein Mann mit der unverkennbaren Kleidung eines Tierpflegers und dem Namensschildchen *Thomas* arbeitete sich durch die Zuschauer nach vorn: „Scheißdreck, eine Kolik!“ murmelte er düster.

An der Hinterwand des Zeltes befand sich zwar ein Kabäuschen, das die Aufschrift „Tierarzt“ trug, aber durch die versperrte Glastüre konnte man unschwer erkennen, daß zur Zeit keiner anwesend war! Eine Tafel verkündete: „Unser Tierarzt kümmert sich um acht und um achtzehn Uhr um unsere Tiere!“ Jetzt war es dreiviertel fünf! Zu lange!

Das schien auch Thomas einzusehen. „He, Walter!“ schrie er einem Kollegen nach hinten zu, „ruf beim Tierarzt an, dringend, wir hab'n einen Koliker!“

Die Menge, die sich besorgt um das kranke Pferd scharte, wuchs mit jeder Minute.

„Geht keiner ran!“ kam Walter herbeigeschnauft und warf einen sorgenvollen Blick auf die sich wälzende Stute.

„Typisch Tierarzt! Wenn man einen braucht, ist keiner da! Das ist ja nix Neues!“ schimpfte ein schmalbrüstiger Zeitgenosse im karierten Hemd aus der Zuschauermeute heraus. Einige Umstehende murrten zustimmend. „Anzeigen wegen Tierquälerei müßte man solche Herrschaften!“ rief der Kümmerling, der durch die Unterstützung sichtlich aufblühte. „Unverschämte Preise verlangen, aber im Notfall unauffindbar sein, das hat man gern …“

Jetzt war es Zeit, zu handeln und das tierärztliche Image zu retten! Anstatt das Bürschchen aus seiner offenbar vererbten, weil viel zu großen kurzen Lederhose zu stoßen und ihm einen Biereinlauf zu verpassen, um damit veterinärmedizinische Präsenz zu demonstrieren, schritt ich energisch nach vorn.

„Haben Sie vielleicht Schnaps bei der Hand?“

Die beiden Pfleger starrten mich verächtlich an: „Wenn Sie saufen wollen, dann geh'n Sie gefälligst raus zu einem Standl!“ fuhr mich Thomas an.

„Ich bin zufälligerweise Tierarzt!“ sagte ich und zückte meinen Ausweis wie Inspektor Columbo die Dienstmarke.

Die zwei kapierten nicht! Wahrscheinlich hielten sie mich jetzt lediglich für einen versoffenen Tierarzt!

„Eine Kolik entsteht durch Krämpfe der Darmmuskulatur, wobei auch die Blutgefäße zusammengepreßt werden!“ dozierte ich. „Eine krampflösende Spritze habe ich nicht bei mir, aber Alkohol erweitert bekanntlich die Gefäße und entspannt die Muskulatur! Damit könnten wir es versuchen! Mindestens ein Liter!“

Thomas reagierte als erster. „Walter, lauf rüber zum Schorsch und hol einen Obstler! Aber den guat'n, net den, den was er verkauft!“

Während sich Walter davonmachte, näherte sich ein großgewachsener, distinguierter Mann, der gekleidet war wie der Prinzregent persönlich auf der Hofjagd! Seiner Aussprache nach stammte er jedoch aus nördlicheren Gefilden. „Die Herren brauchen einen Schnaps?“ schnarrte er in der irrigen Meinung, einem von uns sei schlecht geworden, „damit kann ich dienen!“ Er reichte uns aus der Innentasche seiner Lederjoppe einen vergoldeten, kostbar ziselierten Flachmann.

„Sauber!“ nickte Thomas und griff sich die Flasche. Blitzschnell und gekonnt nahm er die Stute mit dem linken Arm in den Schwitzkasten und preßte ihr mit rechts den Flachmann ins Maul. Das Tier wollte abwehren, aber der kräftige Pfleger hielt den Kopf mit eisernem Griff umklammert, und das laute Gluckgluck verriet die erfolgreiche Eingabe des Flascheninhaltes!

„Erlauben Sie mal“, protestierte der verdatterte Prinzregent, „das ist ein 23jähriger Scotch!“

„Schon recht!“ entgegnete Thomas ungerührt, „dann is' eh guat, wenn das alte G'schlader oamal wegkommt!“

Bevor der edle Spender einschreiten konnte, hatte das Pferd ausgetrunken, und der Pfleger reichte den Flachmann, der während der

Prozedur noch erheblich flacher geworden war, an seinen Besitzer zurück. „Da, Spezi!“ sagte er, „der Dank des Hauses ist dir gewiß!“

Der Herr besah mit entgeisterter Miene sein teures Trinkgefäß, das die deutlichen Zahneindrücke eines gesunden Haflingergebisses trug. Kein Zweifel! Der Glückliche nahm sein ganz persönliches Oktoberfestandenken, welches in keinem Shop erhältlich war, mit nach Hause!

Da kam auch schon Walter mit einer Literflasche, gefüllt mit klarer Flüssigkeit, angerauscht.

„Obstler hat der Schorsch nur so einen für die Gäste!“ keuchte er, „aber das ist ein echter Enzian!“

„Noch besser!“ Ich schnappte die Flasche und entnahm meiner Jackentasche das Lederetui mit der homöopathischen Reiseapotheke, die ich seit einigen Jahren stets mit mir führte. (Ja ja, man wird eben leider auch älter!) Jeweils eine Ampulle Nux vomica und Spascupreel wanderten in den Enzian, dann ließ ich Thomas die Verabreichung wiederholen.

Anschließend lümmelten wir uns nervös an das Holz der Boxeneinfriedung und beobachteten die Stute, die sich noch immer unruhig gebärdete.

„Und Sie sind sicher, daß der Schnaps hilft?“ fragte Walter zweifelnd.

„Sicher bin ich nicht! Aber optimistisch!“

Tatsächlich! Nach ungefähr zehn weiteren qualvollen Minuten für beide Seiten begann das Pferd sich plötzlich zu entspannen, und nach weiteren fünf Minuten langte es nach einem Schopf Heu!

„Gratuliere!“ sagten Thomas und Walter und drückten mir beeindruckt die Hand.

„Euer Tierarzt wirft zur Sicherheit aber schon noch einen Blick drauf?"

„Klaro! Sobald er da ist!"

Sämtliche Umstehende begannen frenetisch zu klatschen, als hätte ich gerade ihren Urlaubsflieger nach Ibiza sicher notgelandet, und gleich darauf war ich wie ein mittelalterlicher Wunderheiler von zahlreichen Tierbesitzern umringt, die mir unbedingt die Problemchen und Wehwehchen ihrer Lieblinge schildern wollten! Ich wehrte mich mit Händen und Füßen unter Verweis auf niedergelassene Kollegen, was den Schmalbrüstigen in seiner Flatterlederhose von vorhin, der einen Tip für seinen offenbar geistesgestörten Kater erheischte, zu der lauten Bemerkung veranlaßte: „Typisch Tierarzt! Wenn man ihn nicht vorher mit Geld stopft, läßt er nichts raus!"

Bevor ich ihm diesmal wirklich eine reinhaute, ging ich lieber zu Karin, die derweilen am Zelteingang ein Zigarettchen genoß und mich mit sarkastischem Grinsen empfing. „Na, Doktor Eisenbarth, das hat dir wohl wieder Spaß gemacht, hier mit deinen rustikalen Methoden Eindruck zu schinden!"

„Aber ja!" grinste ich, „Spritzen geben kann schließlich jeder Depp! Und jetzt hab' ich einen Durst!"

Leider hatte es inzwischen wieder zu regnen begonnen, so daß es mit den Biergärten, wie man so schön sagt, „oha" war und logischerweise die dazugehörigen Zelte hoffnungslos überfüllt waren!

Ich brauchte aber noch dringend ein paar Liter von diesem köstlichen Bier!

„Liebes Fräulein!" sagte ich politisch völlig unkorrekt und faßte eine jüngere Kellnerin, die trotz Streß noch ziemlich freundlich dreinschaute, am Ärmel, „kriegt man bei Ihnen vielleicht auch eine Steh-Maß? Schau'n Sie, ich bin dafür extra aus Salzburg angereist, und morgen früh geht's erbarmungslos wieder heim!"

Ich probierte dabei 1:1 den traurigen Mitleidsblick von Duffy, dem Basset meines Steuerberaters, der auch immer so dreinschaute, wenn er seine jährliche Impfung bekam. Der Hund, nicht der Steuerberater!

Im Gegensatz zu Duffy hatte ich jedoch Erfolg! Das nette Mädchen taxierte mich kurz, fand mich entweder sympathisch oder beklagenswürdig, schnappte einen vollen Krug und mich beim Handgelenk und zog mich energisch hinein ins Gewühl der Tische. Ich sah hilflos Karin in der Ferne entschwinden wie ein Matrose seine am Kai verbliebene Braut!

„Ruckt's a wengerl!“ kommandierte die Kellnerin resolut und schob mich samt Krug an einen der Tische. Erstaunlicherweise rangierten die Herren ihre lederbehosten Hinterteile gehorsam nach rechts, wobei ich mir im klaren war, daß dies weniger meiner bärtigen Person als meiner recht aparten Mundschenkin zuzuschreiben war!

Dieser Eindruck bestätigte sich, als, nachdem Karin mich ungefähr zehn Minuten später ausfindig gemacht hatte, ihr ebenfalls bereitwillig Platz gemacht wurde, während zuvor ein einzelner Platzsucher von den Tischinhabern ziemlich unfreundlich verscheucht worden war.

Aber es sollte noch enger werden!

Als die freundliche Kellnerin mir gegen halb acht die allerletzte Maß servierte – die Schank machte um diese Zeit zu –, hatte sie einen Teller mit Apfelstrudel dabei und gab mir mit ihrer Hüfte einen freundlichen Stoß: „Geh' weiter, laß mich jetzt auch ein wengerl zu dir hocka!“

Sie stach sich von dem Apfelstrudel, der in Vanillesauce schwamm, ein Stück herunter und schob es mir unversehens in den Mund, der mir vor Schreck offenblieb! Wenn ich etwas auf den Tod nicht ausstehen konnte, war es Vanillesauce! Noch dazu zum Bier!!

„Guat, ha?“ lächelte sie kauend und bereitete den nächsten Happen vor.

Ich habe nicht die geringste Ahnung, was sie bewogen hatte, von den tausenden Leuten ausgerechnet mich für ihre Atzung zu kören, aber ich konnte ihr nach allem Entgegenkommen schlecht erklären, daß ich seit mehreren Jahrzehnten gewohnt war, meine Nahrungsaufnahme selbst zu bestimmen!

Ich mußte zur subtilen Waffe übergehen: „Besten Dank!“ sagte ich durch zusammengepreßte Lippen, „aber ich kann süß-sauer so schwer vertragen …!“

Sie ließ erstaunt die Gabel vor meinem Mund in Schwebe: „Aber das ist doch nur süaß?“

„Ja!“ nickte ich und deutete auf Karin, „aber da vis-à-vis sitzt meine Frau, und die schaut schon sauer!“

„Entschuldigung!“ murmelte das Mädel und erhob sich hastig, während Karin jetzt wirklich sauer dreinschaute, weil sie nun alle am Tisch für eine Xanthippe hielten!

Was soll ich noch sagen? Dreißig Jahre zu spät auf das Oktoberfest gefahren!

Ronnie, der Glücksschinken

Die nachmittägliche Visitenliste in meiner Brusttasche war endlos lang, ich hätte schon längst unterwegs sein müssen, und umso unerfreulicher gestaltete sich die Überraschung, daß ich nicht aus der Garage fahren konnte!

Ein schneeweißer Volvo mit Graubündner Kennzeichen versperrte das Tor! Da niemand drinnen saß, drückte ich ärgerlich die Hupe, worauf ein braungebrannter Mann mit bereits graumeliertem Haar aus dem Warteraum, in dem er sich offenbar schon niedergelassen hatte, herausschoß. Im ersten Moment dachte ich, es wäre George Clooney!

„Würden Sie bitte die Ausfahrt freimachen! Ich kann jetzt niemanden empfangen, ich muß weg!" blökte ich.

„Wir haben aber einen Notfall!" kam es in breitem schweizerischen Akzent. Also doch nicht Clooney!

„Wenn es sich um keine akute Blutung handelt, muß ich Sie erst recht bitten, die nächstgelegene Kleintierpraxis aufzusuchen! Wie auf meinem Schild klar und deutlich zu lesen ist, kann ich Ordination nur nach Terminvereinbarung halten! Außerdem bin ich höchstwahrscheinlich in dieser Situation sowieso nicht der richtige Ansprechpartner, ich praktiziere hauptsächlich auf dem Großtiersektor, bei Notfällen sind Spezialisten gefragt!"

Notfälle sind im allgemeinen knifflig, und da ich wie mein literarisches Vorbild James Herriot kein Kleintierspezialist mit der heutzutage nötigen technischen Ausstattung bin, überantworte ich solche Patienten zu ihrem eigenen Wohl lieber gleich in die Fachbetreuung. Ich halte nämlich nichts von Kollegen, die, um sich kein Geschäft entgehen zu lassen, Fälle behandeln, die ihre Kompetenz übersteigen, und darauf vertrauen, daß dem Tierbesitzer endlich die Geduld reißt und er zum richtigen Tierarzt wechselt!

Der Mann ließ sich in berüchtigt alemannischer Beharrlichkeit jedoch nicht abschütteln. „Doch, doch, Sie sind schon unser Mann! Ein Kleintierpraktiker könnte uns, glaub' ich, hier nicht weiterhelfen! Mein Name ist übrigens Dr. Biblis!"

Da er keinerlei Anstalten machte, den Wagen wegzufahren, mußte ich wohl oder übel wieder aussteigen. Schlimmstenfalls, um ihn am Kragen zu packen!

Da trat eine junge Frau ebenfalls aus dem Warteraum und rief aufgeregt: „Herr Doktor, wo bleiben Sie denn?“ Sie hielt mit den Armen ein in eine karierte Decke gehülltes Bündel umklammert.

„Was haben Sie denn da?“ lautete meine unter gerunzelten Augenbrauen hervorgebrachte Gegenfrage.

„Wissen Sie, wir haben erst vor drei Tagen geheiratet!“

Die Antwort war nicht direkt erleuchtend! Sollte es sich bei dem Bündel um einen bis dato ebenso unehelichen wie nun unpäßlichen Säugling der beiden handeln, waren zweifellos sowohl der Kleintierpraktiker als auch ich fehl am Platz und vielmehr ein Kinderarzt gefragt! „Herzlichen Glückwunsch!“ murmelte ich daher in äußerst neutraler Zurückhaltung.

Das Geräusch, das aus dem Bündel drang, klang auch nicht ermutigend!

„Ja, sehen Sie, und seit heute früh geht es Ronnie ganz ganz schlecht!“ Sie klappte einen Deckenzipfel zurück, und zum Vorschein kam die winzige Rüsselscheibe eines Ferkels!

Jetzt ging mir ein Licht auf!

„Aha! Sie haben das Schweinchen also als Hochzeitspräsent bekommen, wenn ich recht verstehe!“

„Genau!“ grinste Dr. Biblis, „sozusagen als Glücksschinken!“

„Nenn ihn doch nicht so!“ rügte seine jüngst Angetraute, der Aussprache nach noch mehr Helvetierin, vorwurfsvoll. „Das klingt, als wollten wir ihn essen!“

„Gewiß nicht, Liebes!" antwortete ihr Mann prompt und klappte schuldbewußt zusammen wie ein Schweizer Taschenmesser. „Ronnie wird es sein Leben lang gut bei uns haben! Immerhin verkörpert er ja das Symbol unserer wonniglichen Verbindung ...!"

Ich mußte dem Gesülze ein Ende bereiten, schließlich wartete noch eine Menge anderer Patienten auf weit verstreuten Höfen: „Na schön, da Sie schon da sind, werfen wir einen kurzen Blick auf diesen unglücklichen Glücksbringer! Kommen Sie rein!" Während ich die Ordination aufsperrte, fragte ich ungläubig: „Und Sie haben das Schwein auf Ihre Hochzeitsreise mitgenommen?" Da die beiden aus der Schweiz kamen, schien mir der Gedanke zwar absurd, aber naheliegend. Außerdem haben Schweizer manchmal die recht merkwürdige Angewohnheit, sonderbare Dinge mit sich herumzuschleppen, man denke nur an das Alphorn, Kuhglocken oder eine starke Währung!

„Nein, nein! Wir haben uns soeben hier niedergelassen! Ich bin Architekt, und meine Frau arbeitet als Einkaufsleiterin einer großen Lebensmittelkette! Uns gefällt Salzburg!"

Schön! Was mir weniger gefiel, war Ronnie! Das Ferkelchen stieß ab und zu ein heiseres Quieken aus, ruderte auf dem Ordinationstisch in Seitenlage mit den Beinen und hatte blauviolett verfärbte Ohren!

„Tja!" wandte ich mich an das taufrische Ehepaar, „das ist ein schlimmer Fall von Colienterotoxämie! Wahrscheinlich hat das Tier während der Hochzeitsfeier einiges an Leckerbissen abgekriegt, oder?"

„Aber sicher! Vor allem die Kinder waren ständig dabei, Ronnie zu füttern! Sogar von der Hochzeitstorte hat er ein großes Stück verschnabuliert!"

„Genau das ist das Problem! Schweine haben ein ziemlich empfindliches Darmsystem! In Streßsituationen kippt die Darmflora, und bösartige Bakterien, welche blut- und kapillargefäßschädigende Gifte produzieren, sogenannte hämorrhagische Colibazillen, vermehren sich explosionsartig! Deshalb sollten Ferkel, nachdem sie transportiert worden sind, die nächsten 24 Stunden ausschließlich Wasser bekommen! Sie müssen sich vorstellen, so wie die Ohren schauen leider auch die inneren Organe aus!"

„Muß Ronnie jetzt sterben?" schluchzten beide Besitzer.

„Also ehrlich gestanden ist die Prognose nicht überaus günstig! Von zehn Schweinen sterben daran sicher mehr als drei Viertel! Aber ich werde mein möglichstes tun!"

Eine Infusion wäre hier zwar ganz nützlich gewesen, aber die Ohrvenen waren aufgrund der Blutstase bereits völlig kollabiert, und andere dafür geeignete Adern lagen aufgrund der allgemeinen Schweinespeckanatomie ebenso unzugänglich in der Tiefe wie die letzten Erdölfelder! Ich beschränkte mich daher auf einige Spritzen und das Vertrauen in homöopathische Tropfen, die Herr und Frau Biblis Ronnie mehrmals täglich eingeben sollten.

Dann sprang ich eiligst wieder in den Wagen und versuchte, dem nun endlich ebenfalls seinen Volvo aus dem Weg reversierenden Dr. Biblis den rechten Kotflügel nicht ganz abzurasieren.

Am nächsten Tag, ich hatte die Biblis praktischerweise nochmals in die Ordination bestellt, ging es Ronnie sichtlich ein wenig besser! Frauchen und Herrchen zeigten sich hocherfreut, ich aber ließ mich davon nicht täuschen! Zu oft hatte ich in meiner über zwanzigjährigen Praxistätigkeit bereits erlebt, daß solche Ferkel nach 24 Stunden aufgrund der Spritzen einen gewissen Aufschwung nahmen, um dann am dritten oder vierten Tag plötzlich zu sterben!

Ich teilte meine begründete Skepsis ehrlicherweise auch den Besitzern mit, worauf Frau Biblis aus Wolke sieben direkt an die Hemdbrust ihres Mannes fiel und mit tränenüberströmten Augen verfolgte, wie Ronnie noch ein paar Injektionen einstecken mußte. Diesmal jedoch versuchte er bereits schwach, sich dagegen zu wehren! Wie hatte mein seliger Onkel Rudolf, eine in der gesamten Familie gefürchtete Kapazität, was banale Lebensweisheiten und zur Situation passende Kalendersprüche anlangte, stets betont? *Der Optimist stirbt genauso wie der Pessimist, aber glücklicher!*

Am fünften Tag stellte sich heraus, daß Ronnie auch in eigener Sache ein Glücksschinken war! Zwar hätte er mit seinen violetten Ohren noch immer ein prima Maskottchen für den FC Austria Wien abgegeben, aber sonst spazierte er bereits wacker durch den Ordinationsraum und versuchte, während das Ehepaar Biblis sich nach meiner befriedigenden Abschlußdiagnose glücklich in den Armen lag, wie die schwarze Fußrolle des Schreibtischsessels schmeckte.

Da Ronnies Fortbestehen nunmehr gesichert war, bekam er jetzt stante pede einen ordentlichen Stall gebaut. Die Biblis hatten im Ortsteil Wiesberg ein chaletartiges Landhaus erworben, an das Ronnies Refugium dank der Zimmerei Eder in Form eines schicken kleinen Blockhauses direkt anschloß. Der Clou des Ganzen bestand darin, daß die Verbindungswand zwischen Wohnraum und Stall durch ein ziemlich großes Sichtfenster unterbrochen wurde, das es den Biblis erlaubte, Ronnies Lebensführung lückenlos von der Couch aus zu verfolgen! So eine Art *Pig Brother!*

Anfangs erwies sich diese Maßnahme als unnötig, da Ronnie die meiste Zeit sowieso im Haus verbrachte! An sich kein Problem, da Schweine, wenn man sie läßt, zu den reinlichsten Tieren gehören und ebenso wie Hunde gehorsam und stubenrein werden. Für die meisten Gäste jedoch stellte es eine gewisse Umstellung dar, wenn während des Abendessens ein grunzendes Jungschwein zwischen ihren Beinen herumwuselte und den Rüssel erwartungsfroh in der Nähe des Schrittes emporreckte.

Aber Architekten gelten ja gemeinhin als exzentrisch! Besonders am Land!

Die Komplikationen begannen erst, als Ronnie an Größe gewann und auf seinen Streifzügen nach Leckerbissen mit seinem Rücken regelmäßig den Eßtisch zum Schaukeln brachte! Es brach den Biblis zwar das Herz, aber über Ronnie mußte nunmehr ein weitgehendes Hausverbot verhängt werden, und ab da nahm er hauptsächlich nur mehr durch die Glasscheibe am gesellschaftlichen Leben teil.

Als ich einmal im Zuge meiner Abendvisiten gerufen wurde, um Ronnie rechtzeitig vor dem Sommer gegen Rotlauf zu impfen, stellte ich zu meiner Überraschung fest, daß Frau Biblis die Verbannung dadurch gemildert hatte, daß sie durch den renommierten Tischlermeister Erlauer höchstpersönlich eine im wahrsten Wortsinn saugemütliche Sitzecke mit Tisch samt Rundbank und Barschrank aus Zirbenholz in einen Winkel von Ronnies Refugium einbauen hatte lassen!

Platz dafür war in Ronnies Almhütte reichlich vorhanden! Und so manchen Abend, da Ronnie bereits herzhaft schnarchend im goldgelben Strohbett lag, das er sich zuvor umständlich mit der Schnauze zurechtgepflügt hatte, saß das Ehepaar Biblis im gedämpften Schein zweier antiker Kutschenlampen um den Tisch, plauderte und genoß bei einem Gläschen Bordeaux oder Kalifornierwein die geruhsame Atmosphäre eines Luxuswohnschweinestalls!

Ich wurde selbstverständlich ebenfalls genötigt, Platz zu nehmen und ein Glas zu verkosten.

Dr. Biblis – er hatte heute sein Büro in Salzburg früher verlassen, denn bei so einer heiligen Handlung wie einer Rotlaufspritze durfte er natürlich nicht fehlen – saß neben mir und meinte mit einem versonnenen Blick auf Ronnie, der von seiner Frau zwischen den Ohren gekrault wurde: „Wissen Sie, Ronnie ist wie ein Kind für uns!“

Ich schaute ihn irritiert an. Natürlich bin ich der letzte, der es nicht versteht, daß man zu Tieren eine innige Beziehung aufbauen kann, aber für meinen Geschmack besteht doch noch eine gewisse Abstufung zwischen einem Menschen und einem kastrierten Eber!

„Hm, nur mit dem Unterschied, daß Ronnie einmal nicht für Ihre Rente aufkommen wird, und auch mit Enkeln dürfte es Schwierigkeiten geben!"

Mein Ton war zweifellos so scharf, daß Dr. Biblis tatsächlich leicht errötete: „Gewiß doch, ich wollte damit auch nicht ausdrücken ..., ach, Sie wissen schon, wie ich es meine ...!"

Die Nachbarn zeigten sich nicht ganz so entzückt über Ronnies Existenz, vor allem, als dieser begonnen hatte, sich aus seinem Freilaufareal mit künstlich angelegter Suhle zu entfernen, indem er den Drahtzaun halb untergrub und den Rest seines Hinterns gewaltsam durchzwängte.

Den liebevoll gehegten Bauerngarten mit all den Heil- und Küchenkräutern vom Itzinggut durchackerte er, nachdem er ihn zuvor kahlgefressen hatte, in der Art eines ausgebildeten Trüffelschweines, und da er sich durchaus nicht als Veganer empfand, stattete er dem anschließenden Grundstück von Herrn Plankel, einem pensionierten Postbeamten, seinen Antrittsbesuch ab und verleibte sich dort ein, zwei preisgekrönte Zwerghühner ein!

Dr. Biblis kam, ohne mit der Wimper zu zucken, für den Schaden auf und ließ den Zaun auf ein tief in die Erde hinabreichendes Fundament aufsetzen. Jetzt hätte Ronnie schon ein Präriehund sein müssen, um da noch rauszukommen!

Obwohl man ihn auf diese Weise von sämtlichen illegalen Nahrungsquellen abgekoppelt hatte, wuchs Ronnie zu einem stattlichen und gesunden Saubären von mindestens zweihundert Kilo heran!

Einmal jährlich schaute ich routinemäßig vorbei, um den Rotlaufschutz zu erneuern, trank mit Familie Biblis ein Glas an der Schweinebar und gewann jedes Mal den Eindruck einer völlig harmonischen Dreierbeziehung, bei der kein Zweifel bestand, wer den Mittelpunkt darstellte!

Im sechsten Jahr ergab sich eine außerplanmäßige Visite. Frau Biblis hatte am Telefon sehr besorgt geklungen, mit Ronnie stimme irgendetwas nicht!

Wohl würde er noch fressen, aber nicht mehr mit der unerbittlichen Gier wie bisher, sein Verhalten wäre deutlich träger geworden, es schiene fast, als wäre er ziemlich erschöpft, aber am alarmierendsten fände sie, daß Ronnie in der letzten Woche rapide an Gewicht verloren habe!

Das alles klang durchaus nicht gut! Besonders, da Schweine sich aufgrund ihrer Körperbeschaffenheit und ihres Verhaltens einer genaueren Diagnosefindung in diffizileren Krankheitsgeschehen erfolgreich widersetzen!

Man kann keinen Puls fühlen, keine rektale Untersuchung vornehmen, durch die dicke Speckschicht nichts ertasten, und mit dem Stethoskop klappt es auch nicht so recht, weil sie keine Ruhe geben, und wenn man sie fixiert, schreien sie derart durchdringend, daß man sowieso nichts hört außer dem Platzen des eigenen Trommelfells!

Ich fand Frau Biblis' Schilderung durchaus bestätigt. Ronnie lag lustlos im Stroh, als ich in seinen Stall trat – für gewöhnlich stürmte er jedem Besucher freudig entgegen, als handle es sich um den kulinarischen Weihnachtsmann persönlich mit einem Sack voll Delikatessen –, und erst auf Zuruf erhob er sich langsam, trottete herbei und schnüffelte desinteressiert an meinem linken Gummistiefel!

Ich zog ihm schnell das eine Augenlid herunter und stellte eine gewisse Blässe der Bindehaut fest. Die Körpertemperatur war normal. Irgendwie machte Ronnie den Eindruck, Schmerzen zu haben, daher gab ich ihm nach einer Blutentnahme aus der berühmten Ohrvene und einer Kotprobe aus dem After eine diesbezügliche Spritze. Er protestierte schwach und zockelte zurück zu seinem Strohbett, wo er sich niedersinken ließ.

„Ich schicke die Proben sofort ins Labor!" verabschiedete ich mich schnell, um der berechtigten Frage von Frau Biblis zu entgehen, woran ihr Liebling denn leide!

Während wir ungeduldig auf das Untersuchungsergebnis warteten, schaute ich jeden Tag einmal vorbei, um die Spritze zu wiederholen, weil sie Ronnie offenbar ganz gut tat. Er zeigte sich danach immer ein bißchen agiler, obwohl er zunehmend schlechter fraß und rasant an Gewicht verlor! Es war deprimierend!

Zu Mittag des fünften Tages war es endlich soweit! Ich fand beim Heimkommen den Blut- und Kotbefund im Faxgerät. Leider bestätigte er nur, was ich sowieso vermutete: eine Entzündung unbekannter Ursache! Die Blutsenkung war deutlich beschleunigt, der Hämoglobingehalt erniedrigt und die Leukozytenzahl erschreckend hoch!

Ich fuhr gleich nach dem Mittagessen zum Anwesen der Biblis.

„Es geht ihm ziemlich schlecht!" empfing mich die Dame des Hauses niedergeschlagen, die in der Einstreu hockte und Ronnie zwischen den Ohren kraulte.

„Das kann ich mir vorstellen!“ nickte ich. Der Eber war bereits so mager, daß man deutlich eine linksseitige Vergrößerung des Bauches erkennen konnte. Als ich leicht dagegen drückte, quiekte Ronnie schmerzhaft auf!

„Ich fürchte, er hat einen Bauchtumor!“

„Krebs?“

Ich nickte wieder!

„Kann man das operieren?“

„Dazu müßten wir ihn auf die Veterinärmedizinische Universität nach Wien schicken, obwohl ich starke Zweifel habe, ob die viel Erfahrung mit Tumoroperationen beim Schwein haben und ob es in diesem Stadium überhaupt noch Sinn hat!“

„Sie halten es also für aussichtslos?“

Ich nickte zum dritten Mal!

„Also gut!“ Frau Biblis stand ruckartig auf und faßte mich entschlossen ins Auge: „Dann erlösen wir ihn! Aber Sie verstehen, daß ich nicht dabei sein möchte!“ Sie verschwand eilends, ohne Ronnie noch einmal einen Blick zugeworfen zu haben.

Donnerwetter, wenn ich einen Weinkrampf oder hysterischen Zusammenbruch erwartet hatte, sah ich mich schwer getäuscht! Kein Vergleich zu unserer ersten Begegnung in meiner Praxis! Da ging mir ein Licht auf. Frau Biblis hatte die letzten Tage Zeit gehabt, sich auf die Situation einzustellen.

Und nun hatte sie knallhart die Entscheidung zu Ronnies Gunsten getroffen, ohne Rücksicht auf eigene Befindlichkeiten! Solche Tierbesitzer würde man sich leider manchmal wünschen! Die Dame stieg ungeheuer in meiner Achtung.

Ich hatte noch nie zuvor ein Schwein eingeschläfert, normalerweise erledigt das der Metzger gekonnt und schmerzlos mittels Bolzenschußapparat und anschließender Entblutung, aber ich wollte Frau Biblis’ Nervenkostüm nicht über Gebühr beanspruchen, und da mir aufgrund der Unwirtschaftlichkeit von Operationen die Erfahrung mit Schweinenarkosen fehlt – es gibt auch keine brauchbaren Medikamente mehr auf dem Markt –, zitterten meine Finger ein wenig, als ich wiederum die ominöse Ohrvene suchte!

Es funktionierte jedoch wie am Schnürchen. Drei Minuten später schlief Ronnie so tief und unbeschwert wie wahrscheinlich schon seit Tagen nicht, und als ich das Tötungsmittel durch die Kanüle nachschoß, hob sich noch einmal der ausgemergelte Brustkorb zu einem letzten Atemzug, dann streckte sich der Körper und lag still!

„Ich verständige die Tierkörperverwertung zur Abholung! Ich möchte Ronnie heute abend obduzieren!“ rief ich beim Fortgehen durch die Haustüre hinein, aber dort blieb es still wie im Stall!

Als ich gegen halb acht in der TKV-Sammelstelle eintraf, war einer der Fahrer, die den ganzen Tag im Bundesland unterwegs waren, um Kadaver und Schlachtabfälle einzusammeln, gerade dabei, einen stinkenden Container vom LKW abzuladen.

„Ah, der Herr Doktor holt sich das Abendessen!“ grinste er.

„Genau! Wir erwarten heute Gäste! Wenn Sie wollen, können Sie auch kommen!“

Der Mann lachte meckernd und begann, den Laster mit einem Hochdruckschlauch abzuspritzen.

Ich flüchtete eilends vor dem Sprühregen über die Desinfektionsmatte am Eingang in die Sektionshalle. In der Mitte des gekachelten Raumes hing Ronnie kopfüber an einem elektrischen Kran, aus seiner Nase ragte eingetrocknetes Blut wie ein roter Eiszapfen.

Mit Hilfe der Steuerung brachte ich den Körper in die gewünschte Position und schnitt die Bauchwand auf. Ein Schwall rosa Flüssigkeit platschte auf den Fliesenboden mit Abflußgitter. Als ich den Bauchraum weiter eröffnete, stieß ich sofort auf das Übel! Ein Tumor von der Größe einer Melone saß in der Nähe des Leistenkanals und war mit der Bauchwand und einer Niere verwachsen! Obwohl mir klar war, worum es sich bei dem Ding handeln würde, entnahm ich ein entsprechendes Stück und gab es in ein kleines Plastikgefäß mit Formaldehydlösung zur Fixierung. Die Histologen sollten meinen Verdacht bestätigen!

Nach einigen Tagen rief ich, den Befund der Pathologie in der Hand, bei den Biblis an.

Der Hausherr war am Apparat.

„Es handelt sich eindeutig um ein Hodenkarzinom! Absolut bösartig!“ teilte ich mit.

Man konnte direkt hören, wie Dr. Biblis die Augenbrauen runzelte: „Ein Hodenkarzinom? Aber Ronnie war doch kastriert …?“

„Ja, aber hier handelt es sich um einen sogenannten Binneneber, einen Kryptorchiden, bei dem der eine Hoden nicht durch den Leistenkanal in das Skrotum abgestiegen ist! Diese verbliebenen Hoden entarten früher oder später unweigerlich krebsartig! Der Züchter, der die neugeborenen Ferkel in den ersten Lebenstagen kastriert hatte, konnte natürlich nicht in den Bauch gelangen, und so wurde die Sache für Ronnie verhängnisvoll!“

„Der Bauer kastriert die Schweine selbst?“ Dr. Biblis konnte es schier nicht fassen!

„Ja! Aber wenn es Sie beruhigt, in der Schweiz machen sie es genauso!“ entgegnete ich trocken. „Die Tierschutzgesetze erlauben das!“

Pause! Dann kam die scharfe Frage: „Kann man den Züchter verklagen?“

„Kaum! Üblicherweise werden solche Tiere noch vor der Geschlechtsreife geschlachtet, damit das Fleisch keinen Hormongeruch aufweist! Der Züchter konnte ja nicht ahnen, daß Ronnie einmal das Gnadenbrot vergönnt sein würde!“

Nach einer Weile sagte Dr. Biblis mit gepreßter Stimme: „Ich danke Ihnen jedenfalls für Ihre Bemühungen, und Sie schicken mir Ihre Honorarnote, ja?“ Dann legte er auf.

Das war das letzte, was ich von den Biblis gehört habe. Daher war ich wie vor den Kopf geschlagen, als ich zufällig nach einigen Monaten von einem gemeinsamen Bekannten erzählt bekam, die Biblis, dieses Turteltaubenpaar, hätten sich nur ein paar Wochen nach Ronnies Dahinscheiden getrennt und wären nunmehr geschieden!

Er war wieder in die Schweiz zurückgekehrt, genauer gesagt nach Lausanne, und Frau Biblis lebte jetzt angeblich in der Stadt Salzburg. Das Landhaus stand zum Verkauf, obwohl ich bezweifle, daß viele Leute ein Wohnzimmer mit Blick auf ein Schweineterrarium suchen!

Mir kam nochmals Onkel Rudolf in den Sinn, der Karin und mich zur Hochzeit anstatt eines aufwendigen Präsentes mit dem ebenso kostbaren Rat bedacht hatte: „Kinder, denkt immer daran: zu einer glücklichen Ehe braucht es auch ein bißchen Schwein!“

Wer hätte gedacht, daß das wörtlich zu nehmen war!

Münchhausen auf vier Pfoten

„Moser!“ stellte sich der schlanke, großgewachsene Herr im grauen Lodenmantel knapp, aber freundlich vor, als er die Ordination betrat, „guten Tag!“

Am Vortag hatte er angerufen, um einen Termin gebeten und etwas von einem sehr ungewöhnlichen Problem bei seinem Hund Gonzo erwähnt.

Auf mein Anraten, in einem solchen Fall vielleicht besser gleich eine spezialisierte Kleintierpraxis aufzusuchen, hatte er jedoch erwidert: „Es handelt sich bei Gonzo um kein Problem medizinischer Natur, sondern eher um ein, hm, mentales, fast würde man sagen psychisches!“

„Dann empfehle ich einen Tiertrainer, die können so manche Arten von Störungen beheben! Ich bin kein Hundeflüsterer, wenn Sie so etwas suchen!“ versuchte ich, ungerechtfertigte Erwartungen im Keim zu ersticken.

„Nein, aber unter anderem Homöopath!“ hatte die bestimmte Antwort von Herrn Moser gelautet, „und der Vollständigkeit halber, beim Tiertrainer war ich schon! Also, wie ist das mit einem Termin? Krieg’ ich einen?“

Nun, auch wenn es nicht glaubhaft klingt, ist die Homöopathie tatsächlich in der Lage, eine Reihe unerwünschter Verhaltensweisen zu lindern bzw. zu beseitigen. Das reicht von Angst vor Turnieren oder vor dem Verladen bei Pferden über Bellzwang und Aggressivität von Hunden, Unsauberkeit bei Katzen, Heimweh, Trauer, Unrast, Zerstörungswut und so weiter! Ich habe diesbezüglich schon einige Lorbeeren dank simpler Tropfen oder Globuli einheimsen dürfen.

„Wie Sie wünschen! Morgen, dreizehn Uhr?“

„Ausgezeichnet!“ hatte Herrn Mosers zufriedene Bestätigung gelautet.

„So, da sind wir also!“ sagte er jetzt. Gleichzeitig zerrte er an der langen Rolleine, und ums Eck des Türstocks erschien auf widerstrebenden vier Pfoten ein Etwas, das entfernte Ähnlichkeit mit einem Hund besaß, eher aber mit einem Stachelschwein, das in eine 1000-Volt-Leitung geraten war! Grauweiße Borsten mit schwarzen Haarspitzen standen steif nach allen Richtungen weg. Nur das Gesicht mit kecken braunen Augen und einer schwarzen Nase schaute aus der Bürste heraus. „Das ist Gonzo! Meine Frau und ich haben ihn vor einem Jahr aus unserem Urlaub auf Malta mit heimgebracht! Damals war er noch fast ein Welpe, halbverhungert und sterbenskrank! Wir haben ihn ins Hotel geschmuggelt und dort drei Wochen lang aufgepäppelt! Sogar den Tierarzt ließen wir ein paar Mal kommen! Danach war natürlich klar, daß wir ihn nicht einfach zurücklassen konnten, und wir haben ihn nach Österreich weitergeschmuggelt! Wir haben zwar in unserem Haus in Klosterneuburg noch einen weiteren Hund, eine ältere Deutsch-Kurzhaar-Dame namens Mira, aber die hat den Kleinen Gott sei Dank sofort ins Herz geschlossen und versteht sich prächtig mit ihm!"

Gonzo begann bei Erwähnung von Mira sofort mit seinem Stachelborstenschweif zu wedeln. Offenbar waren die beiden wirklich ein Herz und eine Seele!

„Und wo liegt sein Problem?" lächelte ich dem freundlichen Kerl zu.

„Er lügt!"

„Wie bitte?" Vorsichtshalber machte ich zwei Schritte zurück. Man hört ja immer wieder, daß geistig Verwirrte lange scheinbar harmlos wirken und plötzlich unberechenbar sein können!

„Ich sagte, er lügt!" wiederholte Herr Moser in völlig ernster Betonung.

„Aha! Und wie äußert sich das? Macht er Ihnen weis, daß er Ball spielen geht, und treibt sich in Wirklichkeit mit Nachbars läufiger Bella herum?"

Herrn Mosers Stirne runzelte sich leicht: „Bitte, Herr Doktor, verarschen kann ich mich selbst! Er macht mir weis, daß er mitten in der Nacht dringend raus muß! Meistens so gegen drei Uhr früh! Da beginnt er zu winseln, an der Tür zu scharren und mich im Bett mit der Nase zu stupsen!

Und wenn ich aufstehe und mit ihm auf die Straße gehe, schnüffelt er an allen Ecken und Laternen, hebt ganz normal überall das Bein, und nach einer halben Stunde reicht es ihm, und er zerrt mich wieder ins Haus! Von dringendem Geschäft keine Rede! Seit Wochen geht das jetzt so!"

„Und deswegen denken Sie, er lügt Sie bewußt an?" Ich mußte mich sehr zurückhalten, um meine Belustigung nicht deutlich werden zu lassen.

„Na, das ist doch eindeutig Vorspiegelung falscher Tatsachen!" entrüstete sich Herr Moser ehrlich empört über soviel animalische Infamie.

„Ich würde eher sagen, ihm ist nach später Abendunterhaltung! Wenn Sie also wissen, daß es nicht dringend ist, machen Sie einfach die Schlafzimmertüre zu und ignorieren ihn!"

„Das hab' ich bereits zweimal probiert!" nickte Herr Moser mit grimmigem Gesichtsausdruck, „und diese beiden Male fand ich am Morgen danach ein hübsches Häufchen im Vorhaus!"

Ich bemühte mich krampfhaft, nicht vor Lachen herauszuplatzen: „Dann handelt es sich somit auch um keine Lüge, sondern um schlichte Erpressung! Haben Sie einen Garten?"

„In Klosterneuburg schon! Hier nicht, es ist nur ein Ferienappartement, das wir einige Male pro Jahr frequentieren!"

„Na, dann stellen Sie ihm daheim eine Hundehütte in den Garten, da kann er dann die ganze Nacht soviel herumlaufen, wie er will!"

Herr Moser zögerte: „Daran habe ich, ehrlich gestanden, auch schon gedacht! Aber meine Frau will davon nichts wissen, sie findet, Hunde sind Rudeltiere, und Hundehütten besitzen so einen anrüchigen Charakter von Kettenhaltung für sie! Können Sie Gonzo nicht irgendein homöopathisches Mittel gegen Schlaflosigkeit oder nächtliche Unruhe geben? Ich nehme an, gegen Lügenzwang existiert keines?"

Insgeheim kopfschüttelnd über diesen sonderbaren Kauz holte ich ein Anamneseformular aus der Schreibtischlade und begann gemäß homöopathischer Fallaufnahme, Herrn Moser Löcher über Gonzos sonstiges Verhalten und Eigenheiten in den Bauch zu fragen.

Präzise und prompt erfolgten die Antworten und wiesen den Besitzer somit als profunden Hundekenner und genauen Beobachter aus! Überhaupt machte er auf mich den Eindruck eines intelligenten Mannes, der mit beiden Beinen im Leben stand. Umso erstaunlicher, daß er von der fixen Idee besessen war, ein Tier wäre tatsächlich imstande, Menschen zu belügen!

Na ja, irgendeinen Spleen hat wohl jeder von uns!

Ich mixte also die entsprechenden Tropfen zusammen und überreichte Herrn Moser das Fläschchen: „Bitte sehr, und seien Sie so nett, mich gelegentlich zu informieren, wie es gewirkt hat!"

Am Abend erzählte ich Karin von der seltsamen Begegnung.

„Naja!" meinte sie nachsichtig, „es gibt genügend Leute, die mit ihren Tieren reden und fest davon überzeugt sind, daß diese ihnen sogar antworten! Und wenn manche Menschen überzeugt sind, daß sie mit ihren Zimmerpflanzen kommunizieren können, warum soll also jemand nicht der Meinung sein, daß ihn sein Hund hinters Licht führt?"

„Ich bitte Dich!“ fuhr ich auf, „ein Hund, der bewußt lügt! Wenn dem so wäre, sollte er sich schleunigst in die Politik begeben, dort sind solche Eigenschaften gefragt!“

Karin lächelte kopfschüttelnd und nippte am Weinglas: „Du bist und bleibst ein alter Zyniker!“

„Das Leben“, sagte ich mit Bestimmtheit und kippte einen großen Schluck, „nur das Leben hat mich dazu gemacht!“

Nach drei Wochen, als ich gerade auf einem schmalen Brett über der offenen Güllegrube vom Wagnerbauer balancierte, weil eines der Kälber hineingestürzt war und jetzt jämmerlich in der Brühe steckte (zum Glück war der Wagner gerade mitten im Düngen, wodurch der Pegel nicht mehr allzu hoch stand), erreichte mich ein Anruf: „Hallo, Herr Doktor? Moser hier! Ich soll Ihnen doch Bescheid sagen ...!“

„Äh, ja, aber im Moment ist es kein sehr glücklicher Zeitpunkt! Können Sie es bitte in einer halben Stunde nochmals probieren?“

Mit vereinten Kräften hievten nun der Wagner und ich das Kalb aus der Jauche, wobei das Tier verständlicherweise wild um sich zappelte, daß der Dreck nur so in alle Richtungen spritzte und nach Abschluß der Aktion nicht mehr so rechte Klarheit bestand, wer von uns dreien ursprünglich in der Grube gelegen hatte!

Dann war wieder Herr Moser an der Reihe: „Also, die Tropfen, wie soll ich sagen, gewirkt haben sie schon, allerdings nur in der Richtung, daß Gonzo statt um drei erst gegen fünf in der Früh seinen Drang nach draußen entwickelt hat! Deshalb sind wir jetzt bei der Hundehütte angelangt!“

„Und was sagt Ihre Frau dazu?“ Ich hielt das Handy ausnahmsweise ans rechte Ohr, weil das linke noch immer mit Gülle zugepflastert war.

„Sie werden es nicht glauben, sie war es selbst, die die Hütte angeschafft hat! Ich habe mich nämlich geweigert, weiterhin den nächtlichen Dienstboten für den kleinen Lügner zu spielen, und ihr die Wahl gelassen, entweder selbst aufzustehen oder die Häufchen wegzuräumen! Was soll ich sagen? Nach fünf Tagen war sie mürbe!“ Herr Moser klang auf einmal direkt aufgeräumt!

„Na also! Problem sozusagen gelöst!“

„Nicht ganz!“ Der Ton wurde plötzlich resignativ. „Jetzt will er wieder dauernd rein! Nächste Woche kriegen wir eine kratzfeste Haustür!“

Die Weihnachtszeit war im vollen Gange, und die Hektik nahm nicht nur unter den Leuten zu, sondern auch im Kuhstall! Fast jede

Nacht versteifte sich momentan ein Muttertier darauf, daß ich bei der Geburt anwesend sein müßte, und wenn ich nach spärlichem Schlaf in aller Herrgottsfrüh' noch immer höchst bettreif aus der Garage fuhr, tanzten die Flocken munter vom Himmel, als würde Frau Holle extra dafür bezahlt, und machten die Straßen rutschig und die Güterwege schwer passierbar.

Meine Sorge dabei war, daß ich genau wußte, was ich Karin schenken würde, aber nicht die geringste Ahnung hatte, wann ich dazu kommen sollte, es zu besorgen! So husch, husch, in der Arbeitskluft zwischen zwei Visiten ins Geschäft, ging nicht, denn obwohl das allererste Weihnachtsfest bekanntlich in einem Stall stattgefunden hat, schätzen es heutzutage die wenigsten Leute, wenn man sich, mit diesem authentischen Geruch behaftet, durch die adventlich geschmückten Einkaufspassagen zwängt, wo alles in Zimt, Punsch und *Jingle Bells* getaucht zu sein scheint.

Als ich es dann schließlich knapp vor dem 24. Dezember doch einmal geschafft hatte, mich in ziviler Kleidung für ein paar Stunden unter das Einkaufsvolk zu mischen (die meisten Geschenke hatte ich telefonisch reserviert), und gerade einige Pakete zum Auto jonglierte, sprang mir etwas von hinten gegen die Kniekehlen, was angesichts der schweren Kristallschüssel in meinen Händen nicht unbedingt ideal war! Ich drehte mich ärgerlich um und sah … Gonzo, der freundlich wedelnd hinter mir stand und mich aufmerksam musterte. Es konnte nur Gonzo sein, aufgrund seiner, pardon, einzigartigen Häßlichkeit war er überall mühelos identifizierbar! Allerdings hoffte ich gleichzeitig, daß er mich nicht nach demselben Kriterium aus der Menge herausgepickt hatte!

Da tauchte schon Herr Moser auf: „Ah, schönen guten Tag! Fein, daß ich Sie treffe, ich hätte Sie sonst morgen sowieso aufgesucht! Ich brauche dringend Beruhigungsmittel für meine Hunde, bevor diese idiotische Silvesterknallerei in ein paar Tagen wieder losgeht!"

„Können Sie haben!" sagte ich und stupste mit dem Kinn ein Päckchen zurecht, das vom Stapel in meinen Armen herunterzurutschen drohte, „und was macht Ihr kleiner Lügenbaron sonst?"

Diese leicht hingeworfene Frage stellte sich sofort als Fehler heraus! Herr Moser richtete sich zu seiner ganzen, imposanten Größe auf und schnaufte entrüstet: „Lügen wäre ja mittlerweile noch hinnehmbar! Mittlerweile betrügt er!"

„Tztztz!" machte ich in möglichst neutralem Ton, der sowohl Ungläubigkeit als auch sanften Tadel über das erschreckende Verhalten des Hundes bedeuten konnte. Offensichtlich stand der Mann in seiner fixen Vorstellung von Gonzos kriminellen Neigungen kurz davor, ihn bald auch des Bankraubes oder Kidnappings zu verdächtigen!

„Aber ja!" rief Herr Moser. „Sie glauben mir nicht?"

Kompliment, er hatte instinktiv das Richtige gespürt!

„Dann horchen Sie zu, Herr Doktor! Ich gehe regelmäßig mit meinen Hunden im Wienerwald spazieren! Wenn ich Mira auf einer großen Wiese befehle: ‚Such!', dann spurtet sie los, kreuz und quer, schnüffelt an jedem Mauseloch, und wenn sie eine Hasen- oder Fuchsfährte gewittert hat, gibt sie Laut! Gonzo rennt ihr nach, aber nach hundert Metern biegt er unter einen dichten Strauch ab, setzt sich gemütlich hin und wartet, bis sich Mira müde gelaufen hat! Er hat natürlich keine Ahnung, daß ich alles durch das Fernglas beobachte! Und was macht der falsche Fuffziger, wenn er sieht, daß die Mira zurückkommt?

Er wälzt sich am Boden, daß er nur ja recht dreckig wird, und keucht dann mit heraushängender Zunge heran, daß man meinen könnte, er hätte einen Marathon hinter sich! Nur, um sich auch ein Lob zu erschleichen! Stellen Sie sich das vor! Er präpariert extra sein Äußeres! Also wenn das kein glatter Betrug an mir ist, dann weiß ich nicht!"

Ich schaute Gonzo an, der den Kopf schieflegte und auffordernd zu mir aufblickte, als wollte er sagen: Na also, jetzt ist es endlich heraußen! Und? Wie gehen wir mit der Situation um?

Ich verbiß mir das Grinsen: „Sie sind nicht zufällig Jurist, oder?"

„Keine Spur! Wie kommen Sie darauf?“ schnaufte Herr Moser entrüstet, „ich bin Professor der Philosophie!“

Also auch so ein Berufszweig, der manchmal Probleme erkennt, wo keine sind!

„Also, daß Gonzo sich sozusagen für sein Vorhaben schminkt, ist eine exorbitante assoziative und intellektuelle Leistung! Sie sollten stolz darauf sein, Herr Professor, einen so intelligenten Hund zu besitzen …!“

„Selbstverständlich ist er intelligent! Die größten Ganoven sind immer intelligent! Klar, weil die Dummen werden sowieso gleich geschnappt!“

„Wie dem auch ist, Sie können die Tabletten morgen abholen, auf Wiedersehen!“ verabschiedete ich mich, da mich das dumpfe Gefühl beschlich, weder ich noch der Paketturm in meinen erlahmenden Händen könnten einer ausführlichen Erörterung kriminalsoziologischer Erkenntnisse noch lange standhalten.

Die Monate verstrichen, und mit dem heißerwarteten Sommer stand auch Herr Professor Moser vor der Tür! Diesmal mit Gonzo auf dem Arm: „Er hat sich heute früh an einer Glasscherbe die Pfote ziemlich übel zerschnitten! Wir haben sie zwar verbunden, aber es hört nicht auf zu bluten!“

Dicke, dunkelrote Tropfen sickerten durch den Verbandsmull um die linke Vorderpfote und hinterließen vom Eingang her auf dem Boden eine Spur, nach der man auch ohne Wollfaden mühelos aus dem Labyrinth des Minotaurus herausgefunden hätte!

Ich wickelte die Pfote aus und zog vorsichtig die Wundränder auseinander. Sofort quoll ein Schwall Blut hervor! Nicht einmal mittels Tupfer ließ sich ein kurzer Blick ins Wundinnere freimachen, offenbar schweißte hier ein ziemlich großes Gefäß!

Ich ersuchte Herrn Moser, der etwas blaß um die Nase geworden war, trotzdem, eine Mullkompresse auf die Verletzung zu drücken, während ich Gonzo in eine sanfte Narkose gleiten ließ. Anschließend faßte ich mit tiefen Stichen die Blessur fest zusammen, bis kein Blut mehr heraussickerte. Normalerweise bevorzuge ich es, Wunden nicht unter Verband zu ersticken – heilendes Gewebe braucht Licht und Luft –, aber dieser Schnitt lag direkt an der empfindlichen Unterseite des Zehenballens, deshalb entschloß ich mich ausnahmsweise dazu, eine gepolsterte Mullbinde als vorübergehenden Schutz gegen Verschmutzung anzubringen. Ein ansehnliches Quantum Antibiotikum (Hunde kriegen glücklicherweise keinen Wundstarrkrampf) und ein hübscher gelber Socken mit Gummisohle bildeten den Abschluß des kleinen Eingriffs.

Ich spritzte Gonzo noch das Narkosegegenmittel, worauf er kurz danach den Kopf hob. „So, erledigt! In zehn Tagen ziehen wir die Fäden, bis dahin empfehle ich, ihn anfangs über allfällige Stufen hinunterzutragen, damit nicht das gesamte Gewicht des Vorderkörpers auf der Wunde lastet! Den Verband wechseln wir in drei Tagen, und den Socken benützen Sie bitte nur im Freien!"

Wir warteten die paar Minuten, bis Gonzo endgültig wieder auf den Beinen war und, wenn auch noch etwas wackelig, hinter seinem Herrchen her aus der Ordination trottete.

Als ich nach eineinhalb Wochen die Nähte entfernte, stellte ich mit Genugtuung eine sauber verheilte Wunde fest. Gonzo bestätigte meinen Eindruck, denn kaum hatte ich ihn wieder zu Boden gesetzt, begann er einen regelrechten Veitstanz und hüpfte mehrmals an seinem Herrchen hoch, um dieses zum schleunigen Verlassen des Lokals zu animieren!

„Na, er springt ja ganz munter!" wollte ich ein gutes Wort für seinen geschmähten Charakter einlegen, „wenigstens simuliert er nicht den Kranken!"

„Er simuliert nicht? Ha!" Der Hohn in Professor Mosers Stimme wäre nicht größer gewesen, hätte ich Platon mit Immanuel Kant verwechselt. „Da täuschen Sie sich gewaltig! Sicher, auf der Ebene flitzt er herum wie der berühmte Pfitschipfeil, aber kaum kommen wir zu einer Treppe, hockt er sich hin, hebt in bemitleidenswerter Manier die Pfote hoch und macht keinen Schritt, bevor ich ihn nicht hinuntergetragen habe! Was sagen Sie dazu?"

„Pah, wahrscheinlich erinnert er sich noch an die Schmerzen und hebt sie zur Vorsicht …!"

„Er hebt die FALSCHE!" donnerte der Professor und rollte wild mit den Augen, als hätte ich soeben gestanden, noch nie den Namen Schopenhauer gehört zu haben.

„Na schön, dann schauspielert er halt ein wenig!" erwiderte ich resigniert. Langsam wurde das ständige Lamento über Gonzos vermeintlich unlauteres Naturell etwas ermüdend. „Das tun viele Hunde, um sich Aufmerksamkeit oder Bemutterung zu verschaffen! Da ist Ihrer nicht der einzige! Und selbst die besten Schauspieler verwechseln manchmal eine Kleinigkeit!"

Herr Moser bedachte mich mit einem vernichtenden Blick, den man üblicherweise nur hoffnungslosen Schülern zukommen läßt, die bereits zum dritten Mal bei derselben Frage durch die Prüfung gerasselt waren: „Damit wir uns richtig verstehen! Gonzo ist ein ungemein liebenswerter Hund, den meine Frau und ich um nichts in der Welt mehr hergeben würden, trotz seiner charakterlichen Fehler! Das ist wie mit Kindern, die man liebt, auch wenn sie nicht so geraten, wie man es wünscht! Aber gerade deshalb lehne ich es ab, die vorhandenen Schwächen nach der Art mancher Eltern zu leugnen! Als Pädagoge könnte ich Ihnen ein Lied davon singen! Ich muß mich eben damit abfinden, daß Gonzo ein bedeutender Hang zur Unehrlichkeit innewohnt, das rührt wahrscheinlich vom Gossenmilieu her, aus dem wir ihn gerettet haben! Straßenkinder und Straßenhunde entwickeln eine eigene Ethik, man kennt das ja! Aber daß ausgerechnet Sie, ein Fachmann, seine negativen Eigenschaften ständig verharmlosen, erstaunt mich doch ein wenig! Sei's jedoch, wie es sei! Sie haben uns sehr geholfen, und ich erwarte Ihre Honorarnote! Guten Tag!"

Herr Moser verbeugte sich etwas steif, wollte vielleicht noch etwas hinzufügen, wurde aber gleich darauf von Gonzo ruckartig wie ein leerer Hundeschlitten durch die geöffnete Ordinationstür hinausgezogen.

Es gibt ja viele Tierbesitzer, die ihre Lieblinge vermenschlichen, aber das war eine neue Variante!

Ich beobachtete durchs Ordinationsfenster, wie der Professor mit seinem Münchhausen auf vier Pfoten um das Gartenzauneck des Nachbarn entschwand.

Dabei kam mir die philosophische Betrachtung eines älteren Kollegen in den Sinn, der einmal behauptete: „Wir Tierärzte haben es manchmal schon mit seltsamen Vögeln zu tun, von denen nicht alle ein Federkleid tragen!"

Wollte ich das Gegenteil behaupten, müßte ich lügen!

Eine blutige Geschichte!

Obwohl es erst Ende August war, kündigte der Herbst in diesem Jahr sein baldiges Kommen überdeutlich an.

Die morgendlichen Nebelschwaden über den taunassen Wiesen verschwanden restlos erst am späten Vormittag, die ersten glitzernden Spinnfäden des Altweibersommers schwebten schon durch die Luft, und der Niederschlag von gestern lag bereits als im Sonnenlicht gleißender Schneeüberzug auf den höheren Berggipfeln.

Eine, höchstens zwei Wochen noch, dann würden die Kühe endgültig wieder ins Tal zurückkehren und die kärger werdenden Almböden für die letzte Zeit dem Jungvieh und den Schafen überlassen.

Dennoch war es den ganzen Nachmittag brütend heiß gewesen, so daß ich bei der abendlichen Heimkehr gegen sieben Uhr nach zahlreichen Visiten einen Durst mitbrachte, der einem Dromedar nach der Wüstendurchquerung angemessen gewesen wäre! Allerdings eher auf ein Bier!

„Hallo!“ rief ich, sobald ich die Eingangstür aufgesperrt hatte, „hier kommt einer, der beim Gehen aufpassen muß, daß er sich nicht selbst auf die Zunge steigt! Wie wär’s, wenn ich schnell unter die Dusche hüpfe und wir danach einen Sprung ins ‚Tröpferl‘ (mein Stammwirtshaus, soweit davon bei einem Landtierarzt mit 24-Stunden-Erreichbarkeit überhaupt die Rede sein konnte) auf ein paar gepflegte Pils machen?“

Karin saß am Eßzimmertisch, vor sich einen Haufen Papierbögen ausgebreitet, und war gerade dabei, einen Geschichtstest zu verbessern. (Soviel zur vieldiskutierten Arbeitsplatzsituation und -moral der Lehrer!)

Offensichtlich hatte ich sie gerade nicht in ihrem sonnigsten Moment erwischt – vielleicht lag das auch an den Schülerantworten auf die Testfragen –, jedenfalls musterte sie mich ungewohnt streng und sagte: „Kommt gar nicht in Frage! Erstens brauche ich die Ergebnisse bis morgen früh, und zweitens scheinst du vergessen zu haben, daß morgen der Fünfzehnte ist und du noch immer nicht die Bareinnahmen vom vorletzten Monat für das Finanzamt zusammengerechnet hast! Ich habe keine Lust, wieder Überziehungszinsen zu berappen, nur weil der Herr Oberveterinär (hier übertrieb sie eindeutig) zu allem anderen Zeit findet außer zum Fälligkeitsdatum der Umsatzsteuer!“

Ich schluckte den Impuls zur Entgegnung, meine liebe Frau hätte in ihren jugendlichen Studienjahren auch so manches Mal die abstrusesten Aktivitäten entwickelt, nur um einem nahenden Prüfungstermin zu entgehen (fragen Sie meine Schwiegereltern, Gott habe sie selig), tapfer hinunter und verschwand im Badezimmer. Dreiundzwanzig Ehejahre hatten mich gelehrt, wann eine Diskussion sinnlos war, und wo sie recht hatte, hatte sie ja recht!

Trotzdem setzte ich mich, nachdem ich mir genußvoll die diversen Stallmitbringsel vom Leib gespült hatte, verbittert an den Tisch. Was war das für ein Leben, das einem nach einem harten Arbeitstag versagte, sich gemütlich einige Bierchen zu genehmigen, und stattdessen verlangte, Gelder für den Staat zu deklarieren, die dieser ohnehin gleich wieder beim Fenster hinausschmeißen würde!

Mit zornig qualmender Pfeife hämmerte ich Zahlen in den Taschenrechner, und ehe ich noch den ersten Schluck Whisky (ohne den geht diese deprimierende Arbeit nicht) herunten hatte, läutete das Telefon!

Der Anruf kam von der Ploder-Alm. „Herr Doktor, bitte schnell kommen, uns *blüat* eine *Kuah* aus!“

Das hatte natürlich Vorrang, gerade der Finanzminister als professioneller Blutsauger mußte dafür Verständnis haben!

Die Strecke hinauf auf das Naßfeld, wo die Ploder-Alm lag, führte über eine gewundene Bergstraße durch roh in den Fels geschlagene Tunnel, die zwar sehr schmal und rutschig, dafür aber bis vor kurzem gänzlich unbeleuchtet waren! Normalerweise veranschlagt man eine Fahrzeit von 40 Minuten, ich schaffte es bis einen Meter vor den Stalleingang in fünfundzwanzig! Dort schaltete ich Blaulicht und Folgetonhorn ab, damit die vier Schweine, die daneben in ihrem Koben aufgeregt grunzten, keinen Herzkasperl erlitten.

Die Ploderbäuerin kam mir, gefolgt von einigen Nachwuchsplodern, händeringend aus der Dunkelheit entgegengewieselt und rief: „Gott sei Dank, daß Sie schon da sind! Nach dem Melken hab’n wir die Kühe wieder ins Freie getan, und plötzlich kommt eines der Kinder rein und ruft: Wieso liegt denn da so viel roter Schaum vor der Hütt’n? Wie wir nachschau’n, seh’n wir, daß die Gloria eine Blutspur nachzieht! Wir hab’n sie sofort in den Stall gebracht, und seither drückt mein Mann mit dem Finger auf die Stelle! Der is’ schon ganz fertig!“

In der Tat! Im kleinen und niederen Stall der Almhütte hockte der Ploder gekrümmt auf einem Melkschemel, den Kopf gegen den Leib einer stattlichen, aber jetzt ziemlich apathischen Fleckviehkuh gestemmt, und preßte krampfhaft den rechten Daumen in den Unterbauch des Tieres, das bereits in einer ausgedehnten Blutlache stand! Obwohl der Bauer auch nicht mehr sehr gut ausschaute, galt meine erste Sorge der Kuh. Die Nase war verdammt kühl und die Schleimhäute in Mund und Augen verdammt weiß!

„Warmes Wasser, Handtücher, einen Tisch, rasch!“ schrie ich und rannte eines der Ploderkinder, die schon längst im Bett sein sollten, um, als ich zum Wagen stürzte und den Operationskoffer herauswuchtete.

Beim Hereinkommen stolperte ich ein zweites Mal über das heulende Ploderkind, das gerade im Begriff war, sich wieder aufzurappeln, und knallte den Koffer auf den wackligen Tisch.

Mit fliegenden Fingern fädelte ich den ersten Faden in die große Rundnadel und befahl dem Ploder senior: „So, Sie können Platz machen, ab jetzt übernehme ich!“

Der Bauer erhob sich ächzend und mit steifer Handhaltung wie der berühmte Ötzi vom Hauslabjoch.

Aus der Wunde sprudelte sofort ein fingerdicker Strahl dunklen Blutes und prasselte mit enervierendem Geräusch auf die abgetretenen Holzbohlen!

„Sauberer Hornstich in die Milchvene!“ mußte ich anerkennen. Normalerweise war es nicht ratsam, dort eine Kuh ohne Betäubung zu nähen, außer man verfügte über Sehnsucht nach einem Kieferorthopäden, aber ein Narkosemittel kam in diesem Zustand nicht mehr in Frage. Außerdem war die arme Gloria schon derart geschwächt, daß ihr sowieso die Kraft zum Schlagen fehlte. Es war erstaunlich, daß sie sich noch auf ihren schwankenden Beinen halten konnte!

Mit einem raschen Stich umfaßte ich die dicke Milchvene und zog den Faden zusammen. Augenblicklich hörte die Blutung auf. Zwei weitere Nähte verschlossen das Loch in der Bauchwand. Gloria hatte nicht mal mit den Ohren gezuckt!

Dann rannte ich nochmals zum Auto und kehrte mit sämtlichen Infusionsflaschen in den Armen, die dort Platz gefunden hatten, zurück. Es sah aus, als wollte ich eine Party schmeißen! Zirka fünfeinhalb Liter Kochsalz- und Glukoselösung verschwanden im Lauf der nächsten halben Stunde lautlos in der Jugularvene von Gloria, bis sie endlich wieder einen frischeren Eindruck machte. Eine kleine Spritze zur Schockbekämpfung vervollständigte die Therapie.

„So!“ Ich hielt die blutverschmierten Hände hoch wie in einem schlechten Horrorfilm. „Jetzt wäre ein Stück Seife von Vorteil!“

Während ich mich wusch, kam der Ploderbauer, der seine Greifwerkzeuge ebenfalls wieder für einsatzbereit befand, mit einer Schnapsflasche und zwei überdimensionierten Gläsern, die er gestrichen voll schenkte, in den Stall.

„Aha!“ lachte ich, „damit die Gloria nicht die einzige da herinnen ist, die wackelt, wie!“

„Prost, Doktor!“ sagte der Ploder und kippte das schwache Achtel Vogelbeer ruckzuck, „danke, daß Sie so schnell herob’n waren. Viel länger hätt’n’s i’ und die Kuah nicht mehr ausg’halten!“

Da gab ich ihm recht und trank mein Glas ebenfalls aus. Als er nachschenken wollte, wehrte ich jedoch energisch ab: schließlich hatte ich noch eine Steuererklärung auszufüllen!

Um solchen Widrigkeiten von vornherein zu begegnen (ich spreche von Hornverletzungen, nicht von Steuern, denen ist man schutzlos ausgeliefert), hat es sich allgemein durchgesetzt, bereits die Kälber zu enthornen.

Wenn das sachgerecht unter Narkose geschieht, ist auch aus Tierschutzaspekten nicht das geringste dagegen einzuwenden! Vergessen Sie das dumme Geschwätz, Kühe bräuchten Hörner, damit die Milch nicht schlecht schmeckt, oder um ihre Rangordnung zu behaupten!

Voraussetzung ist natürlich, daß sämtliche Tiere eines Bestandes hornlos herumrennen, dann klappt es auch mit der Rangordnung. Außerdem sind wir ja heutzutage bekanntlich alle für Abrüstung!

Ich kniete also an einem strahlenden Dienstagvormittag im feuchten Stroh vom Hörlbauer, bei dem ich schon dutzende Kälber enthornt hatte, und stach hintereinander vier friedlich schlummernden Kandidaten mit dem glühenden Brennstab die Hornknospen aus. Sie schnarchten friedlich im Quartett, was mich entfernt an so manches stickige Mannschaftszimmer meiner seligen Bundesheerzeit erinnerte. Der Bauer lehnte an der Boxenwand und schimpfte auf die heutige Zeit.

Eine Routinearbeit!

Spannend hingegen wurde es, als mich der Hörlbauer nach zwei Tagen anrief und ins Telefon blökte: „Das eine Kalb blüat’!“

„Na ja!“ erklärte ich gelassen, „das kommt manchmal vor, wahrscheinlich hat es sich irgendwo den Schorf abgestoßen, oder ein anderes Tier hat über die Wunde geleckt! Machen Sie einfach einen Druckverband und lassen Sie diesen bis morgen drauf!“

„Is’ guat!“ sagte der Hörl und legte auf.

Am nächsten Tag rief er wieder an: „Ich hab' den Verband runterg'macht, aber das Kaibl blüat' no' immer!" verlautete er höchst mißgelaunt.

Verflixt nochmal, das waren ja ganz neue Späßchen! Ich fuhr, so schnell ich konnte, zum Hörlhof und nahm mir nochmals das Kalb vor. Tatsächlich sickerte reichlich Blut aus dem linken Wundloch und bedeckte bereits eingetrocknet die Kopfhälfte des Tieres, welche dadurch wie eine unfertige Krampusmaske aussah!

Ich legte das Kalb nochmals in Narkose, brannte die Wundränder erneut sorgfältig aus und brachte diesmal selbst, unter Verwendung eines blutstillenden Tupfers, den Druckverband an.

„So, den lassen Sie jetzt drei Tage an Ort und Stelle und stecken Sie das Tier in eine Einzelbox, dann wird die Sache erledigt sein!" versicherte ich mit einem Optimismus, den der Hörl offenkundig nicht teilte!

Er sollte recht behalten, denn nach der anberaumten Frist meldete er sich mit der Hiobsbotschaft: „Herr Doktor, das Kaibl blüat' wieda und auf der ander'n Seit'n jetzt aa!"

Leicht enerviert nahm ich die steilen Serpentinen zum Hörlhof, wo mir ein blutverschmiertes Kalb entgegenglotzte! Wenn es den Kopf senkte, troff aus der anderen Hornwunde ebenfalls Blut. Drückte man mit dem Finger drauf, hörte das Rinnsal auf, ließ man los, sickerte es wie bei einem Badeschwamm aus dem Gewebe!

„Scheint sich um eine angeborene Gerinnungsstörung zu handeln!" brummte ich. Eine andere Erklärung hatte ich beim besten Willen nicht! Ich wickelte dem Kalb nochmals einen Druckverband um den Kopf und spritzte ihm ein Blutgerinnungsmittel samt reichlich Vitamin C und Kalzium, was halt die Schulmedizin in solchen Fällen empfiehlt.

Dazu verabreichte ich noch bewährte homöopathische Tropfen und ein chinesisches Wundermittel namens Yunnan Bajao. Meine Zuversicht jedoch war ins Wanken geraten!

Prompt kam nach einigen Tagen die niederschmetternde Nachricht: „Das Kaibl blüat'!"

In meiner Verzweiflung rief ich die Rinderklinik an der Veterinärmedizinischen Universität an. „Tja!" meinte der diensthabende Assistent, „wenn das Vieh keine Gerinnungsfaktoren besitzt, hilft kein noch so gutes Hämostyptikum! Pech, Herr Kollege!"

Das war mir mittlerweile auch klar, aber ich wollte mich nicht so einfach damit abfinden, wegen einer ordinären Enthornung einen Patienten zu verlieren!

Ein Atout hatte ich noch im Talon: Dr. Ernst Arlt in Rauris, einen pensionierten Kollegen und Freund (als solcher nicht pensioniert), der mich über die Jahre hinweg mit so manchem wertvollen Ratschlag aus der Schatztruhe seiner überreichen Erfahrung bedacht hatte. Ich danke ihm an dieser Stelle von ganzem Herzen!

Als ich ihn aufsuchte und ihm den Fall schilderte, schenkte er mir zuerst einen Whisky ein und meinte dann: „Hast du es schon einmal mit Tanninpulver versucht? Das haben wir früher immer zur Blutstillung verwendet!"

Tannin! Das hatte ich sogar in meiner Hausapotheke, weil es bei hartnäckigen Durchfällen ein probates Mittel darstellte!

Er goß mir nach: „Ich würde eine Woche lang jeden Tag Verbandswechsel durchführen und zuvor die Wundhöhle kräftig mit dem Pulver einstäuben!"

Beschwingt fuhr ich zum Hörlbauer und gab die entsprechenden Anweisungen. Und in der Tat, der alte Fuchs Arlt hatte wieder einmal recht behalten! Nach der letzten Verbandsabnahme trat die Blutung nicht mehr auf!

„Na, zum Glück sind wir durch die Enthornung rechtzeitig draufgekommen, daß das Tier eine angeborene Blutungsneigung hat!" plapperte ich selig, „nicht auszudenken, wenn wir es besamt hätten! Die Kalbin wäre uns doch glatt bei der Geburt verblutet!"

„Ja!" nickte der Hörl, „ein Glück, glei' nach der Alm geb' i' sie zum Metzger!"

Mir wurde flau im Magen: „Wollen Sie sie wirklich noch auf die Alm schicken? Was ist, wenn sie sich oben verletzt?" Ich hätte dem Tier gerne noch eine schöne Sommerfrische vergönnt, aber angesichts des Risikos schien es mir ratsamer, ihm ein schnelles, problemloses Ende zu bereiten.

„Schau'n Sie, Herr Doktor, jetzt is' ja no' nix an ihr dran, aber im Herbst gibt sie an guat'n Schlachtpreis!"

Ich nickte. Da war sie wieder, die verständliche, jedoch gleichzeitig verdammte Ökonomie, der man als Landtierarzt unterworfen ist!

Bei jedem Besuch auf dem Hörlhof schaute ich nach meiner ehemaligen Patientin.

Durch die oftmalige Manipulation war sie derartig zutraulich geworden, daß sie immer, während ihre gleichaltrigen Artgenossen scheu zurückwichen, vertrauensvoll den Kopf durch das Freßgatter steckte und sich genüßlich kraulen ließ.

Als im Herbst die ersten Besamungen auf dem Hörlhof fällig wurden, stand die Kalbin noch immer gemeinsam mit den anderen in der Laufbox und streckte neugierig den Schädel durch das Gitter!

Mir brach zwar das Herz, aber, der beinharten Realität bewußt, wagte ich trotzdem die Frage: „Jetzt haben Sie sie noch immer da? Ich dachte, nach der Alm muß sie zum Metzger?"

Der Hörl stotterte ein wenig: „Scho', aber wiss'n S', ich hab' mir 'dacht, weil sie doch den ganzen Sommer über nix g'habt hat, vielleicht hat si' die Blüaterei g'legt, und ich kann sie do' no' zulassen! Sie is' halt gar so a nett's Vieh!"

Ich konnte es nicht fassen: „Hören Sie, ich bin der letzte, der ein gesundes Tier zur Schlachtung drängt, aber der genetische Defekt verschwindet nicht so einfach, und daher gibt es keine Möglichkeit, sie langfristig zu behalten!"

„Jaja!" sagte der Hörl und sah an mir vorbei!

Einen Monat später rief er mich an: „Die Kalbin, Sie wiss'n scho', seit heut' in der Fruah hat sie nix mehr gefressen! Und auf dem Buck'l hat sie so a *trumm* Schwellung!"

Das arme Vieh stand teilnahmslos im Laufstall herum, während die anderen gierig das Heu verschlangen. Beidseits entlang der Wirbelsäule erstreckte sich eine Aussackung, groß wie eine Schibox! Als ich draufdrückte, war es, als hätte man ein schmerzhaftes Wasserbett angetippt!

„Eine hochgradige Blutung!" verkündete ich unheilvoll, „wahrscheinlich war sie brünstig und eine andere Kalbin ist ihr aufgeritten! Ich habe Ihnen ja prophezeit, daß es mit ihr auf die Dauer nicht gut geht! Sie müssen sie sofort schlachten lassen, wenigstens wird es mit der Ausblutung keine Probleme geben!"

Während der Hörl das Mobiltelefon aus der Tiefe seiner Hosensäcke nestelte und kleinlaut die Nummer des Metzgers wählte, verabschiedete ich mich mit einem letzten Blick auf die armselige Bluterin …

Als ich nach dem Mittagessen zum Metzger zwecks der Fleischbeschau fuhr, empfing mich der mit vorwurfsvoller Miene: „Da hab'n Sie mir ja was Schönes g'schickt! Schau'n Sie sich das an! Das ganze Fleisch ist zum Wegschmeiß'n!"

Er hatte recht! Die gesamte Rückenmuskulatur bildete einen einzigen blutigen Schwamm, desgleichen die Bauchmuskulatur, und sogar im Herzen waren vielfältige Blutungen vorhanden! Die betroffenen Fleischstellen verströmten sogar einen leicht fauligen Geruch!

„Untauglich!“ mußte ich bestätigen und mit der dafür vorgesehenen Stempelwalze, die den Schlachtkörper mit lauter X überzog, drüberfahren. Blöde Geschichte! Ich hatte mich in der Annahme, der Tierkörper wäre noch verwendungstauglich, gründlich geirrt! Statt dessen hing jetzt vor meiner Nase ein Kadaver, der schleunigst in die Tierkörperverwertung gehörte!

Dazu mußte ich nur noch dem Hörlbauer schonend beibringen, daß er nicht nur keinen Schlachterlös erzielen würde, sondern überdies die Metzgerarbeit zu berappen hatte!

„So!“ brummte der Landwirt mißvergnügt, „ich hab’ immer g’sagt, wir hätt’n sie früher zum Schlachten geb’n soll’n!“

Wir? Der Mann hatte Nerven!

Tierärztliche Arbeit kann Ihre Gesundheit gefährden

Die Kalbin vom Kraglbauern, der allgemein bekannt dafür ist, daß er nicht gerade die lammfrommsten Tiere besitzt – kein Wunder, wenn sich außer zur Futterzeit niemand im Stall blicken läßt –, litt an einer fürchterlichen Augenentzündung!

Im Vertrauen gesagt, wäre sie weniger fürchterlich gewesen, hätte der Kragl mich längst noch nicht beigezogen!

Die Lider waren derart verschwollen, daß lediglich ein schmaler Spalt, durch den die feuerrote Bindehaut hervorquoll, offengeblieben war. Ein dicker Eiterstrom floß lavaähnlich aus dem verbliebenen Schlitz heraus!

Ich hatte klugerweise zuvor am Hof angerufen und mitgeteilt, daß ich in ungefähr einer halben Stunde eintreffen würde, um Zeit zu geben, das Tier in der Laufbox einzufangen und festzubinden. Ich wußte von früher, welche Arbeit das bei den Kragl'schen Mistviechern bedeutete, und verspürte keine Lust, das Rodeo in seiner ganzen Länge mitzuerleben!

Daher erwarteten mich bei meiner Ankunft bereits ein ziemlich erschöpfter Bauer und eine knochige Pinzgauerkalbin, die trotz ihrer Schmerzen wütend am Strickhalfter zerrte.

Das ist der Nachteil des Freilaufhaltung: wenn die Tiere dann später einmal kurz fixiert werden müssen, und zwar auch zu ihrem eigenen Besten, drehen sie durch!

„Keine Chance, das Auge genauer zu untersuchen!" sagte ich zum Kragl, „wir werden sie sedieren müssen!"

Der Kragl nickte düster, schnappte sich aber die Nasenzange und begab sich tapfer zum Kopf des Rindes. „Ich hab sie!" keuchte er und umklammerte die Kalbin zusätzlich mit dem anderen Arm im Schwitzkasten, wobei er Mühe hatte, von dem sich aufbäumenden Rind nicht ausgehoben zu werden!!

Jetzt kam ich von der anderen Seite, warf dem bockenden Vieh die Staukette um den Hals, und sobald die Vene genügend hervortrat, injizierte ich blitzschnell das Narkosemittel.

Das hört sich einfacher an, als es war! Die Kalbin tobte im Klammergriff, versuchte sich hinzuwerfen, was der kurze Strick verhinderte, sprang mit dem Hintergestell in die Luft und vollführte hubschrauberrotorartige Trittbewegungen mit den Beinen nach allen Seiten!

„Fertig!" rief ich und trat, die blutige Nadel in der Hand, zurück. Der Kragl ließ ebenfalls aus, und die Kalbin nützte die wiedergewonnene Halbfreiheit, um heftig nach mir zu schlagen.

Im Fußball hätte der Tritt die rote Karte verlangt, und für die Kalbin war er zu ihrem Pech auch eine!

Sie erwischte mich nämlich nicht, ich verspürte nur einen Wischer am Hosenbein, dafür schlug sie mit voller Wucht gegen den stabilen Eckpfosten der Box. Es gab einen häßlichen Krach, und der Unterschenkel hing gleich darauf in ebenso häßlichem Winkel zur Seite!

Diese Fraktur bedeutete ihr Todesurteil, Beinbrüche bei Großtieren sind nahezu aussichtslos, und da intelligenterweise das Narkosemittel in ihren Adern kreiste und bald zu wirken beginnen würde, war eine Notschlachtung ebenfalls unmöglich geworden! Der einzige Weg führte in die Tierkörperverwertung, der sie nun aber wenigstens friedlich entgegendämmern würde.

Obwohl mein Schicksal im Falle, daß sie mich getroffen hätte, sicher nicht ganz so dramatisch verlaufen wäre, mußte ich trotzdem ehrlicherweise gestehen, froh zu sein, das es den Unterschenkel der Kalbin und nicht meinen erwischt hatte.

Diese Episode fiel mir wieder ein, als ein Kollege von einer zornigen Kuh in die Mistrinne befördert und für einige Tage außer Gefecht gesetzt worden war und ein Teil seiner Bauern daher bei mir anrief!

Ich erkundigte mich telefonisch nach seinem Befinden, er klang jedoch ganz und gar nicht deprimiert: „Ach, es geht schon, gebrochen ist nichts, nur eine Schulterprellung mit einem Mordsbluterguß! Autofahren kann ich halt momentan nicht!"

„Und? Was machst du dagegen?"

„Gar nix! Das wird schon wieder!"

Offensichtlich wendet er bei sich selbst die gleiche Methode an wie bei seinen Patienten, dachte ich boshaft.

Aber die Kollegialität gewann die Überhand: „Paß auf!" sagte ich, „ich kenne da ein paar prima homöopathische Mittelchen und Einreibungen, die ich nur wärmstens empfehlen kann, als da wären ...!"

„Hör zu!" unterbrach er mich fast gereizt, „ich brauche keine Empfehlungen, wie ich die Heilung beschleunigen kann ...!"

Ui, dachte ich, jetzt ist er beleidigt, weil er offenbar meine gutgemeinten Ratschläge als Eingriff in seine medizinische Kompetenz ansieht ...!

„… ich bin froh, einen guten Grund zu haben, diesen Sauviechern für eine Weile nicht mehr begegnen zu müssen, verstehst du! Je länger, desto besser!"

„Na dann gute Besserung!" murmelte ich und legte auf. Der wahre Knacks, den er erlitten hatte, lag offenbar nicht in der Schulter!

Kurze Zeit später erwischte es mich!

Beim Schienerbauern war eine Kuh schwer an Mastitis erkrankt. Sie fräße nichts und habe Schüttelfrost, erklärte mir die besorgte Bäuerin am Telefon!

„Bin schon unterwegs!" versicherte ich, was auch der Wahrheit entsprach!

Der beeindruckende Schienerhof liegt herunten im Tal und bietet ein einladendes Bild für alle jene, die ihren Urlaub am Bauernhof verbringen wollen, was viele Leute auch tun, wie die zahlreichen Gästeautos winters und sommers belegen.

Hinter dem steingemauerten Pferdestall aus dem 17. Jahrhundert steht eine noch ältere Bauernmühle mit angeschlossenem Backofen, in dem einmal wöchentlich die Schienerbäuerin Brotbackkurse für Interessierte veranstaltet. Das Mehl dazu wird allerdings nicht mehr selbst gemahlen, sondern einfachheitshalber zugekauft. Dafür kann man verschiedene Brotsorten fabrizieren, Roggen, Dinkel, sogar Hafersorten kommen als knusprige Laibe aus der schwarzen Eisentür!

In der Mühle hat sich der Bauer sein Brennstübchen eingerichtet, eine Destillieranlage, die alle Stücke spielt, und praktischerweise eine kleine Sitzecke zum Verkosten dazu. Der Schiener versteht was vom Schnapsbrennen, sein Zwetschgenbrand hat schon zwei Goldmedaillen eingeheimst, und mit dem Vogelbeer ist er wahrscheinlich heuer dran!

Aber jetzt war Brot und Schnaps Nebensache, es ging um die beste Kuh im Stall, die Stiermutter Anna!

Das Fieberthermometer zeigte 41,1 Grad an, und die rechte Euterhälfte war knallhart und heiß.

„Vorsicht, es tut ihr höllisch weh, sie schlagt bei der kleinsten Berührung!" warnte mich der Schiener.

„Begreiflicherweise!" nickte ich, „bei *der* Entzündung! Haben Sie vielleicht einen Schlagbügel?" Das ist ein speziell gebogenes Stahlrohr mit gummigeschützten Enden, das man der Kuh zwischen Schenkelansatz und Wirbelsäule klemmt. Sollte das Tier das Bein zum Ausschlagen heben, würde der andere Teil des Bügels einen Druck auf das Kreuzbein ausüben. Daher unterläßt es das Rind lieber!

Anna, eine erfahrene Zuchtkuh mit siebenhundertfünfzig Kilogramm Körpergewicht, zeigte uns eindrucksvoll, daß es andere Wege gab, den Schlagbügel auszutricksen.

Sie ließ sich einfach und ansatzlos, kaum daß ich begonnen hatte, das wäßrige Sekret aus der berührungsempfindlichen Zitze zu streifen, auf die rechte Seite, dorthin, wo ich kauerte, umfallen!

Ich kam aus der hockenden Stellung nicht schnell genug hoch, daher stieß mich ihr massiver Körper der Länge nach quer unter die Nachbarkuh, die auf den schönen Namen Milka hörte. Nun lag ich hübsch auf dem Rücken zwischen Milkas Hinter- und Vorderbeinen wie ein Mechaniker bei der Unterbodenkontrolle eines Gebrauchtwagens!

Jedoch im Unterschied zu so einer Rostlaube empfand Milka das ansatzlose Eindringen in ihre Intimsphäre als höchst unpassend und begann augenblicklich einen Steptanz, der sie zu einem Broadway-Vertrag berechtigt hätte!

Sie hüpfte wild am Stand auf und ab, schlug nach hinten und vorne aus, und die Klauen dröhnten neben meinen Ohren auf der vibrierenden Stallgummimatte!

Weg kam ich nicht, denn die Anna lastete noch immer mit ihrem gesamten Körpergewicht auf meinem Unterkörper, und jedes Mal, wenn ich mich mit dem Oberkörper aufzurichten versuchte, stieß ich mit dem Kopf gegen Milkas Bauch, was diese zu einem erneuten Trampelanfall motivierte!

Ich hatte, gelinde gesagt, Todesangst! Wenn sie mir von oben in den Brustkorb oder ins Gesicht hüpfte, bräuchte ich eine neue Pfeifentabaklieferung nicht mehr zu ordern! Komisch, daß man in so einer Situation an banale Dinge denkt! Es war purer Zufall, daß mich noch keine der harten Hornschalen richtig erwischt hatte!

Wie im Nebel hörte ich die Bauersleute schreien, dann spürte ich plötzlich Hände um meine Füße, und mit einem Mal lag ich im Stallgang!

Es war den Schieners mit vereinten Kräften endlich gelungen, Anna den Schlagbügel vom Leib zu reißen, sie aufzutreiben und mich anschließend aus der Gefahrenzone zu zerren.

Als ich mich verdattert aufsetzte, sah ich als erstes das Gesicht der Bäuerin, die mich entsetzt anstarrte und gleich darauf blaß wurde!

Instinktiv faßte ich mir an den Kopf und bekam eine mandarinengroße Beule an der rechten Stirnseite in die Hand. Ein wenig Blut tropfte mir vom Mund. Offenbar war die gute Milka näher an ihrem Ziel gewesen, als ich im Schock verspürte hatte!

„Geht schon, geht schon!“ nuschelte ich in einer Art Trance, „helfen Sie mir hoch!“

„Bleiben Sie um Himmels willen liegen, ich rufe den Notarzt!“ stammelte der Schiener.

„Nein, nein, ist schon in Ordnung, mir fehlt nichts!“ Überraschend schnell war ich wieder bei klarem Verstand und empfand es als äußerst unwürdig, der Länge nach in der Kuhscheiße zu liegen, mochte sie auch noch so weich sein!

Ich rappelte mich mit Unterstützung hoch und griff nochmals nach der Beule: „Nur ein Hämatom! Kein Grund zur Sorge!“ Mit weichen Knien stakste ich hinaus zum Auto und zog die erforderlichen Mastitismedikamente in die Spritze. Wie lautete die alte Weisheit? Wenn man vom Pferd stürzt, muß man gleich wieder aufsitzen!

Mir zitterten zwar die Hände, aber nichtsdestotrotz injizierte ich das Antibiotikum in Annas Zitzen. Mittlerweile hatte der Schiener ihr die Hinterbeine fachgerecht zusammengeschnürt, so daß sie zwar noch zappeln, aber nicht mehr zuschlagen konnte!

„Morgen komme ich zur Nachbehandlung!“ murmelte ich.

„Sollen wir nicht doch einen Arzt rufen? Können Sie überhaupt fahren?“ Die Schienerbäuerin schien meinem Zustand nicht zu trauen.

„Alles in Ordnung, mir geht es wieder halbwegs!“ versicherte ich möglichst glaubwürdig. Das ist das harte Training des Tierarztes, immer Zuversicht zu verbreiten, auch wenn einem nicht danach zumute ist!

Die einzige Konzession, die ich eingehen wollte, war das Versprechen, unverzüglich nach Hause zu fahren. Dringende Visiten waren für diesen Vormittag nicht mehr angesagt, und im Inneren stand mir der Sinn auch nicht mehr so recht danach!

Glücklicherweise war Karin noch in der Schule, und somit hatte ich die Gelegenheit, meine Blessur ohne große Aufregung im Spiegel zu betrachten! Die Blutorange auf meiner Stirn war bereits hübsch blau, aber bis auf ein wenig Kopfbrummen störte sie nur optisch. Wahrscheinlich eine winzige Gehirnerschütterung!

Ich schmierte mir eine Packung Blutegelsalbe drauf, legte mir eine kalte Kompresse um den Kopf und schluckte brav eine Portion Arnikakügelchen und etwas Hyperikum. Die aufgeplatzte Lippe war nicht weiter schlimm!

Dann legte ich mich erschöpft aufs Sofa und schaltete den Fernseher ein.

Das gegenwärtige Programm auf allen Sendern schien wirklich extra für Leute mit Gehirnerschütterung gemacht, ich drehte dennoch ab und schlief eine Runde.

Erst Karins Entsetzensruf weckte mich: „Was ist denn mit dir passiert?"

„Ach, kleiner Betriebsunfall!" Ich nahm die Binde ab und tastete nach der Schwellung. Mit Genugtuung stellte ich fest, daß sie um mindestens die Hälfte zurückgegangen war!

Appetit verspürte ich keinen, also ließ ich das Mittagessen ausfallen, und nach einer neuerlichen Salbenauflage und zwei doppelten Espresso startete ich die Nachmittagstour!

Als ich am nächsten Vormittag am Schienerhof eintraf, starrte mich der Bauer wie einen Geist an: „Was ist denn mit Ihrem Kopf g'scheh'n? Wo ist denn der Mordstrumm-Dippl?"

Ich grinste: „Ein Denkmal den Blutegeln! Meine Birne ist wieder ganz gut in Schuß! Innen wie außen! Und wie geht es der Anna?"

„Gut! Sie hat schon gestern abend wieder g'fress'n, und heute ist die Milch wieder fast normal! Ein Wunder!" Dabei fixierte er weiterhin unausgesetzt meine Stirn, so daß nicht zu erkennen war, was er mit dieser Bezeichnung meinte: Annas Euter oder meinen Kopf!

Tatsächlich waren die beiden Euterviertel wieder locker, und aus den Zitzen strömte wieder Milch – noch etwas gelb und rahmartig, aber unzweifelhaft auf dem Weg zur Normalisierung und schmerzfrei!

Die zwei Kühe schauten mich so freundlich-neugierig an, als wären es gestern zwei Doppelgänger gewesen, die mich fast umgebracht hätten!

Ich applizierte nochmals und heute problemlos Medikamente in Annas Euter, dann füllte ich noch den Wartefristenzettel aus, der festhielt, ab wann die Milch wieder zur Lieferung geeignet wäre, und hielt ihn dem Schiener unter die Nase.

Der nahm ihn und revanchierte sich, indem er mir eine schlanke, langhalsige Flasche ohne Etikette entschlossen in die Hand drückte: „Da, Herr Doktor, auf den Schrecken und auf weitere Besserung! Is' a ganz a Guater! Ein Geheimtip sozusagen, den ich nächstes Jahr präsentiere!"

„Ist doch nicht nötig!" sagte ich verlegen, „aber trotzdem danke! Was ist denn das für einer?"

Dem Schiener zog es förmlich vor Grinsen die Mundwinkel zu den Ohrwascheln hoch:

„Williams! Echte Birne natürlich! Was hab'n denn Sie erwartet nach Ihrer Kopfverletzung? Sie erklären als Homöopath uns Bauern doch schließlich dauernd, daß Gleiches mit Gleichem kuriert werden muß!"

Man sieht, die Lehre fällt mit der Zeit doch auf *frucht*baren Boden und manchmal sogar an den Lehrer zurück!

Krümels Leiden

Der letzte Tierbesitzer im Wartezimmer war Herr Burger. Er war auch der letzte, den ich sehen wollte! Seinem Gesichtsausdruck nach ging es ihm mit mir ähnlich!

Krümel hingegen gebärdete sich, wie jedes Mal, vom Zusammentreffen mit mir begeistert. Die meisten Hunde scheuen die Tierarztpraxis wie wir einst in durchzechten Studententagen die Morgenvorlesung, manche nehmen den Besuch mit stoischer Ruhe hin, aber ich habe noch nie einen Hund erlebt, der jedesmal mit solcher Begeisterung in den Ordinationsraum stürmt! Außer vielleicht Miss Sophie, eine braune Königspudeldame aus England, die zweimal jährlich vor der heimatlichen Rückreise zur prophylaktischen Bandwurm- und Zeckenbehandlung antanzen muß. Aber die habe ich auch noch nie gespritzt, sie bekommt ihre Medikamente immer mit etwas Wurst veredelt!

Krümel hingegen pflegte stets heftig zu wedeln, während ich ihm die Injektion verpaßte! Ich habe keine Ahnung, ob es unter Hunden auch Masochisten gibt oder ob er die Nadel als billigen Tribut für das Privileg, mich endlich wieder zu treffen, in Kauf nahm.

Mit seinem semmelgelben Fell, das borstig in alle Himmelsrichtungen davonsproß, glich er eher einer Bodenbürste, die kurz in den Stromkreis gelangt war, aber er war einer der liebenswürdigsten Hunde, die ich kannte.

Das einzige, was meine Freude an seiner Anwesenheit trübte, war Krümels seltsames Leiden!

In unregelmäßigen Abständen wurde er von mysteriösen Brechanfällen geplagt, in denen er spie wie der sprichwörtliche Gerberhund! Das dauerte so einige Tage, dann war schlagartig wieder Schluß. Komischerweise zeigte sich Krümel dabei nie ernsthaft erkrankt, wie das bei viralen oder toxischen Magengeschichten oft der Fall ist!

Sämtliche Sachen, die ich bisher ausprobiert hatte, um diese rätselhaften Ausbrüche zu verhindern oder zu beeinflussen, erwiesen sich als ebenso wirkungslos wie die Abschwächung von Erdbeben durch Vorsagen der Merseburger Zaubersprüche!

„Ist es wieder soweit?“ fragte ich gedrückt.

Herr Burger nickte grimmig: „Heute nacht war es besonders schlimm! Er hat zwar gewinselt, daß er hinausmuß, aber bis ich vom

Bett hoch und in die Schuhe gekommen bin, war es schon zu spät! Das gesamte Vorzimmer war voll! Und gestunken hat es wieder! Ich habe ja schon mehrere Hunde gehabt, aber wenn die einmal erbrochen hatten, war das nie so schlimm!“

Ich schob ohne große Illusion das Fieberthermometer in Krümels After, was er mit einem herzhaften Wedeln quittierte, als würde ich ihm gerade einen Leckerbissen in das entgegengesetzte Körperende verabreichen.

Es war wie gehabt! Keine abnorme Temperatur, keine Kotveränderung, kein schmerzhafter Bauch, kein Indiz für einen Infekt, rein gar nichts! Das Ganze war unerklärlich wie eine Sonnenfinsternis für Neandertaler!

„Sie sollten wirklich einmal einen spezialisierten Kleintierpraktiker aufsuchen, wie ich es schon letztens empfohlen hatte! Ich kann rein klinisch keine Ursache für die Brechanfälle feststellen, vielleicht hilft uns eine Röntgenkontrastuntersuchung oder ein Ultraschall weiter!“

„Röntgen, Ultraschall, hm? Klingt ziemlich teuer, wie?“

Alter, erbärmlicher Geizkragen!

„Na, wenn man sich ein Haustier hält, hat man, glaube ich, auch die Verpflichtung, bestimmte Aufwendungen, solange sie im Rahmen bleiben, zu tätigen!“ entgegnete ich hörbar scharf. „Ich schreibe Ihnen jetzt Nummer und Adresse von meinem Kollegen Dr. Harry Fürst auf, einem ausgezeichneten Tierarzt, der Ihnen, wenn ich ihn vorher anrufe, bestimmt einen Sonderpreis macht!“

Und zwar einen höheren, du mieser Knicker, dachte ich ergrimmt!

Herr Burger nahm widerwillig den Zettel und musterte ihn stirnrunzelnd: „Ziemlich weit entfernt, was?“

„Ach wo, in einer halben Stunde sind Sie dort!“

„Ja, wenn man so rast wie Sie! Ich“, bemerkte er spitz, „halte mich für gewöhnlich an die Verkehrsregeln!“

„Prima! Dann fahren Sie am besten gleich los, damit Sie morgen da sind!“

Der einzige von uns dreien, der noch freundlich dreinschaute, war Krümel! Normalerweise ist es ja völlig unnötig, in einer Tierarztpraxis wie in anderen Geschäften den Fluchtweg im Falle eines Feuers zu beschildern, sämtliche Patienten zerren sowieso immer instinktsicher Richtung Ausgang. Nur Krümel benahm sich wie ein Gast, der zum Abendessen erschienen war und gegen drei Uhr früh noch begeistert darauf wartete, daß man ihm nachschenkt! Er wollte nicht gehen!

Herr Burger betrachtete es als Anschlag auf sein Renommé, wenn sich sein Hund beim Veterinär wohler zu fühlen schien als beim Besitzer, und riß Krümel dann jedes Mal am Halsband nach draußen, wobei er zu schimpfen pflegte: „Na los, komm schon! Verflucht, komm endlich!“

Ein paar Tage vergingen, da rief mich Harry an, während es mir nach mehreren Versuchen gerade und endlich gelungen war, einen ziemlich langen, mit Baumstämmen bepackten Laster samt Anhänger zu überholen. Ich fuhr rechts ran für den Fall, daß ich mir was notieren sollte, und nahm, als der LKW wieder an mir vorbeizuckelte, erbittert zur Kenntnis, daß ich ihn nun für die nächsten vier Kilometer endgültig vor mir haben würde!

Hoffentlich hatte wenigstens Harry Essentielles zu berichten, damit sich die ganze Aktion gelohnt hatte!

Fehlanzeige!

„Fehlanzeige!“ meldete sich Harrys fast immer vergnügt klingende Stimme. Wie macht er das bloß? Entweder werde ich selbst mit der Zeit immer mieselsüchtiger oder der Gute ist auf Drogen!

„Heißt das, du hast auch keine Ahnung, was Krümel fehlt?“ fragte ich schwer enttäuscht wie ein Bankrotteur, der sich als ultimative Hoffnung von seinem letzten Geld ein Rubbellos gekauft hatte.

„Keinen blassen Schimmer!“ gestand er fröhlich, „wenn du mich fragst, dem Vieh fehlt überhaupt nichts!“

„Außer, daß er zu diversen Zeiten das traute Heim vollkotzt!“

„Vielleicht frißt er unbeobachtet irgendeinen Dreck zusammen? Schnee?“

„Ich bitte dich!“ Mein Ton klang erschreckend genervt. „Wir erleben gerade einen April wie im Frühsommer, und seit Anfang März liegt kein Bröserl Schnee mehr herum! Da müßte Krümel schon heimliche Bergtouren veranstalten!“

„War ja nur ein Gedanke!“ Harry nahm einem gestreßten Großtierkollegen unter Termindruck nichts übel. Er lachte: „Jedenfalls habe ich deinen Krümel an die Vet.-med.-Uni. überwiesen, die haben noch ganz andere diagnostische Spielzeuge!“

„Was? Der Burger fährt bis Wien?“ Gott sei Dank war ich angeschnallt, sonst wäre ich vor Überraschung zwischen die Pedale gerutscht!

„Zuerst wollte er natürlich nicht! Hat sich gesträubt wie ein Minister gegen den Rücktritt! Aber ich habe ihm klargemacht, daß, wenn wir die Ursache für das häufige Erbrechen nicht rechtzeitig herausfinden, es unter Umständen irgendwann einmal zu spät sein könnte und dann alle bisherigen teuren Maßnahmen zwar nicht umsonst, aber vergeblich gewesen wären! Das hat ihn schließlich überzeugt! Hat eine ziemlich ökonomische Ader, der Bursche! Du hörst jedenfalls von mir, sobald die Befunde aus Wien eintreffen!"

„Ich danke dir, Harry! Und entschuldige bitte meinen schroffen Tonfall von vorhin ...!"

„Null Problemo! Sieh zu, daß du es rechtzeitig in den Hintern der nächsten Kuh schaffst! Und grüß mir Karin!" Er legte auf.

Patenter Kerl, dachte ich und machte mich entschlossen an die Verfolgungsjagd nach meinem Holzlaster. Drei Kurven später klebte ich an ihm dran!

Und drei Wochen später klebte Herr Burger an mir!

Als ich die Warteraumtür öffnete, saß er, Krümel auf dem Schoß, zwischen zwei Damen mit Katzenkörben und empfing mich mit einem Gesichtsausdruck wie ein Taliban einen GI mit doppeltem Bourbon im Stripteaselokal!

„Das, was Sie mir geraten haben, hat überhaupt nichts gebracht!" schleuderte er mir entgegen und nahm mit Genugtuung zur Kenntnis, daß die übrigen Tierbesitzer die Ohren spitzten, „er speibt schon wieder!"

„Würden Sie bitte 'reinkommen!" knirschte ich zwischen den Zähnen hervor.

Krümel ließ sich das nicht zweimal sagen! Mit einem Saltoüberschlag hüpfte er vom Schoß seines Herrchens und stürmte begeistert auf mich zu. Wenigstens bei einem besaß ich noch Kredit!

„Wie gesagt, die ganzen kostspieligen Untersuchungen völlig für die Katz'!" wetterte Herr Burger weiter, nachdem er mir sein ewiges Sorgenkind, das seinen Mageninhalt so gern als Bumerang benutzte, auf den Behandlungstisch gesetzt hatte.

„Ich weiß!"

Harry hatte mich schon vor ein paar Tagen angerufen und fröhlich ins Telefon geplärrt: „Also, die auf der Uni sind auch nicht gescheiter als wir! Sämtliche Befunde normal! Wenn du mich fragst, frißt das Vieh einfach irgendeinen Dreck, den es nicht verträgt!"

„Und welchen bitte?"

„Keine Ahnung, Mr. Sherlock Holmes! Ich bin schließlich nur Dr. Watson!" Kichernd hatte er aufgelegt.

Herr Burger kicherte im Moment begreiflicherweise nicht. „Und wie bitteschön geht es nun mit meinem Hund weiter?"

„Hören Sie! Ich trage zwar eine Brille, bin aber deshalb noch lange nicht Harry Potter! Alle Spezialisten konnten die Ursache nicht herausfinden! Das einzige, was ich Ihnen noch anbieten kann, ist, es mit Akupunktur zu versuchen!"

„Akupunktur? So eine wochenlange Endlosbehandlung, die immens teuer ist, wie?"

Wenn er noch einmal „wie" sagte, würde ich ihn mit der Klistierspritze akupunktieren, schwor ich mir! Ich zwang mich jedoch zur Ruhe und antwortete beherrscht: „Wir versuchen es erst einmal, damit wir sehen, ob Krümel überhaupt anspricht! Sie brauchen dafür nichts zu bezahlen!"

Nachdem ich die in Frage kommenden Akupunkturpunkte lokalisiert hatte, was sich bei Krümels dichtem Drahthaarbürstenfell als einigermaßen schwierig erwies, begann ich, ihn zu spicken wie eine gute Köchin ihren Rehrücken. Noch mühsamer würde es werden, die dünnen Nadeln in dem Gestrüpp alle wiederzufinden! Krümel selbst nahm die Prozedur, wie immer, mit herzlicher Gelassenheit hin. Offenbar war er über jede Beschäftigung durch mich mit seiner Person höchst erfreut!

Ganz im Gegensatz zu seinem Herrchen, das sich in das Wartezimmer zurückgezogen hatte und hörbar mißvergnügt in einem der dort aufliegenden Magazine blätterte!

Als zehn endlose Minuten verstrichen waren, begann ich, Krümel wieder abzuernten, und rief Herrn Burger herein: „So! Jetzt werden wir sehen, wie die Behandlung anschlägt!"

Wir brauchten nicht lange warten! Krümel machte „Woap, woap" und spie einen entsetzlich stinkenden Haufen über den Ordinationstisch!

„Bekanntermaßen kann es bei komplementärmedizinischen Therapien immer zu Erstverschlimmerungen kommen!" beeilte ich mich zu versichern und begann, die Sauerei aufzuwischen.

Wortlos nahm Herr Burger seinen Hund auf den Arm und verließ grußlos das Lokal. Die tierärztliche Reputation, Universität samt Kleintierspezialisten und Chinesische Medizin eingeschlossen, war momentan nicht zu retten!

Aus diesem Grund war ich auch nicht besonders erfreut, als ich zwei Tage später auf den Lärchenhof gerufen wurde, weil bei einer Kuh die Nachgeburt nicht abgegangen war. „Sie hat sich net putzt", wie man es hierzulande ausdrückt.

Der Lärcherbauer war noch jung, ein fröhlicher Bursche, der gern über meine Witze lachte, sorgfältig die Ratschläge, die man gab, befolgte, dabei selbständig mitdachte und sich sichtbar herzlich freute, wenn sich der Erfolg einstellte.

Es war eine Lust, dort zu arbeiten!

Der Lärchenhof besaß nur einen gewaltigen Nachteil! Schräg vis-à-vis der schmalen Hofzufahrt, geschätzte 20 Meter Luftlinie, wohnte Herr Burger!

Ich huschte in den Stall wie ein schüchterner Kunde in einen Sex-shop, der dabei nicht gesehen werden will, und murmelte:

„Warmes Wasser, Schöpfheferl und Handtuch, bitte!"

„Die Gretl hat vor drei Tag' Zwilling' g'habt!" erklärte der Lärcher, während er das Gewünschte herbeischleppte. „Zwei *Kuh'sn*!" Er benützte den gebräuchlichen Dialektausdruck für weibliche Kälber.

Ich trat, mit Gummimantel und langen Plastikhandschuhen bewehrt, an die Gretl heran, der ein achtzig Zentimeter langer, fleischiger Strang aus der Scheide baumelte.

Hängengebliebene Nachgeburten zählen zu den unvorhersagbaren Erscheinungen unserer Milchstraße, genau wie Sternschnuppen oder Erdbeben oder die Höhe des Benzinpreises! In den Lehrbüchern werden ganze Listen an möglichen Ursachen dafür genannt, was man getrost als Zeichen werten kann, daß die wahren Hintergründe für die Wissenschaft im Dunkeln liegen! Wetterumschwünge üben im allgemeinen einen Einfluß aus, das kann ich nach zwanzigjähriger Praxis bestätigen. Und bei Zwillingsgeburten geht in über neunzig Prozent der Fälle eine Nachgeburt ab, während die andere beharrlich festsitzt!

Logischerweise müßten sich doch entweder beide lösen oder gemeinsam haften, denkt man! Hat da jemand behauptet, Medizin sei logisch?

Man muß die Plazenta vorsichtig von den Karunkeln, gestielte pilzförmige Auswüchse der Gebärmutterschleimhaut, im allgemeinen Sprachgebrauch auch als „Rosen" bezeichnet, lösen.

Angesichts des Geruches, vor allem im Sommer, hat mich schon mancher Bauer gefragt, welcher verwirrte Charakter ausgerechnet auf diese poetische Bezeichnung verfallen ist.

Sogar der Lärcher, der den Kuhschwanz festhielt und sonst nicht zu den Zimperliesen gehört, drehte die Nase aus dem Wind!

Für einen Tierarzt jedoch bedeutete es Routine, außerdem werden wir dafür bezahlt, und Geld stinkt bekanntlich nicht, und so beförderte ich verbissen den immer länger werdenden Strang aus den Tiefen der Gebärmutterhörner.

Plötzlich machte es in meinem Rücken „Wuff!"

Ich drehte den Kopf und sah einen stummelschwanzwedelnden Hund in der offenen Stalltür stehen. Wahrscheinlich hatte er mein Auto erkannt!

„Hallo Krümel!" rief ich, „bleib draußen, ich begrüße dich später!"

„Na, der wird heute und die nächsten Tage wieder ordentlich speiben!" grinste der Lärcher.

Ich fuhr auf, daß mir beinahe die Nachgeburt abgerissen wäre: „Wieso? Was heißt das? Wie kommen Sie darauf?"

„Ist doch klar! Der Hund frißt doch jedes Mal die ganze *„Putz"* vom Misthaufen herunter, und dann reihert er dem Burger ins Haus! Ist doch immer dasselbe! Und i' hör' dann den Burger toben!"

„Soll das bedeuten, jedesmal, wenn Krümel seine Brechanfälle bekommt, hat er vorher bei Ihnen eine Nachgeburt geschluckt?"

„So isses!" Der Lärcher freute sich wie ein kleines Kind!

„Ja, warum haben Sie das dem Burger noch nie gesagt? Der fährt mit dem armen Krümel von Untersuchung zu Untersuchung, und keiner findet etwas!" Mein Verständns für den Humor des Lärcherbauern hielt sich diesmal ausnahmsweise in Grenzen!

„Das kann ich Ihnen sagen, Doktor! Weil ich es dem Burger vergunn'! Das ist der sekkanteste und unsympathischste Nachbar, den ein Bauer haben kann! Immer regt er sich wegen irgendeiner Sache auf! Einmal sind es die Fliegen vom Stall, dann ist der Traktor zu laut, dann stör'n ihn die Enten oder die Kuhglock'n …! Wenn er sei' Hütt'n schrubben muß, hab' i' wenigstens eine Zeitlang eine Ruh' von ihm!"

„Trotzdem!" ließ ich nicht locker, „Sie müssen ihm das unbedingt sagen, auch wenn Sie ihn nicht leiden können! Aber denken Sie an den armen Hund, der völlig unnötig von Tierarzt zu Tierarzt geschleppt wird!"

Der Lärcher zog ein Gesicht wie ein Kind, dem man das Lieblingsspielzeug weggenommen hatte: „Na gut, Sie haben ja recht! Der Hund kann ja wirklich nichts dafür, daß er so einem Ungustl gehört!"

„Bravo!" rief ich und ließ die vollständige Nachgeburt in die Mistrinne klatschen. „Ich weiß ja, daß Sie ein tierliebender Mensch sind! Jetzt geb' ich der Gretl noch ein paar Antibiotikastäbe in den Uterus, und in zehn Tagen komme ich noch einmal und verpasse ihr eine Spülung!"

Frohgemut verließ ich den Stall, kratzte dem begeisterten Krümel eine Weile den Rücken und setzte mich ins Auto. Endlich hatten wir das Übel entdeckt! Harry war tatsächlich auf der richtigen Spur gewesen, und Herr Burger würde sicher auch dankbar sein und wieder Vertrauen zu tierärztlichen Fähigkeiten fassen!

Zehn Tage später trudelte ich, wie versprochen, wieder auf dem Lärchenhof ein.

Der Bauer war gerade pfeifend dabei, eine Kuh für die morgige Versteigerung gründlich zu waschen. Als er mich sah, brach das Pfeifen ab, und seine Miene verdüsterte sich.

„Was ist denn los?“ fragte ich irritiert, „geht's der Gretl nicht gut?“

„Grandiose Ratschläge geben Sie einem!“ knurrte der Lärcher, „das muß i' schon sag'n! Das hat man davon, wenn man gutmütig sein will! Kaum hab' ich dem Burger von den Nachgeburten erzählt, hat er mich sofort auf der Bezirkshauptmannschaft angezeigt, ich würde Aas auf meinem Misthaufen entsorgen! Zweimal war deswegen schon der Amtstierarzt zur Kontrolle da!“

„So ein Trottel!“ entfuhr es mir.

„Jaja!“ brummte der Bauer, aber es war ihm anzusehen, daß er nicht nur den Burger meinte!

Die Gebärmutterspülung verlief, trotz der heißen Flüssigkeit, ziemlich unterkühlt und wortkarg!

Diesmal verließ ich den Stall hastig wie der erwähnte schüchterne Kunde den Sexshop! Bevor ich in den Wagen steigen konnte, schallte es über mir: „Sie, Herr Tierarzt!“

Ich blickte hoch und erspähte Krümels Herrchen auf seinem Balkon, eine Zigarette in der Hand. Der Glimmstengel wäre gar nicht nötig gewesen, Herr Burger qualmte auch so vor Wut: „Sie sind mir der Richtige! Schicken mich in der ganzen Welt herum, kosten mich einen Batzen Geld, und dabei stellt sich heraus, daß mein Nachbar, dieser, dieser ..., daß der seinen Dreck öffentlich ablädt!“

„Erlauben Sie!“ rief ich empört zurück, „erstens ist das sein eigener Grund, zweitens kommt bei allen Bauern die Nachgeburt auf den Misthaufen, und drittens, wie sollte ich ahnen ...!“

„Denken hätten Sie daran müssen!“ schrie er, „immerhin holen Sie ja das Zeug dauernd aus den Kühen raus! Aber das sag' ich Ihnen, das wird Konsequenzen haben, Konsequenzen, verstehen Sie?“ Er schnippte die Zigarette verächtlich vom Balkon und verschwand in seiner Wohnung.

Langsam wurde mir klar, daß man mühelos auch mit fremden Nachbarn verfeindet sein kann! Man braucht gar nicht die eigenen dazu!

Händel mit dem Händler

Dem Viehhandel haftet seit jeher eine gewisse Aura der Verruchtheit an. Die Bezeichnung „Roßtäuscher“ suggeriert ja schon, daß hierbei mit allerlei Mitteln und Tricks versucht wird, den anderen über den Tisch zu ziehen, und in diesem psychologischen Spiel, ähnlich dem Poker, derjenige, der am besten blufft, den Gewinn einstreift!

Böse Zungen behaupten, bei Viehhändlern handle es sich um Menschen, die Tiere von A nach B und Riesensummen von B (Bauer) nach H (Händler) karren!

Das ist natürlich Unsinn und stammt offenbar von Leuten, die einfach auf clevere Geschäftspartner gestoßen waren.

Es verhält sich bei Viehhändlern generell nicht anders als bei sämtlichen Berufszweigen inklusive meines eigenen: fünfundneunzig Prozent sind in Ordnung, die restlichen fünf allerdings sollten verpflichtend leuchtende Warnschilder tragen!

Dennoch kenne ich eingestandenermaßen mehr Viehhändler mit Mercedes als Buchhändler!

Und so beschloß eines schönen Tages im nördlichen Deutschland ein gewisser Dirk Bartels, an diesem profitablen Geschäft teilzuhaben und sich in unserem Nachbartal niederzulassen, um dort Viehhandel zu betreiben.

Er war ein schlaksiger junger Mann mit Brille, nett, gutmütig und ziemlich naiv, so daß er für sein Vorhaben die denkbar ungünstigsten Voraussetzungen mitbrachte. Für die älplerische Mentalität und vielgerühmte Bauernschlauheit stellte er somit eine Art löffelgerechtes Fastfood dar, was er selbst aber erst im Laufe der Zeit realisierte!

Anfangs liefen die Geschäfte wie geschmiert. Dirk Bartels, von den Einheimischen liebevoll „*Kaibl*-Dirk“ genannt, kaufte weit und breit die schönsten Kälber und zahlte Preise dafür, bei denen sich die eingesessenen Konkurrenten eher die rechte Hand abgehackt oder für sich selbst ein Entmündigungsverfahren beantragt hätten!

Die Bauern zeigten sich naturgemäß begeistert von der neuen Geschäftsdynamik und gaben ihre besten Tiere ausnahmslos an die Einmann-Firma Bartels ab.

Ihrem bisherigen langjährigen Viehhändler blieb lediglich die schlechtere Qualität oder gar nichts! Die Erbitterung in der Branche wuchs begreiflicherweise an!!

Der Haken an der Sache war bloß der, daß Bartels jemanden finden mußte, der ihm die Tiere zu noch höheren Phantasiepreisen wieder abkaufen würde. Hier begann es sich zu spießen! Es war wie bei einem Pyramidenspiel, wo plötzlich nichts mehr nachrückte!

Dazu kamen Querschüsse! Eines Samstag nachmittags läutete bei mir das Telefon. Polizei! Es sei eine Anzeige gegen Herrn Dirk Bartels wegen Vernachlässigung der seiner Obhut unterliegenden Tiere, sprich unzulängliche Wasserversorgung, eingegangen! Da ich als Wochenenddiensthabender der einzig greifbare Tierarzt sei, werde ich gebeten, mich in einer Stunde als Sachverständiger zum Lokalaugenschein beim Dallingerstall einzufinden.

Beim Dallinger hatten sie vor etlichen Jahren mangels Nachfolge die Landwirtschaft aufgegeben, was schade war, da es sich um eine große Landwirtschaft gehandelt hatte. Aber so ist das nun einmal! Die Wiesen wurden verpachtet, den alten, aber geräumigen Holzstall hatte Dirk Bartels für seine Tiere gemietet, und das stattliche Bauernhaus gegenüber mit seinen dicken Mauern und kleinen Fenstern bewohnten noch zwei Dallinger-Töchter.

Als ich vorfuhr, parkte schon das Gendarmerieauto vor dem Stall. Ein durchtrainiert wirkender, jüngerer Beamter mit militärisch kurzem Haarschnitt und braunem Gesicht lehnte an der Motorhaube. Das mußte der neue Postenkommandant sein, von dem ich schon gehört hatte! Ein ziemlich scharfer Hund, dem Vernehmen nach, der angeblich sogar imstande sein sollte, einer Kuh ein Strafmandat wegen verkehrswidrigen Verhaltens aufzubrummen! Mir ist sein Name entfallen, ich nenne ihn daher Inspektor Rambo, was die Sache sowieso besser trifft.

„Diese Tierquäler hab' ich schon g'fress'n!" bekundete er lautstark seine Einstellung, nachdem ich ausgestiegen war und mich vorgestellt hatte.

„Langsam, langsam!" beruhigte ich ihn, „zuerst müssen wir einmal nachschauen, ob die Anzeige überhaupt auf Wahrheit beruht! Ich habe schon einige Male …!"

„Na klar entspricht der Tatbestand der Wahrheit!" bellte er mir aus nächster Nähe ins Gesicht, so daß ich mühelos im Hintergrund seines Rachens eine leichte Mandelentzündung diagnostizieren konnte. Offenbar hielt er mich für eine Art Beschwichtigungshofrat, der potentiellen Kunden bedingungslos die Stange hielt und gemeinsame Sache mit Tierfolterern machte. „Ich war schon drin im Stall! Kein Wasser weit und breit!"

„Das besagt gar nichts! Vor fünfzig Jahren hat es in keinem Stall Tränkbecken gegeben, da wurden die Tiere zweimal täglich zum Brunntrog geführt!“ blökte ich zurück. Was bildete sich der Kerl eigentlich ein! Ich drängte mich an ihm vorbei und stiefelte in den Stall.

Hier herrschte eine ausgesprochen angenehme Atmosphäre! Ungefähr fünfzehn Rinder aller Altersgruppen lagen in der Streu und drehten neugierig den Kopf nach uns. Einige ließen sich beim Wiederkäuen nicht stören, und andere standen auf und begrüßten uns unter klatschendem Absetzen ihrer Fladen. Die Tiere zeigten sich durchwegs wohlgenährt, Heu war genügend vorhanden, von Vernachlässigung konnte also nicht die Rede sein!

Allerdings, Wasser blieb unauffindbar! Der Hahn in der ehemalige Milchkammer war staubtrocken und ein alter Brunntrog ebenfalls.

„Na also, da hammas! Jetzt geh’ ich einmal ins Haus!“ grunzte Inspektor Rambo und stieß die ehrwürdige Eingangstür mit dem mächtigen Kastenschloß auf. „Hallo, ist da jemand?“ schrie er in den langen Flur. Nichts rührte sich!

Der Inspektor faßte das offensichtlich als Herausforderung auf und marschierte das breite Vorhaus entlang. Links und rechts riß er Türen ohne anzuklopfen auf – mich wunderte, daß er sie nicht mit gezückter Pistole auftrat – und schaute hinein. Das ging bis zur letzten Tür am Ende des Ganges gut! Dort befand sich leider das Badezimmer und momentan eine etwas mollige Nixe in der Wanne, wahrscheinlich eine der Dallingertöchter!! Mangels Schaumbad konnte man sogar bis auf den Grund sehen!

Die Nixe reagierte auf den spontanen Besuch keineswegs erfreut und überschüttete Mr. Rambo mit einer Tirade, die sich ebenso wie die Dame selbst gewaschen hatte. Ich konnte nicht alles verstehen, bin mir aber sicher, daß jeder Satz mindestens zwei deftige Amtsehrenbeleidigungen enthielt! Der Postenkommandant zog den Kommißschädel zwischen die Schultern und verließ fluchtartig das Gebäude. Die knorrige Eingangstür zog er diesmal bemerkenswert sanft und leise zu.

Schwer atmend stand er in der Sonne und wischte sich den Schweiß unter dem Kappenschirm ab: „So eine Bißgurn! Ich hab ihr eh nichts abg’schaut! Wo steckt bloß dieser verfluchte Bartels?“ schnaufte er.

„Da kommt er ja!“ Ich deutete auf die schlaksige Gestalt, die gerade um den Stall bog und langsam herbeischlenderte.

Sofort nahm der Inspektor wieder Kampfstellung ein: „Wo kriegen deine Viecher ihr Wasser her, ha!“ brüllte er, daß die Halsadern anschwollen und eine braune Katze, die sanft des Weges kam, wie von der Tarantel gestochen unter einem Holzstoß verschwand.

Bartels blinzelte etwas verständnislos hinter seinen Brillengläsern, offenbar hatte er die österreichische Polizei bisher für etwas Gemütliches gehalten: „Na aus dem Haus da!“

„Was heißt aus dem Haus? Wie denn? Mit einem Schlauch?“

„Mit Eimern!“ Bartels demonstrierte mit beiden Armen eine hebende Bewegung.

„Du willst mir einreden, daß du zweimal am Tag für alle Kühe das Wasser in Kübeln hin- und herschleppst? Das dauert doch Stunden!“ schnauzte der Inspektor ungläubig.

„Aber selbstverständlich! Deswegen bin ich ja auch schon da! Wenn du willst, kannst du mir dabei helfen!“ Bartels gab das vertrauliche Du ohne Umschweife retour.

Aber so weit wollte der Postenkommandant seine Rolle als Freund und besonders Helfer doch nicht wahrnehmen! Er stieg hastig ins Auto und drohte, ehe er in einer Staubwolke davonfuhr:

„Ich werde das gelegentlich nachprüfen! Außerdem sind wir nicht per du!“

„Ja!“ sagte der Bartels, „das hab’ ich ursprünglich auch gedacht!“

„Was wollte der denn?“ fragte er anschließend erstaunt.

„Ach, ein lieber Mensch hat Sie wegen Vernachlässigung von Tieren angezeigt!“

„So was!“ sagte Bartels traurig. Dann richtete er den Dackelblick auf mich: „Weil Sie grade da sind, ich hab’ da einen Ochsen, der in den letzten Tagen weniger gefressen hat! Können Sie sich den kurz anschauen?“

Während ich Stethoskop und Fieberthermometer zückte, faßte mich Bartels am Arm und fragte beschwörend: „Sagen Sie, Sie kennen nicht zufälligerweise jemanden, der dringend ein paar Kühe kaufen möchte?“

„Leider nein!“

„Schade!“ murmelte Bartels noch trauriger!

Da viele Bauern noch auf ihr Geld von den letzten Verkäufen warteten, hatte es sich herumgesprochen, Tiere an Bartels nur noch gegen Bares abzugeben, das der natürlich nicht hatte!

Am Enzinghof wurde ich zufällig Zeuge einer solchen peinlichen Situation.

Der Enzinger hielt einen Strick, an dessen entgegengesetztem Ende ein pralles Stierkalb zerrte, in der sehnigen Faust und streckte

Bartels die hohle Linke entgegen: „Dirk, in dem Moment, wo du mir das Geld für das Kalb reinlegst, druck' i' dir den Strick in die andere Hand! Eher net!"

Der Handel kam nicht zustande!

Nachdem Bartels mittlerweile derart klamm war, die Bauern aber ihr Vieh loswerden mußten, kamen die eingesessenen Händler wieder ins Spiel.

Die saßen aber nun, auch wenn sie mit dem Laster kamen, auf hohem Roß: „Ah da schau her, wie der Bartels euch Phantasiepreise für eure *zniacht'n* (armseligen) *Kaibln* versproch'n hat, da habt's von uns plötzlich nix mehr wiss'n woll'n! Jetzt, wo der Hungerleider aus'm letzt'n Loch pfeift, jetz' san mir euch wieder guat g'nua! Also gebt's schon her, eure *Verreckerln,* aber das sag' i' euch gleich, zahl'n tuan wir jetzt soviel, wie wir woll'n!"

Die Stimmung hatte komplett gegen Bartels umgeschlagen. Manche Bauern ließen sogar die Hunde los, wenn sein silberner Jeep samt Anhänger den Güterweg heraufbog!

Der Unterscheiblingbauer war da nobler, aber nicht minder standfest. Ich war gerade dabei, dem zweiten Lamm eines seiner Suffolkschafe auf die schnöde Welt zu verhelfen, als jemand die Türöffnung verdunkelte:

„Servus, brauchst du ein *Kaibl*? Ich hätt' da ein schönes um dreihundert Euro!"

Der Unterscheibling, der das Mutterschaf festhielt, drehte nur den Kopf und antwortete ruhig: „Nicht einmal denken, Dirk! Ich hätt' selbst ein paar zu verkauf'n, hab' das aber noch nicht können, seit du die Preise ruiniert hast!"

Bartels biß sich nervös auf die Unterlippe: „Paß auf, ein Vorschlag: zwei Kälber für fünfhundert Euro!"

Der Unterscheibling schüttelte nur beharrlich den Kopf und beobachtete, wie ich das Lamm an den Vorderbeinen ins Freie zog und zur Lebenserweckung in den bereitstehenden Kübel mit eiskaltem Brunnenwasser tauchte. Den verzweifelten Viehhändler würdigte er keines Blickes!

Ich schielte zur Tür, während ich das nun heftig zappelnde Lamm abrieb. Bartels versuchte ein gewinnendes Lächeln, dabei standen ihm dicke Tränen hinter den Brillengläsern: „Also gut, mein letztes Wort: drei Kälber um fünfhundert Euro...!"

Dabei hätte ich meinen Kopf verwettet, daß er schon für *ein* Kalb soviel bezahlt hatte!

Nach einigen weiteren Wochen war es soweit. Die Glastür der Raika-Filiale öffnete sich, und Dirk Bartels, in Gummistiefeln und seinem grünen Overall, betrat den Schalterraum. Anstatt des Scheckbuches zückte er eine langstielige Hacke und schrie: „Meine Viecher brauchen was zum Fressen und ich auch!“

Das Bankpersonal samt den wenigen Kunden war wie vom Donner gerührt: ein veritabler Überfall am hellichten Vormittag in diesem beschaulichen Marktflecken! Nur die alte Frau Fischer, eine rüstige Pensionistin, zeigte sich von dem Szenario unbeeindruckt. Sie ging resolut auf den Schwerverbrecher zu und sagte beruhigend: „Geh, Dirk! So was tut man nicht!“ Dann nahm sie ihm sanft die Hacke aus der Hand und verstaute sie in ihrer Einkaufstasche, wo der Stiel dann aus den Karotten hervorstand!

Ein Schalterbeamter hatte mittlerweile und geistesgegenwärtig den Alarmknopf gedrückt, worauf der einsame Inspektor Schöckl aus dem Gendarmerieposten gegenüber herausgeschossen kam. Postenkommandant Rambo war derweil glücklicherweise damit beschäftigt, im Salzachtal einige unangeschnallte Autofahrer zu verspeisen! Sonst hätte es eine Art FBI-Einsatz gegeben!

Sein Stellvertreter Inspektor Schöckl war hingegen die Gemütlichkeit in Person, und als er sah, daß die Tatwaffe bereits von der alten Frau Fischer in Gewahrsam genommen worden war, wurde er noch eine Spur gemütlicher. Er nahm den völlig verdatterten Dirk Bartels am Arm, hakte ihn unter und geleitete ihn unter gutem Zureden aus der Bank. Damit nicht genug! Als er von Bartels das Motiv für diese Verzweiflungstat erfuhr, spendierte er dem verhinderten Al Capone gegenüber in der Konditorei eine anständige Jause!

Bartels’ Kühe blieben allerdings von der behördlichen Speisung vorläufig noch ausgeschlossen. Um die kümmerte sich im Anschluß der Amtstierarzt!

Dirk Bartels verschwand für einige Tage im Untersuchungsgefängnis der Stadt Salzburg, ehe er wieder auf freien Fuß gesetzt wurde. Zu einer Verhandlung oder Verurteilung kam es komischerweise meines Wissens nach nie!

Ich finde diese Geschichte menschlich anrührend und liebenswert, weil sie eine lokale österreichische Facette zeigt, die anderswo heutzutage undenkbar ist!

Denn nachdem der sowohl als Viehhändler wie auch als Bankräuber kläglich gescheiterte Bartels in die Gemeinde zurückgekehrt war, hatte ihn, dem Vernehmen nach, der Bürgermeister zu sich beordert, ihm eine bestimmte Geldsumme ausgehändigt und ihm die Auflage erteilt, sich dafür eine Bahnkarte dorthin zu kaufen, wo man einen Bartels noch gern sehen würde. Also ziemlich weit weg!

Ich halte diese Lösung für brillant!

Noch besser allerdings wäre meines Erachtens gewesen, wenn der Herr Bürgermeister gleich so viel lockergemacht hätte, daß Dirk Bartels imstande gewesen wäre, davon auch meine verbliebene Honorarnote zu begleichen.

Alle meine Hunde

„Servus, wie geht's denn so immer?" schallte die kräftige Stimme mit dem typischen Wiener Akzent von Mandi Altmann an mein Trommelfell, obwohl ich das Telefon in einigen Abstand zu meinem Ohr gebracht hatte.

„Danke, gut!" antwortete ich mißtrauisch, denn ein Anruf von Mandi, vor allem um diese Zeit, bedeutete, daß er etwas von einem wollte! Meistens ging es um eine Beratung, seinen Hund betreffend.

Diesmal nicht!

„Na bestens! Dann kannst du mich ja am Freitagabend zu einer Vernissage bei den Traxls nach Saalfelden begleiten!"

„Eher nicht! Karin ist seit gestern in Kärnten, und ich werde das verlängerte Wochenende ebenfalls unten verbringen! Daher wollte ich schon am Freitag nachmittag runterfahren ...!"

„Aber geh! Du kannst mich doch nicht im Stich lassen! Die Inge (seine Frau) sagt, daß moderne Kunst sie nicht interessiert, und bleibt daher lieber in Wien! Wenn du auch nicht mitgehst, fadisier' ich mich bestimmt unheimlich! Schau, wir bleiben nicht allzulang, fahren dann zu mir, haben eine Gaudi wie früher, du kannst bei mir übernachten, und am Samstag fährst du frisch wie ein geschlüpftes Kücken deiner Karin hinterher! Na, ist das ein Angebot?"

„Warum mußt du eigentlich unbedingt dorthin?"

„Weil das einer meiner wichtigsten Kunden ist! Ein Baumeister! Seine Frau bildet sich ein, etwas Besseres zu sein, und legt die Schwarzgeldmillionen in zeitgenössischer Kunst an! Furchtbar, sag' ich dir!"

Manfred Altmann, ein Schulfreund, drei Jahre älter als ich, weil er so oft sitzengeblieben war, betrieb in Wien-Hütteldorf einen höchst gewinnbringenden Baustoffhandel, besaß selbst eine ansehnliche Gemäldesammlung und Immobilien in mehreren attraktiven Gegenden Europas, unter anderem ein Landhaus in Saalfelden!

„Also gut", gab ich nach, nicht, weil ich glaubte, daß Karin darüber hellauf begeistert sein würde, aber ich hatte Mandi schon längere Zeit nicht mehr persönlich getroffen, und er war schon eine Type!

„Herzlichen Dank, alter Retter in höchster Not! Ich sag' ja immer, das goldene Wienerherz läßt sich nicht verleugnen, auch wenn man wie du schon jahrelang in der Provinz lebt! Also, ich maile dir dann die Adresse von den Traxls, damit du sie in dein Navi eingeben kannst! Wir sehen uns Freitag, acht Uhr, in Saalfelden! Baba!“

Das Anwesen der Traxls entpuppte sich als moderne Protzvilla! Auf dem Parkplatz davor wurde ich von einem aufgeregten Mandi Altmann in Empfang genommen: „Gott sei Dank, daß du da bist! Du, das ist eine Katastrophe! Fast keine Leute da! Das bedeutet, wir können uns nicht einmal nach einer geraumen Weile auf französisch empfehlen…!“

Ich musterte die riesige, leuchtende Glasfassade: „Ziemlich idiotisch, so eine Veranstaltung vor einem verlängerten Wochenende anzusetzen!“

Mandi lachte meckernd: „Du weißt ja, Baumeister! Die haben immer Terminschwierigkeiten!“

Herr Traxl erwies sich als untersetzter, bodenständiger Charakter, während seine Gattin einen etwas exaltierten Eindruck machte. Der ausstellende Künstler, Nico Abendrot, war ein hagerer junger Mann mit kahlrasiertem Schädel und trug die in Künstlerkreisen weit verbreitete komplette schwarze Kleidung von Kopf bis Fuß. Auf mich wirkte er wie Meister Proper bei einer Beerdigung!

Ich stehe moderner Kunst nicht von vornherein ablehnend gegenüber, aber es gibt eine Art, die mir gefällt, und eine wesentlich häufiger anzutreffende, die ich für reine Publikumsverarschung halte! Leider zählten die in der Halle aufgestellten Installationsobjekte zu letzterer!

Es sah aus, als hätte sich jemand die Mühe gemacht, alte Vogelkäfige zu sprengen und die nun in alle Himmelsrichtungen gebogenen Gitterstäbe an deren Enden mit diversen profanen Gegenständen des Alltags zu spicken. Ein derartiges Objekt trug die Bezeichnung „Glück“, ein weiteres hieß „Ekstase“, ein drittes, besonders scheußliches hörte auf den klingenden Namen „Herz der inneren Befreiung“!

Der glatzköpfige Vater dieser Kreationen ließ sich nun von der Hausherrin zu einem ausschweifenden Vortrag über diese Machwerke animieren, wobei er seine Intentionen, Gedanken und Empfindungen während des jeweiligen Schöpfungsaktes vor dem armen Publikum ausbreitete. Ich verspürte große Lust, Herrn Abendrot im Gegenzug meine gegenwärtige Empfindung lauthals mitzuteilen, ließ es aber aus Höflichkeit gegenüber den Gastgebern bleiben. Wahrscheinlich beruht der ungestörte Erfolg eines Großteils der zeitgenössischen Kunst auf solchen gesellschaftlichen Konventionen!

Die Gäste unterdrückten ein Gähnen und schielten sehnsuchtsvoll nach dem Büffet, welches im Nebenraum die Tische bog.

Plötzlich hörte ich ein furchtbares Knurren neben mir! „Mandi, ist das dein Magen?“ flüsterte ich.

„Klar!“ gab er zurück, „ich habe den ganzen Tag nichts gegessen! Immerhin werde ich am Ende des Abends gezwungen sein, eines dieser schauderhaften Kunstwerke zu kaufen, also versuche ich, mich wenigstens auf dem kulinarischen Gebiet schadlos zu halten!“

Endlich sah sich Meister Proper zu seinem ausschließlich eigenen Bedauern veranlaßt, zum Schluß der Ausführungen zu kommen, und die erleichterte Gästeschar strömte ans Büffet!

„Falls jemand Beschwerden über das Roastbeef hat, nur zu! Mein Freund hier ist nämlich Tierarzt!“ stellte mich Mandi der bereits emsig mampfenden Gruppe vor.

Augenblicklich sah ich mich allgemeiner Aufmerksamkeit gegenüber und wurde mit Fragen zu Katzen, die gerne fernsehen, Hunden, die sich zu Silvester verkriechen, und Pferden, die schon länger husten, überhäuft.

Eine Dame im zu tief ausgeschnittenen pistaziengrünen Abendkleid enthüllte mir neben ihrer interessanten Anatomie auch die interessante Tatsache, daß sie selbst einmal daran gedacht hatte, Veterinärmedizin zu studieren, leider habe sie dann aber ihren späteren Mann kennengelernt!

Ich nickte kommentarlos, weil ich nicht wußte, ob sich das *leider* darauf bezog, daß sie am Studium gehindert worden war, oder ob sie den Umstand bedauerte, ihren Mann überhaupt kennengelernt zu haben!

Mein Schweigen schien sie nicht zu befriedigen: „Was tun Sie denn so als Tierarzt?“ bohrte sie.

Also begann ich zu erzählen, und im Laufe dieser Schilderung rutschte mir die Formulierung *„alle meine Hunde“* heraus, worauf die verhinderte Kollegin sofort nachstieß: „Ach wie nett! Wie viele haben Sie denn?“ Offenbar sah sie mich vor ihrem geistigen Auge als eine Art *dogwalker*, eine jener Personen mit starken Nerven (zumeist Studenten), die in amerikanischen Großstädten von bis zu fünfzehn Hunden verschiedenster Rassen an ebenso vielen Leinen durch die Straßen gezerrt werden, um den Besitzern das tägliche Ausführen ihrer Lieblinge gegen Bezahlung abzunehmen!

„Keinen einzigen!“ lachte ich, „unglücklicherweise habe ich nicht die Zeit, mir einen Hund zuzulegen und mich entsprechend um ihn zu kümmern! Ich weiß zwar, daß manche Kollegen ihren auf die Visiten mitnehmen, aber mein Nissan Pathfinder ist sowieso schon gerammelt voll, und den ganzen Tag im Auto ist ja schließlich auch nichts für einen Hund, oder? Ich meine mit *allen meinen Hunden* jene auf den verschiedenen Bauernhöfen, zu denen ich samt und sonders ein ausgesprochen kumpelhaftes Verhältnis pflege! Manche von ihnen muß ich zuerst ausgiebigst begrüßen, bevor ich dem Bauern die Hand geben kann! Deswegen betone ich immer: ‚Gott sei Dank gibt es auf den meisten Höfen Hunde, damit sich wenigstens einer freut, wenn der Tierarzt kommt!‘ Und einige Exemplare sind die reinsten Clowns, obwohl man das von gewöhnlichen Hof- und Treibhunden, die eher nicht verspielt aufgewachsen sind, nicht erwarten würde!“

„Interessant! Erzählen Sie doch!“

Mandi, der Hundegeschichten nichts abgewinnen konnte (sein Leitspruch lautete: „In der Branche muaßt du selber der größte Hund sein“), verdrehte die Augen und schob sich einen gegupften Löffel Kalbsrisotto in den Mund. Selbst schuld, dachte ich achselzuckend, schließlich hat er ausposaunt, welchen Beruf ich habe! Jetzt mußte er mit den Folgen leben!

„Also, da wär' einmal der *Wachti!* Sie müssen sich einen grauweißen Winzling mit spitzem Gesichtchen und Halbstehohren vorstellen! Seine größte Leidenschaft ist, unaufhörlich geworfenen Hölzern nachzujagen! Das Handicap besteht darin, zuallererst einen brauchbaren Stock zu finden, denn das erste Ding, das man wirft, ist das ‚Holz des Tages‘! Und wenn es noch so ein mickeriges Staberl sein sollte, das bereits nach wenigen Metern kraftlos zu Boden segelt, und man gleich darauf ein wirklich gutes Wurfgeschoß findet! Dem schaut Wachti dann höchstens verständnislos in die Ferne nach und legt einem sofort wieder den hölzernen Kümmerling vor die Füße, legt den Kopf schief, blinzelt herausfordernd, und wenn das nichts fruchtet, blafft er durchdringend: waff, waff!

Eines Tages am Ortnerhof, ich habe es eher eilig und finde auf dem Vorplatz nicht einmal ein abgebranntes Zündholz zum Werfen, dazu enerviert mich das ständige Gekläffe des enttäuschten Hundes, fahre ich ihn an: ‚Ich hab' kein Holz! Such dir gefälligst selbst eines und bring es her!‘

Wachti legt den Kopf schief, blinzelt einsichtsvoll, dreht um, saust wie der geölte Blitz hinter die Hausecke, schleppt im nächsten Moment einen veritablen Prügel an einem Ende zwischen den Zähnen herbei und läßt ihn mir vor die Gummistiefel plumpsen! Waff, waff!

Jetzt bin ich selbst neugierig geworden! Ich biege um die Hausecke, und was sehe ich? Vor der Hintertür neben einer Sitzbank, worunter Wachtis Futter- und Wasserschüssel stehen, einen beachtlichen Stapel an Holzstücken verschiedener Länge und Dicke, darunter auch einige, die ich ihm schon geschmissen hatte!

‚Ganz schön putzig!' sage ich zum Ortner vorwurfsvoll, während ich seine Kuh besame, ‚mich dauernd geeignete Stecken suchen lassen, dabei schlichten Sie dem Hund hinter dem Haus einen Holzvorrat auf, der zwei Tage lang eine Almhütte beheizen könnte!'

‚Irrtum!' antwortet der Bauer grinsend, ‚der Hund trägt seinen Lagerbestand höchstpersönlich zusammen, ist ein richtiges Eichkatz'l, der Kerl!'"

„Nein, wie entzückend!" rief meine Beinahekollegin gerührt aus. „Haben Sie vielleicht noch so eine Geschichte?"

„Na, den *Kranzi!* Auch so ein Holzwerf-Fanatiker! Leider liegen am Asphaltplatz des Kendlhofs keine Wurfgeschosse herum, also habe ich mir angewöhnt, auf meinen Visitenfahrten stehenzubleiben, wenn ich an einer Stelle vorbeikomme, wo Bäume geschlägert wurden, um einige brauchbare Äste unter den Beifahrersitz einzusammeln!

Sie müssen nämlich wissen, daß Kranzi mich nicht in den Stall läßt, ehe ich ihm nicht mindestens einmal einen Stecken geworfen habe! Andernfalls packt er mich energisch an den Stiefelschäften und zerrt mich knurrend zurück, oder er baut sich quer vor mir auf wie ein feister haariger Bahnschranken, so daß ich anläßlich der finsteren Winterabendvisiten schon öfter über ihn gestolpert bin und es mich, wie man so sagt, fast auf die Gosch'n gehaut hätte!

Mit dem Kendlbauern macht er es übrigens genauso! Deshalb mein Stöcke-Arsenal im Auto!

Ein anderer Bauer war, als er mich überrascht danach gefragt und ich ihm den Grund verraten hatte, direkt erschrocken und hat mich angeschaut wie jemanden, der Vorzugskandidat für die nächste Zwangsjacke ist!

Allerdings ist Kranzi in den Wintermonaten tagsüber nicht daheim! Als ich mich beim Kendl zum ersten Mal nach dem Hund erkundigte, antwortete er mir: ‚Ach, der hat wieder Parkplatzdienst!'

Der Kendlhof liegt nämlich nicht weit entfernt vom großen Parkplatz der Schloßalmbahn, welche die Horden an Schifahrern auf die Pisten transportiert! In der Saison herrscht dort natürlich reger Betrieb, und Kranzi paßt dort sämtliche Wintergäste ab, um von ihnen entweder Leckerbissen zu schnorren oder zum beidseitigen Gaudium

Schneebälle geworfen zu bekommen! Mittags schaut er kurz daheim vorbei, frißt und macht sich wieder auf den Weg zum Parkplatz, um erst am späten Nachmittag, wenn die Bahn ihren Betrieb eingestellt hat, wieder zurückzukehren! Diesen Ritus hält er Jahr für Jahr mit eiserner Disziplin ein, als wäre er Fixangestellter des Tourismusamtes! Erst wenn er Ende März auch wieder untertags zu Hause anzutreffen ist, weiß man, die Saison ist für heuer vorbei!"

Mittlerweile hatten sich fast sämtliche Vernissagebesucher um uns geschart und verfolgten unser Gespräch mit belustigtem Interesse. Die Show gehörte eindeutig mir! Selbst Baumeister Traxl stand mit dicker Zigarre dezent im Hintergrund. Nur seine Frau Gemahlin hielt tapfer an ihren Gastgeberpflichten fest und kümmerte sich abseits um den ziemlich isolierten Künstler. Der warf mir jedes Mal, wenn ich in seine Richtung schaute, giftige Blicke zu.

„Erzählen Sie, was haben Sie denn noch für witzige Hunde?" bohrte die pistaziengrüne Dame nach.

Langsam bekam ich ein schlechtes Gewissen! Wahrscheinlich hatte Karin doch recht, wenn sie mir öfters vorwarf, daß ich einfach nicht zu bremsen war, wenn es galt, Episoden aus dem bunten Tierärzteleben zu schildern. Aber die aufmunternden Blicke der Umstehenden gaben mir das Gefühl, im Gegensatz zur gebotenen Kunst keine Langeweile zu verbreiten. Was konnte ich dafür, daß die Leute das Verhalten von Tieren spannender fanden als die verbogenen Vogelkäfige von Herrn Abendrot!

„Da hätte ich beispielsweise die *Cindy* vom Hausbauern anzubieten! Ein sportlicher Typ! Der Hund, nicht der Bauer! Die lange Was-

Cindy

serrinne, die quer über seinen Hofplatz verläuft, hat der Hausbauer mit quadratischen Holzbrettern, so 30 cm mal 30 cm, abgedeckt, damit es nicht rumpelt, wenn er darüberfährt! Cindy hat entdeckt, daß diese Holztafeln ein prima Wintersportgerät darstellen! Sobald es zu schneien begonnen hat, gräbt sie eines der Bretter aus, stellt sich mit den Vorderfüßen drauf und taucht mit den Hinterbeinen kräftig an wie bei der Bobweltmeisterschaft! So rodelt sie das abschüssige Areal an der Stallwand entlang, daß man es drinnen rumpeln hört! Das Bemerkenswerte ist, daß Cindy, unten angelangt, das Brett mit den Zähnen packt und wieder hinauf zum Start trägt! Sie ist also ihr eigener Skilift! Und das macht sie eine halbe Stunde lang ununterbrochen!

Der Hausbauer schimpft zwar jedesmal über die Löcher in der Rinnenabdeckung, aber insgeheim amüsiert er sich über seinen gescheiten Hund, obwohl er es nicht zeigt! Als ich ihm einmal geraten hatte: ‚So kaufen Sie ihr halt einmal zu Weihnachten ein altes Snowboard!‘, meinte er brummelnd: ‚Na freilich! Und eine Ganzjahreskarte fürs Kitzsteinhorn dazu!‘

So eine würde sich Cindy sicher wünschen, denn ihre Enttäuschung ist jedesmal grenzenlos, wenn spätestens Ende April mit dem Snowboarden Schluß ist, weil die Gleiteigenschaften von Holz auf Erde nicht einmal den bescheidenen Ansprüchen eines schlappohrigen Jagdhundmischlings genügen! Deshalb erwartet Cindy den jeweils ersten Schnee des Jahres sehnsüchtiger als unsere gesamte Salzburger Hotellerie! Und in der Zwischenzeit kann der Hausbauer die Wasserrinne in aller Ruhe ohne Rumpeln passieren!“

Im allgemeinen Gelächter ließ sich Mandi verlauten: „So etwas habe ich schon einmal gesehen! Ein Hund, der Skateboard fährt! Auf youtube, glaube ich!“

„Weil du gerade youtube sagst, die *Asta* vom Zittrauerbauern, ein Appenzeller mit einer Fruchtbarkeit, die wir alle den Zittrauerkühen wünschten, erwartete wieder Nachwuchs! Sobald der Wurf da war, insgesamt elf Junge, bezog Asta im alten Schweinestall eine ausgediente, weitläufige Box, die, dick mit Stroh ausgestattet, eine ideale Kinderstube abgab. Das fand auch ein junges Kätzchen, das sich sofort unter die Welpen mischte! ‚Unter‘ ist in diesem Fall wortwörtlich zu verstehen, denn wenn man es sehen wollte, mußte man aus dem fetten Haufen übereinanderkugelnder Welpen erst zwei oder drei hochheben, worauf das Kätzchen ins Licht blinzelte wie ein ausgegrabener Maulwurf! Auf welchem Weg es Luft bekam, war mir schleierhaft! ‚Wenn Sie die Hunde losgeworden sind, müssen Sie der Katze eine Wärmeflache besorgen!' frotzelte ich den alten Zittrauer, der mit Zigarette im Mund das schnarchende Sammelsurium liebevoll, aber skeptisch betrachtete!

Um die Welpen rechtzeitig an den Mann bzw. Frau zu bekommen, hatte ein technisch versierter Bekannter des Jungbauern eine Webcam installiert, die das patchworkartige Tierfamilienleben ins Internet übertrug! Eine Userin stellte den Beitrag unter dem Titel *Puppies of Bad Hofgastein* auf die youtube-Seite, und dort plazierte er sich bald unter den zehn am meisten angeklickten Seiten! Eine Woche später waren sämtliche Hundebabys vergeben, ein weiterer Interessent nahm das Kätzchen, und ein anderer wollte sogar Asta selbst! ‚Bevor sie auch noch meinen Hof kaufen, hab' ich die Kamera abmontiert!' gestand mir der Jungbauer!"

„Vielleicht sollte unser lieber Nico Abendrot seine Kreationen auch vor eine Webcam stellen!" warf einer aus der Runde ein und bekam vor Lachen einen Hustenanfall.

Aber das alte Sprichwort, man möge den Teufel nicht an die Wand malen, bewahrheitete sich auch hier. Frau Traxl trat nämlich jetzt auf unsere Gruppe zu und erklärte mit einem leicht suggestiven Unterton, es sei nunmehr glänzende Gelegenheit, die präsentierten Kunstwerke samt signiertem Zertifikat des Schöpfers käuflich zu erwerben!

Die kleine Gästeschar bewegte sich daraufhin wie eine gehorsame Schafherde zur Schur in Richtung Eingangshalle und ließ mich allein zurück. Selbst Mandi schluckte das, was er gerade im Mund hatte, hinunter, warf mir einen gequälten Blick zu und verschwand.

Ich hingegen dachte nicht im Traum daran, diesen Mist auch noch zu kaufen, außerdem war ich der Ansicht, durch die Unterhaltung der Geladenen meinen Beitrag zum Gelingen des Abends durchaus geleistet zu haben.

Ich schenkte mir lieber noch einen Schluck Rotwein ein, der wirklich exzellent war. Blöd, daß vor dem Haus mein Auto stand!

Plötzlich tauchte Frau Traxl auf und kam mit zwei dicken, großen Plastiksäcken auf mich zu! Erst argwöhnte ich, sie verlange, daß ich zur Buße den Müll raustrage. Aber dann erkannte ich, daß die Säcke mit alufolienumhüllten Paketen vollgestopft waren!

„Hier!" sagte Frau Traxl, „meine Freundin hat mir begeistert von Ihren vielen Hunden erzählt, und da habe ich Ihnen ein paar Leckerbissen für sie eingepackt!"

„Aber das ist ein Mißverständnis!“ rief ich, „ich habe doch ...!“

„Keine Widerrede!“ unterbrach mich die Dame des Hauses, „es braucht Ihnen auch gar nicht unangenehm zu sein! Schauen Sie, es ist so viel von dem schönen Buffet übriggeblieben, und da wäre es doch eine Sünde, die Sachen wegzuschmeißen! Also nehmen Sie ruhig!“

Sie stellte die Säcke wie zwei Tempelwächter links und rechts neben mir ab und kehrte eilig zur Kunstauktion zurück. Ich hielt es für geraten, mich jetzt zu verabschieden, bevor Herr Traxl vielleicht noch auf die Idee kam, mich mit ein paar Ziegelsteinen zu beglücken, um meiner fiktiven Hundemeute damit einen ordentlichen Zwinger zu bauen!

Als ich die Säcke in den Wagen gehievt und die Heckklappe geschlossen hatte, kam Mandi über den Parkplatz gewatschelt. Er schleppte in den Armen so ein abstraktes Drahtgestell, das mit den spitzen Ausläufern gefährlich vor seinen Augen herumwippte. „Scheißding!“ knurrte er. „Kannst du in der rechten Sakkotasche nach dem Schlüssel greifen und die Autotür aufmachen?“ Er schimpfte wie ein Rohrspatz, als er das künstlerische Unikum mühsam auf den Rücksitz schob und sich dabei die Ledersitze zerkratzte.

Ich hielt den Augenblick für genial, ihn ein wenig zu frotzeln: „Schade, daß der Schrottplatz erst morgen ab acht Uhr geöffnet ist! Unter welchem klangvollen Titel firmiert dieses Meisterwerk eigentlich?“

Er warf die Tür zu und tippte sich an die Stirn: „Mir scheint, du bist deppert! Ich leg’ doch nicht 3800 Euro hin, nur um das G’lumpert anschließend wegzuhauen! Das spende ich selbstverständlich für die nächste Tombola unseres Rotaryklubs! Natürlich mit Preisschild, sonst glaubt mir das doch keiner!“ setzte er traurig hinzu. „Sein Schöpfer hat es übrigens ‚Perspektive‘ oder ähnlich schwachsinnig getauft!“

„Wenn du willst, kannst du meine Hundefreßpakete haben! Die reichen glatt für vier bis fünf Wochen, damit hättest du bei deinem üblichen Appetit die Ausgaben als Kunstmäzen fast wieder herinnen!“

Mandi verzog den Mund zu einem herzhaften Grinsen: „Apropos Freßpakete, bei unserem hoffnungsvollen Künstler bist du unten durch! Als er mir das Zertifikat signierte, hat er über dich geschimpft: ‚Ein toller Tierarzt ist das! Keinen Cent für Kultur übrig, aber einen Schipp’l Hundsviecher halten und dafür auch noch das Futter auf Partys zusammenschnorren müssen!‘“

Wo wer recht hat, hat er recht! Ich kam mir plötzlich gräßlich verantwortungslos vor. Hoffentlich alarmierte Herr Abendrot nicht den Tierschutzverein!

Chinesisch auf Tirolerisch

Den Brunnhof konnte man getrost als landwirtschaftlichen Musterbetrieb bezeichnen!

Ein moderner Laufstall, computergesteuerter Melkstand und Futterautomat und zwei rotierende Kunststoffbürsten, an denen sich die Rinder massieren lassen konnten, sorgten für das Wohlbefinden des Viehbestandes.

Dabei gab es am Brunnhof gerade einmal zwölf Kühe, aber was für welche! Edle, zartgliederige Rote Friesen mit sanften dunklen Augen und einer Milchleistung, die andere nicht mit einer doppelt so großen Herde zustande bringen!

Von nichts kommt bekanntlich nichts! Der Brunnbauer, hauptberuflich in einem großen Sägewerk beschäftigt (wie viele Bauern können denn heutzutage, dank EU-Agrarwirtschaft und Politikerversprechen, noch allein von ihrem Hof leben?), verbrachte fast seine ganze Freizeit bei den Rindern. Die folgten ihm sogar auf Zuruf! Wenn sich beispielsweise eine gierige Kuh zur Futterzeit auf den Standplatz einer Nachbarin stahl, um sich dort ein paar Extrahappen zu holen, brauchte der Brunnbauer nur den betreffenden Namen zu schreien, sofort drehte die Angesprochene blitzartig um und galoppierte mit sichtlich schlechtem Gewissen zurück zu ihrer eigenen Freßstelle!

„Jetzt ist mir auch klar, wieso der Brunnbauer nie geheiratet hat!" verkündete ich einmal daheim, „einer Frau würde er wahrscheinlich nur halb soviel Zuneigung schenken wie seinen Kühen!"

Karin sah mich tadelnd an: „Also weißt du, Vergleiche hast du manchmal …!"

Trotz der hohen Leistung waren Krankheiten am Brunnhof äußerst selten, meine Hauptbeschäftigung bestand zumeist darin, für Nachwuchs zu sorgen und diesen dann im Alter von zwei bis drei Wochen zu enthornen. Somit ein mageres Pflaster für den Tierarzt, aber ein gutes für Tiere! Und so soll es schließlich auch sein!

Die größte Hoffnung im Stall verkörperte zur Zeit Kelly, eine hochträchtige Kalbin, deren Mutter Karola vor drei Jahren einen Rekordpreis erzielt hatte. Dabei war der Verkaufserlös für den Brunnbauern durchaus nicht ausschlaggebend! Er zeigte sich öfters bereit, ein hohes Angebot auszuschlagen und das betreffende Tier zu einem niedrigeren Preis, der allerdings immer noch beachtlich war, abzugeben, wenn er das Gefühl hatte, bei diesem Besitzer würde es ihr besser gehen. Er fühlte sich für seine Tiere, die er mit Sorgfalt aufgezogen hatte, eben weiter verantwortlich! Das unterscheidet die Mehrheit der Bergbauern eben von den industrialisierten Großfarmen, wo das Individuum lediglich durch eine computerregistrierte Ohrmarkennummer repräsentiert wird.

„Schauen Sie sich einmal die Kelly an!“ forderte er mich auf und lümmelte sich zufrieden auf die Holzbarren der geräumigen Abkalbe-Box, „hat erst in einer Woche Termin und schon sooo ein Euter! Ich glaub’, die wird noch besser als die Karola!“

Kelly stand gerade unter einer Bürste und ließ sich genußvoll den Rücken bearbeiten. Schwangerschaftsmassage nennt man so etwas! Als sie ihren Namen hörte, drehte sie erwartungsvoll den Kopf in unsere Richtung und muhte zustimmend!

Sechs Tage später, ich war nach einem harten Arbeitstag soeben, trotz heißer Dusche, steif und zerschlagen ins Bett gekrochen, zerriß das Getüdel des Telefons, das seinen nächtlichen Stammplatz neben dem Bett hatte, die wohlige Einschlafatmosphäre im Zimmer! Dreiviertel elf! Himmelarschundzwirn!

Die Stimme vom Brunnbauern trug auch nicht dazu bei, meine Laune zu heben: „Herr Doktor, die Kelly ist seit drei Stunden beim *Kälbern*, aber es geht nix weiter!“

„Haben Sie schon einmal reingegriffen?“

„Naa! Aber ich will, daß Sie auf jeden Fall kommen!“

Also quälte ich mich resigniert aus dem Bett und zog mich mit unbeholfenen Handgriffen, wie eine Puppe vom Salzburger Marionettentheater, der man ein paar wichtige Schnüre durchgeschnitten hatte, wieder an. Auf dem Weg zum Brunnhof überlegte ich, wie sehr mir heute nacht noch ein Kaiserschnitt gelegen kommen würde! Schade, bis jetzt war mir Kelly sehr sympathisch gewesen!

Die hell beleuchteten Fenster tauchten in der Dunkelheit auf. Mit dem Geburtskoffer in der Hand und dem Gummimantel über der Schulter stiefelte ich in den Stall, wo die Kühe auf ihren Liegeplätzen ob der ungewohnten Störung einigermaßen verärgert um sich schauten.

Kelly hingegen stand mit verstörter Miene in der Abkalbe-Box und schlug heftig mit dem Schweif!

„Ist ein *Arschling-Kaibl!“* schnaufte der Brunnbauer, der mit zwei Heißwassereimern aus der Milchkammer kam, und bezeichnete mit diesem regionalen Dialektausdruck auf drastische Weise eine Hinterendlage, also eine verkehrte Stellung, in der das Kalb mit den Hinterbeinen voraus ankommen würde!

Kellys Problem war jedoch, wie ich beim Abtasten feststellte, daß es sich nicht nur um eine Hinterendlage, sondern um eine klassische Steißlage handelte, bei der die Beine nach vorne angewinkelt lagen und man nur das Becken mit dem Schwänzchen begreifen konnte!

Da das Kalb aber dank des gewählten Besamungsstieres zur zierlichen Kategorie gehörte, war es lediglich eine Sache von Minuten, Kelly junior in die richtige Position zu bringen und, nachdem ich an den Fußgelenken die Geburtsstricke befestigt hatte, gemeinsam mit dem Brunnbauern ein glitschiges Jungtier ans künstliche Tageslicht zu befördern.

Er hob sofort das Hinterbein des Neugeborenen hoch, wie wenn man eine Fußmatte zurückschlägt, um nachzuschauen, ob der Reservewohnungsschlüssel darunter liegt, und grunzte befriedigt: „A Kuhs'n!“ Damit meinte er ein weibliches Kalb.

Wir stießen noch kurz mit einem Stamperl Hollerschnaps auf das freudige Ereignis an, dann machte ich mich wieder auf den Weg. Es war mittlerweile halb eins, und das heimatliche Bett erschien mir mittlerweile wie das leibhaftige Nirvana!

Aus diesem riß mich der Anruf des Brunnbauern um viertel vor sieben: „Die Kelly, Herr Doktor, sie gibt mir die Milch net zua!“

Aha, Milchmangel nach der Geburt! Kein Grund zur Panik! Ich lehnte mich in den Polster zurück. Kommt bei Kalbinnen und jungen Kühen öfters vor! Man spritzt einfach etwas Oxytocin, worauf sich die Milchdrüsenkanälchen kontrahieren und das Tier die gesamte Milchmenge im Euter abgeben muß. Bisweilen sind die Injektionen lästigerweise über mehrere Tage nötig, bis sich das hormonelle Gleichgewicht endgültig eingependelt hat.

Ich jedoch hatte vor vielen Jahren das Glück besessen, von einem alten Kollegen einen Trick verraten zu bekommen, der in keinem Lehrbuch vorkam. Man mischt einfach ein bestimmtes Hormon dazu, welches die Regulationsvorgänge im Hypophysen-Hypothalamus-System beschleunigt. So genügt eine einzige Spritze, die abgegebene Milchmenge steigt danach von Melkzeit zu Melkzeit an, bis nach vier, fünf Tagen aus der zimperlichen Liese eine ordentliche Milchkuh geworden ist! Seit zwanzig Jahren kein Versager mit dieser Methode!

Ich wünschte mir, ich verfügte über mehr solche treffsicheren Behandlungen!

Diese Bilanz im Kopf kurvte ich also relativ entspannt zum Brunnhof, wo sich der Bauer als das genaue Gegenteil entpuppte: „Drei Liter, mehr ist nicht rausgekommen!"

„Gemach, gemach!" beruhigte ich ihn. Mit der Gelassenheit eines Zauberkünstlers, der seine Assistentin schon Hunderte Male erfolgreich auf der Bühne zersägt hatte, zog ich die Mischspritze auf und injizierte sie der im Melkstand wartenden Kelly. Zehn Sekunden später sprudelte die Milch wie an einer Zapfsäule, leider war der Literpreis nicht annähernd so hoch!

„Ein Wunder!" staunte der Brunnbauer nach einem prüfenden Blick auf die Computeranzeige: „Sechzehn Liter plus drei von der Früh macht zusammen neunzehn, mal zwei ergibt achtunddreißig Liter Tagesgemelk! Nicht schlecht für einen Erstling, was?" Er strahlte über das ganze Gesicht.

„Kann man wohl sagen!" bestätigte ich und seufzte innerlich: wär' doch nur alles in meinem Beruf so einfach zu lösen ...!

Am nächsten Morgen war der Brunnbauer bereits um viertel nach sechs am Apparat: „Eine Katastrophe, heute waren es schon wieder nur drei Liter!"

Ich runzelte die Stirn, die einzige körperliche Betätigung, die ich zu dieser frühen Stunde perfekt beherrsche: „Scheibenkleister, das ist mir noch nie passiert!" brummte ich, „also gut, ich komm' gleich!"

Unterwegs über die noch menschenleere Landstraße schwirrten mir die unterschiedlichsten Gedanken durch den Kopf, von „Einmal ist keinmal" bis „Verdammt, was machst du jetzt?"

„Ungewöhnlich, aber wahrscheinlich braucht Kelly einfach eine Wiederholung!" versprühte ich Optimismus mit derselben Zielsicherheit wie ein Stinktier sein Drüsensekret, als ich erneut die Hormonkombination in die Schwanzvene injizierte. Der Brunnbauer nickte zustimmend angesichts der Milchströme, die gleich darauf flossen.

Allerdings hielt diese Zustimmung nur bis zum nächsten Morgen an! Um punkt sechs Uhr vernahm ich mit einiger Ratlosigkeit, daß Kelly sich wieder auf ihre drei Liter beschränkt hatte! Mit Wut im Bauch gegen das Schicksal kurvte ich die drei Serpentinen zum Brunnhof hinauf und verpaßte Kelly zum dritten Mal die bewußte Spritze. Mein leichtes Amüsement über die anderen Kollegen, die das ständig praktizierten, war mittlerweile einer richtigen Verzweiflung gewichen, weil ich mir nicht erklären konnte, wieso die bewährte Behandlung in diesem Fall überhaupt nicht anschlug! Es war zum Mäusemelken, im wahrsten Sinne des Wortes! Da hatte die Kalbin ein Euter wie zwei Medizinbälle, so daß sie nur gespreizt stehen konnte, und gab sich bei der Milchabgabe wie ein verschüchterter Jungsportler bei der Dopingkontrolle!

„Hören Sie!“ sagte ich zum Brunnbauer, „ich habe keine Ahnung, warum das bei Kelly nicht und nicht funktioniert, aber ich lasse Ihnen jetzt einfach illegalerweise – Maul halten, ja? – ein Fläschchen Oxytocin da!“ Falls ich nämlich noch ein paar Mal zum Spritzen anrücken müßte, wäre es für den Bauern billiger, sich die Milch abgepackt vom Supermarkt liefern zu lassen! „Außerdem habe ich noch homöopathische Tropfen zusammengemixt, die den Milchmangel beheben sollten! Ich gestehe, ich habe zwar keinerlei Erfahrung damit, weil ich bislang noch jedes Mal mit meiner Behandlung erfolgreich war, aber in der Fachliteratur und auf den Seminaren wurden diese Mittel stets für solche Fälle empfohlen!“

Ich instruierte den Brunnbauern sorgsam, wie und wo man das Oxytocin spritzte und die homöopathischen Tropfen verabreichte, dann verließ ich den Hof mit dem unguten Gefühl, maximal etwas Zeit gewonnen zu haben!

Als Hellseher hätte ich bestimmt noch Zukunft! Eineinhalb Wochen später war wieder der Brunnbauer am Telefon. „Das Flasch’l ist leer und die Tropf’n san aa gar!“ verkündete er freudlos, „und es ist noch immer dasselbe: ohne Mittel ein paar Liter, mit Mittel volle Ladung! Was tun wir jetzt? Soll ich mir nochmals so ein Medikament holen?“

Ich schüttelte den Kopf, ohne daß er es sehen konnte: „Hat keinen Zweck, fürchte ich! Wenn Kelly bis jetzt nicht einen selbständigen Milchausschüttungsreflex entwickelt hat, glaube ich nicht, daß die Wiederholung der Prozedur etwas daran ändert! Außerdem können Sie nicht auf Dauer die Milch wegschütten!“

„Die Milch ist mir in dem Fall wurst! Mir geht’s um die Kuh!“

„Schon klar, aber wie gesagt, ich hege ehrlich gesagt größte Zweifel, daß es bei Kelly nach so langer Zeit noch klappen wird! Irgendein Regelmechanismus funktioniert bei ihr nicht!“

„Mit anderen Worten, ich werde sie zum Metzger geben müssen!“ nuschelte der Brunnbauer und legte auf.

Ich starrte verbittert das unschuldige Telefon an! Gewiß, selbst Napoleon hatte sein Waterloo erlebt, aber bin ich Napoleon? Auch wenn der Tierarztberuf manchmal die Psyche in eigenartige Richtungen verschiebt, soweit war es Gott sei Dank noch nicht mit mir!

Irgendwo in meinem Hinterkopf schlummerte nämlich, einem übersehenen Osternest gleich, die dunkle Erinnerung an ein TCM-

Seminar, wo diese Fallproblematik kurz angerissen worden war. Da ich, wie erwähnt, bisher mit meiner Schulmedizinmethode gut gefahren war, hatte ich diesem Akupunkturpunkt damals nicht sonderliche Beachtung geschenkt.

Das mußte sich schleunigst ändern! Kaum am Abend daheim angekommen, Karin einen flüchtige Kuß verabreicht und einen doppelten Whisky eingeschenkt, baute ich auf dem Schreibtisch sämtliche Seminarunterlagen in Form von Heften, Mappen, Notizblöcken usw. um mich herum auf wie eine Sandburg am Ostseestrand. Erschreckend, wieviel man in seinem Leben mitschreibt, wieviel weniger man lernt und wieviel noch weniger man davon behält, wenn man es nicht braucht!

Nach einer Weile kam Karin herein und fragte erstaunt: „Was machst du denn so lange?"

„Ich such'!" knurrte ich, „und zwar einen Punkt! Schließlich hat schon Archimedes gesagt: gebt mir einen festen Punkt und ich heb' die Welt aus den Angeln!"

Da Karin nicht ahnen konnte, daß es sich um einen Akupunkturpunkt handelte, warf sie mir nur einen besorgten Blick zu und ging wieder, ohne meinen Triumph mitzuerleben!

Ha! Da war es! Magen 18, das Milchnäpfchen! Ich wählte die Nummer vom Brunnbauer, hoffentlich schlief er noch nicht! Und wenn, war es mir auch schnurzegal!

Offenbar hatte ich ihn schon aus dem Bett geholt. „Wir starten morgen noch einen letzten Versuch bei Kelly, dazu organisieren Sie gefälligst einen Klauenpflegestand, denn erschlagen lassen möchte ich mich nicht!" befahl ich.

„Ja aber, aber Sie haben doch gesagt …!"

Ich schnitt ihm das Wort ab: „Ich weiß, was ich gesagt habe, aber diese Nummer hatten wir noch nicht! Also bis morgen um die Mittagszeit, gute Nacht!"

Ich genehmigte mir noch einen Whisky und machte, daß ich ebenfalls ins Bett kam. Wahrscheinlich, weil ich keine Ahnung hatte, ob die Behandlung wirklich Kellys Leben retten würde, überfiel mich ein Albtraum, in dem ich die brüllende Kuh mit unzähligen Grillspießen durchbohrte und der mit gezücktem Messer daneben stehende Metzger andauernd entsetzt rief: „Nicht in den Lungenbraten, nicht ins Beiried …!"

Als der Wecker endlich piepste, war ich, was selten genug vorkam, ziemlich froh, mit der Arbeit starten zu können!

Die Vormittagsvisiten nahmen mich kaum in Anspruch, hauptsächlich Besamungen und ein Schaf, das sich überfressen hatte.

Die wahre Herausforderung wartete am Brunnhof in Gestalt des Brunnbauern, Kellys und des Schneckbauern, der seinen Klauenstand zur Verfügung stellte!

Früher bestanden Klauenstände aus einem einfachen Rohrgestell, in das man die Kuh mit Ach und Krach hineintrieb, dort wurde ein Halsrahmen heruntergelassen und dem Tier Bauchgurte unterlegt. Anschließend schlang man einen Strick um ein Bein und kurbelte den Fuß nach oben, sodaß die Sohlen zugänglich wurden. Das mußte man bei jedem Bein wiederholen, man kann sich denken, wie mühsam sich die Klauenpflege einer Kuh gestaltete!

Die modernen Stände hingegen werden an den Traktor montiert, die Liegeplatte wird zuerst senkrecht als Wand gekippt, die Kuh herangeführt und mit Gurten festgezurrt, dann legt man die Platte hydraulisch um, sodaß man das zappelnde Tier wie auf einem Tisch vor sich liegen hat, fixiert in entsprechenden Halterungen alle Beine auf einmal und kann bequem in einem Arbeitsgang die gesamte Pediküre abwickeln.

Kelly ließ sich brav an der Kippwand anbinden, auf ein Umlegen konnte ich in diesem Fall getrost verzichten.

„Sehen Sie!“ erklärte ich den beiden Landwirten, „das hier ist die sogenannte Milchader oder *Vena epigastrica cranialis superficialis*, wie sie die Wissenschaft bezeichnet!“

Die Bauern schauten mich an wie das achte Weltwunder, was ich natürlich nicht war, da ich den Namen gestern ebenso natürlich nachgeschaut hatte. Detailanatomie ist, wie die Leser meines ersten Buches zu meiner Schande wissen, noch nie meine Stärke gewesen!

„Bei Kalbinnen und Jungkühen ist diese Vene oft spastisch verengt, was den Milchejektionsreflex hemmt!“ fuhr ich fort zu dozieren, „und wir erkennen, daß das Gefäß auch bei Kelly nicht deutlich unter der Bauchhaut hervortritt!“

Mein Gott, ich redete schon fast so geschwollen daher wie unsere Professoren auf der Universität! „Ich mein’ damit, daß die Milchvene normalerweise wie eine Krampfader ausschaut!“ bemühte ich mich um einen volkstümlicheren Ausdruck.

Die Bauern nickten: „Ah, ja! Stimmt!“

„Also werde ich jetzt versuchen, die Verkrampfung durch Akupunktur zu beseitigen!“ setzte ich fort und zog eine imponierend lange, dünne Injektionsnadel hervor.

„Die woll'n S' da reinstech'n?" entfuhr es dem Schneck, der noch nie Zeuge einer Akupunktursitzung gewesen war. „Aber da verblüat' sie ja!"

„Ich will nicht, ich muß!" erwiderte ich und versenkte mit blitzschneller Bewegung die Kanüle in den Punkt des Magenmeridians dicht neben dem Blutgefäß! Kelly zuckte heftig zusammen und schlug mit dem Hinterbein! Da sie aber gut angezurrt war, fehlte ihr der nötige Schwung. Ich injizierte langsam zehn Milliliter Xylocain, ein Lokaltherapeutikum, durch die Nadel.

Man konnte förmlich zusehen, wie die Vene sich mit Blut füllte und an Kontur gewann!

Ich zog die Nadel wieder heraus: „So, jetzt bringen wir die Kelly in den Melkstand und schauen, was daraus geworden ist!"

Kaum hatte der Brunnbauer die Zitzenbecher am Euter angesteckt, begann die rote Digitalanzeige zu laufen: fünf Liter, acht, dreizehn, sechzehn, neunzehn!

Der Brunnbauer nahm überglücklich das Melkzeug wieder ab: „Und Sie glauben, die eine Behandlung reicht aus?"

Ich zuckte die Schultern: „Ich denk' schon! Immerhin haben wir jetzt die Ursache beseitigt, ohne ein Hormon zu verwenden! Schon erstaunlich, was so eine einzige Nadel am wohlgemerkt richtigen Punkt bewirkt, was!" Ein wenig Stolz durfte ich schon durchklingen lassen!

„Wirklich wahr!" pflichtete mir der Schneckbauer noch immer sichtlich beeindruckt bei, „auf den Punkt kommt's an! Wie ich mich das letzte Mal auf eine Nad'l dahoam d'raufg'setzt hab', hat's nur wehgetan!"

Zufälle gibt's, die gibt's gar nicht!

Einige Tage nach der erfolgreichen Behandlung kam Karin unerwartet aufgeregt zu mir nach hinten in den Apothekenraum, wo ich gerade damit beschäftigt war, einen Absud aus Roswurzeln herzustellen, wedelte mit einem Billett und rief: „Ha, stell' dir vor, die Marianne heiratet in vier Wochen!"

Obwohl ich mir, wie befohlen, die größte Mühe gab, mir das vorzustellen, half es nichts: „Wer bitteschön ist Marianne?"

„Na du weißt doch, die Marianne Becker, mit der ich das Probejahr an derselben Schule in Wien gemacht habe! Sie war ja auch ein, zwei Mal mit ihrem damaligen Freund bei uns!"

Aus den wallenden Dampfschwaden des Extraktes tauchte nebelhaft das Bild einer ziemlich nervigen Junglehrerin auf, die Nana

Mouskouri frappant ähnlich geschaut hatte. An ihren Freund blieb mir nur die Erinnerung, daß er am Ende ziemlich betrunken gewesen war und meinem alten Spaniel Bobby die Hundekekse weggefressen hatte. Bedauerlicherweise hatte Bobby dieses Sakrileg im Vorzimmer verschlafen, andernfalls hätte er den Kerl sicher gebissen!

„Ach die!“ Ich grinste: „Erfreulich, daß eine alte Fregatte auch noch einen Hafen findet!“

„Sei doch nicht immer so sarkastisch!“ meinte Karin unwillig, „sie hat bloß ständig Pech mit ihren Bekanntschaften gehabt, das ist alles! Natürlich, eine verrückte Henne war sie schon immer! Außerdem ist sie genauso alt wie wir!“

„Na eben, deshalb sprach ich ja von einer alten Fregatt...!“ Ich brach lieber ab! Es ist nicht besonders weise, sich über die Jahresringe anderer lustig zu machen, wenn die eigene Ehefrau eine ähnliche Anzahl aufzuweisen hat und wenn man, so wie ich, erst vorgestern den Hochzeitstag übersehen hatte!

„Schon gut, schon gut!“ beschwichtigte ich, „ich gönne ihr ja das späte Glück von ganzem Herzen! Außerdem, wenn sie sich bis zur Hochzeit die Haare nicht mehr färbt, kann sie sogar noch in Weiß heiraten!“

Karin warf das Billett nach mir, und es segelte genau in den Topf mit dem Kräuterabsud!

Die Hochzeit fand an einem nieseligen, saukalten Apriltag statt, und das einzig Weiße war das Gesicht des Trauzeugen vom Bräutigam, der den Polterabend offenbar sehr ernst genommen hatte.

Der Pfarrer übte sich in christlicher Nächstenliebe und machte seine Sache anständig, aber verdächtig zügig (wahrscheinlich war es auch ihm in dem winzigen barocken Kirchlein zu frostig, dem Brautpaar hatte man unter die Stühle heiße Ziegelsteine untergeschoben), so daß die Hochzeitsgesellschaft früher als erwartet im Hotel Kaiser Maximilian eintraf, wo die meisten statt zu Sekt oder Aperitif zum Glühwein griffen! Die Hochzeitstafel im Festsaal bestand aus zwanglos im Raum verteilten 8er-Tischen, wo pastellfarbene Gedecke und entsprechender Blumenschmuck hoffnungslos damit überfordert waren, zu suggerieren, draußen befände sich der Frühling.

„Ich habe euch zu einem Tierarztpaar gesetzt!“ hatte mir eine vor Kälte schnatternde Marianne bei der Gratulation verraten, „da könnt ihr nach Herzenslust fachsimpeln!“ Anscheinend hegte sie die Ansicht, Veterinäre würden einer gewöhnlichen Unterhaltung mit anderen Menschen abträglich sein, indem sie beständig ihre unappetitlichen Geschichten auftischten.

Klaus, Konstanze, stand auf den Tischkärtchen! Ich drehte sie mißtrauisch in den Händen.

„Entschuldigung, ich glaube, das sind unsere Kärtchen!“ vernahm ich eine tiefe Stimme hinter mir.

Ich drehte mich um … „Ja gibt’s denn das?“

„Naa, des darf net wahr sein!“ rief der Besitzer der tiefen Stimme im Tiroler Dialekt!

Klaus Ladinger, mit dem ich seinerzeit endlose Vorlesungen lang irgendwelche Hörsaalbänke und noch viele Stunden mehr diverse Wirtshausbänke gedrückt hatte, stand leibhaftig vor mir!

Wir waren uns seit dem Studium nur ein einziges Mal begegnet, und zwar auf einer Tagung zum Thema „Kälberkrankheiten“, und da hatte ich erfahren, daß er sich praxismäßig in einen der hintersten Winkel Tirols, wo sogar schon die Skilifte spärlich wuchsen, zurückgezogen hatte.

„Das ischt ja eine feine Überraschung!“ feixte er, als wir saßen und mit dem ersten Bier angestoßen hatten, „da glaubt man zu einer gemütlichen Hochzeit zu fahren, um sich zu amüsieren, und der erschte, den man dort trifft, ischt a *Weana!*“

„Da kannst du ja noch von Glück reden! Was soll da erst ich sagen? Ich sitze neben einem Tiroler!“

Er haute mir grinsend auf die Schulter, was ihm keine Mühe bereitete, da er einen Kopf größer war: „Immer noch die scharfe Mundl-Gosch’n, was? Erzähl! Wie geht’s dir? Kugelst du noch immer deine potenzierten Globuli durchs Gasteinertal?“

Ich hatte ihm damals berichtet, daß ich mich mit Homöopathie beschäftigte, was ihm nur ein sanftes Lächeln entlocken konnte. Klaus war ein Schulmediziner durch und durch geblieben, allerdings ein exzellenter!

„Du wirst dich wundern! Seit dreizehn Jahren habe ich meinen Horizont auf die Chinesische Medizin erweitert!“

„Akupunktur beim Großtier? Was sagen denn deine Bauern dazu?“

„Wenn’s funktioniert, ist es ihnen bedeutend lieber als eine herkömmliche Spritze, die nix ausrichtet, das kannst du mir glauben!“

„Ja, wirkt es denn?“

Also erzählte ich ihm einige schöne Fälle, natürlich auch mein jüngstes Erfolgserlebnis am Brunnhof! „Merk’ dir das“, schloß ich, „wenn deine Hormone einmal versagen sollten!“

„Meine Hormone sind ganz in Ordnung, und fürs Milchaufhalten nach der Geburt holen die Bauern in unserer Gegend koan Tierarzt! Dafür gibt’s den *Much!*“

„Was ist ein Much?" Das klang verdächtig nach einem Pilz mit medizinischen Nebenwirkungen oder einem Waldkobold, der bei Vollmond beschworen wurde! Den Tirolern ist alles zuzutrauen!

Klaus sah mich mitleidig an: „*Much* ischt der Dialektnam' für Michl, du Weana! Und in dem Fall handelt es sich um einen alten Senn, der fünfzig Jahr' lang als Melker und Kaser die gröschten Almen in Tirol betreut hat! Hab halt a wengerl Ehrfurcht vor der Tradition! Aa als Wasserkopf!"

Typisch! Sobald ihm was gegen den Strich ging, verfiel er ins heimatliche Idiom!

„Bitte!" sagte ich. „Und was macht euer Much?"

„Das weiß keiner! Er schickt alle aus dem Stall, und nach einer Minute kommt er hinterher, und die Kalbin oder die Kuh läßt sich hernach anstandslos melken!"

„Das gibt's nicht!" entfuhr es mir.

„Wohl, das gibt's!"

„Und niemand hat die geringste Ahnung, wie er das anstellt?" Ich war wie vor den Kopf gestoßen, der Gedanke machte mich fast wahnsinnig! So alte Leute, die ihr gesamtes Leben mit dem Vieh verbracht hatten, besaßen oft ein wertvolles Wissen um Heilmittel und -methoden, die allzuoft mit ihrem Tod in der Vergessenheit verschwinden. Seit Jahren bemühe ich mich, solche Erfahrungen zusammenzutragen, leider gibt es nicht mehr allzu viele Personen, die über diese Kenntnisse verfügen!

Klaus blinzelte mich verschmitzt an. „Bleib ruhig, ich kenn' den Trick! Ich hab' einmal einem Bauern von mir angeboten, wenn er mich den Much beobachten läßt, behandle ich sein nächstes *Kalbl* gratis! Also hat er mich rechtzeitig verständigt und die Kalbin extra unter die Futterluke gehängt! Wie der Much in den Stall gekommen ist, bin ich längst bäuchlings auf der Tenne gelegen und habe durch den Spalt hinuntergespäht! Der Much ist zu der Kalbin hin, hat ausgeholt und ihr mit dem Bergschuh voll Wucht genau dahin getreten, wo du die Akupunktur gemacht hast! Die Kalbin hat einen Satz gemacht und geächzt, aber im nächsten Moment ist aus allen vier Zitzen ein prachtvoller Milchstrahl herausgeschossen! Ich bin runter vom Heuboden, hab' mich mit dem Auto zwei Kurven weit vom Hof postiert, und wie der Much mit seinem Moped angeknattert gekommen ist, hab' ich ihn aufgehalten und ihm versichert, sein Geheimnis zu bewahren, damit er auch weiterhin sein Jausengeld verdienen kann, er möge mir nur verraten, wie er auf den Kniff gekommen ist!

Daraufhin hat er mir gestanden, daß er vor dreißig Jahren einmal eine Kalbin zu melken gehabt habe, die zwar ein mordsmäßiges Euter besessen, aber keinen Tropfen Milch gegeben hätte! Nachdem sie ihm bereits zum fünften Mal das Melkzeug durch den Stall gefeuert hatte – klar, das hat ihr natürlich wehgetan –, hat der Much die Nerven verloren und ihr mit den herzhaften Worten ‚Du Sauvieh, du elendigliches' den besagten Tritt versetzt und zufälligerweise den richtigen Punkt getroffen! ‚Die Stell hab' ich mir natürlich g'merkt!' gestand er mir treuherzig!"

Ich mußte so laut lachen, daß sich die Gäste vom Nebentisch erstaunt umdrehten: „Und da fragst du mich vorhin noch extra, ob Chinesische Medizin wirkt! Das ist doch der klassische Fall von Akupressur, allerdings in seiner rustikalen Ausprägung!"

Klaus hob mir das Glas entgegen und grinste: „Naja, wahrscheinlich hab'n's die Chines'n eh erscht von uns Tiroler g'lernt!"

Der halbe Hugo

Auf der Fahrt zu meinen täglichen Visiten kam ich zehn Jahre lang regelmäßig an einem weitläufigen, völlig verwilderten Grundstück in der Nachbarschaft vorbei, wo eine einst stattliche Villa aus dem neunzehnten Jahrhundert im tiefen Dornröschendasein verharrte. Die noch immer kaisergelb gestrichene Fassade blinzelte zwar nur mehr sporadisch durch das hohe, dichte Erlen- und Weidengestrüpp zwischen den mächtigen Stämmen der alten Kastanien hervor, aber wenn man wie ich, natürlich verbotenerweise, das rostige, windschief in den Angeln hängende Einfahrtstor umging, stand man staunend vor einer Architektur, die sich zwar vielleicht nicht so zweckmäßig ausgerichtet präsentierte wie heutige Bauwerke, mit ihrer Ästhetik jedoch den Zauber einer Epoche auferstehen ließ, in der man noch an die dem Menschen dienliche Schönheit und Erbauung in allen Künsten glaubte!

Selbst die ehemals weiße, nunmehr verwitterte und von uralten Efeuranken überwucherte Holzveranda ließ jeden modernen Wintergarten zu einem armseligen Menschenterrarium verkommen!

Dieses Haus beschäftigte meine Phantasie. Wie konnte es bloß dazu kommen, daß sich in all der Zeit niemand dieses Prachtbaues angenommen hatte? Gab es noch Besitzer, war es unter Umständen für eine Sanierung bereits zu spät? Über das nötige Kleingeld müßte man verfügen, nicht einmal aus egoistischen Gründen, nein, nur um dieses Juwel dem endgültigen Ruin zu entreißen und der Nachwelt zu erhalten!

Deshalb war ich natürlich wie elektrisiert, als ich eines schönen Morgens das Grundstück passierte und den Lärm von Motorsägen aus dem Inneren hervordringen hörte.

Hatten meine jahrelangen Stoßseufzer etwas bewirkt? War in letzter Minute gar ein finanziell strahlend gerüsteter Ritter für diese gemauerte Prinzessin auf die Walstatt gesprengt und war nun dabei, sie mit röhrenden Kettenschwertern aus der Umklammerung des grausamen Verfallsdrachen zu erretten?

Aber Märchen finden in der Erwachsenenwelt nicht statt!

Am Abend war das gesamte Grundstück bis auf zwei deplaziert wirkende Bäume am Rand gerodet und das Haus selbst ein einziger Schutthaufen auf dem von einem gelben Baggerungetüm durchpflügten Erdboden!

Der vermeintliche Ritter hatte sich als böse Immobilienhexe entpuppt, die die Prinzessin aus ihrem Schlaf direkt in das Grab geschickt hatte.

Wahrscheinlich würde in einem Jahr dort eine dichtgedrängte Ansammlung gesichtsloser Reihenhäuser stehen!

Ich sollte unrecht behalten! Die neuen Häuser standen bereits nach einem dreiviertel Jahr, allerdings handelte es sich um noch schmucklosere Appartementblocks, welche erstaunlicherweise in kürzester Zeit vermietet waren.

Und dadurch kam ich zur Bekanntschaft mit Hugo!

Als mir Frau Haidinger, eine zierliche, dunkelhaarige Dame, das dunkelbraune, pelzige Etwas zur Jahresimpfung auf den Untersuchungstisch plazierte, das eher einem alten Teddybären glich, der schon durch Generationen von Kinderhänden gewandert war, erschrak ich richtiggehend.

Dem Kater fehlte nämlich nicht nur das rechte Vorderbein zur Gänze, sondern auch das rechte Auge und beide Ohrmuscheln, und sogar der Schwanz bestand lediglich aus einem kurzen Reststummel!

„Ja um Himmels willen!" rief ich, „was ist denn mit dem geschehen? Von dem ist ja nur mehr die Hälfte übrig!"

„Ganz genau!" lachte sie, „und deswegen heißt er auch der Halbe Hugo!"

„Sie nennen den Kater Hugo?" fragte ich belustigt. „Ziemlich ungewöhnlicher Name!"

„Oh, das ist einfach zu erklären!" Sie erzählte, wie sie vor einigen Jahren abends im Herbst von der Bushaltestelle die letzten achthundert Meter zu ihrem damaligen Haus gegangen war und am Straßenrand plötzlich einen reglosen Katzenkörper, offensichtlich von einem Auto angefahren, vorgefunden hatte. Zuerst dachte sie, das Tier wäre tot, aber dann vernahm sie ein leises, klägliches Maunzen! Sie hob den verletzten Kater entschlossen auf und eilte damit nach Hause. „Schnell, wir müssen ihn zum Tierarzt bringen!" rief sie ihrem Mann zu. Der warf nur einen kritischen Blick auf ihren blutverschmierten Mantel und auf das zitternde Fellbündel in ihren Armen und zuckte die Schultern: „Wozu? Das ist doch für den Hugo! Der ist schon so gut wie hinüber, das sieht doch ein Blinder!" Frau Haidinger ließ sich jedoch nicht beirren – vor allem angesichts ihrer beiden kleinen Töchter, die vor Mitleid zu weinen begannen –, schnappte sich den Wagenschlüssel und fuhr sechzig Kilometer weit in eine renommierte Tierklinik. Dort war man vor allem wegen der aufgerissenen Bauchdecke ebenfalls ziemlich skeptisch und riet zum Einschläfern, aber Frau Haidinger bestand darauf, eine Operation wenigstens zu versuchen, die Kosten wären ihr egal! Nach einer Woche stand fest, daß der Jungkater von den sprichwörtlichen sieben Katzenleben zwar glatte sechs verbraucht hatte, aber eines noch übriggeblieben war! An dieses klammerte er sich verbissen und wurde nach Ablauf einer weiteren Woche von seiner glückstrahlenden neuen Besitzerin gemeinsam mit den Töchtern aus der Klinik abgeholt.

„Und deshalb heißt er Hugo! Hugo, der Halbe!“ schloß Frau Haidinger zufrieden.

Ihr Mann war bald darauf ihr Ex-Mann, seither stellt Hugo das einzige männliche, wenn auch kastrierte Individuum der Familie dar, die nun seit kurzem in die neue Wohnanlage gezogen war. „Er ist ein echtes Unikum, das in unserem alten Viertel jeder gekannt hat, und Sie werden sehen, hier wird es bald genauso sein! Die Mäuse in der Gegend werden jedenfalls nichts zu lachen haben!“

Ich beobachtete Hugo, der seinerseits meine Tierschutzsammelbüchse am Fensterbrett in Form eines bemalten Keramikkatzenkopfes fixierte. Wahrscheinlich war er auf die großen Ohrmuscheln neidig, in die man das Geld einwerfen konnte!

„Er fängt Mäuse? Mit dieser Behinderung?“ fragte ich ziemlich ungläubig und zog ihm routinemäßig das verbliebene Augenlid hinunter, um die Bindehautfarbe zu kontrollieren. Schwups, da hatte er mich schon! Blitzschnell hatte er seine linke Zeigefingerkralle tief in meinen Daumen geschlagen wie ein alter Pirat, der mit seinem Handhaken nach einem Apfel langte. Es tat höllisch weh!

Dabei musterte mich seine schlitzförmige Pupille hintergründig, als wollte er sagen: Achtung, in mir haben sich schon viele getäuscht!

Ich zog vorsichtig die Kralle aus meinem Finger, wie man einen bedauernswerten Angelwurm, den man nochmals zu verwenden gedenkt, vom Haken löst, und nickte gehorsam: „Ay ay, Käpt'n!"

Nachdem ich mir das Blut von der Hand gewischt hatte – mein durch tägliche kleine Verletzungen trainiertes Immunsystem benötigt keine Desinfektionsmittel –, fuhr ich äußerst behutsam mit der Untersuchung fort.

Bei der Injektion drohte er nochmals mit der Pfote, aber diesmal war ich darauf gefaßt und deshalb schneller! Schwuppdiwupp hatte der halbe Hugo eine ganze Ladung Impfstoff unter der Haut!

Frau Haidinger sollte recht behalten! Der verstümmelte Kater war im Markt bald bekannt wie ein bunter Hund. Während er sich Erwachsenen gegenüber jedoch reserviert bis abweisend verhielt, liebte er Kinder über alles!

Er ließ sich von ihnen geduldig herumschleppen, mit Sachen füttern, die eine Katze normalerweise rigoros verschmäht, und sich sogar als Passagier auf Plastiktraktoren durch die Sandkiste kutschieren. Wenn es ihm doch einmal zuviel wurde, legte er sich am Rand des öffentlichen Spielplatzes in die Sonne und verfolgte mit halbgeschlossenem Auge das Treiben.

Als die kleine Martina einmal unbemerkt hinter die Büsche schlüpfte, um ein Geschäftchen zu erledigen, erwischte sie eine Biene. Kein Mensch hatte bisher die geringste Ahnung von ihrer Allergie gehabt, und so wäre der anaphylaktische Schock ziemlich sicher letal für sie ausgegangen!

Der feine tierische Instinkt ließ Hugo jedoch die Gefahr spüren und handeln!

Er verließ blitzschnell seinen Liegeplatz und vollführte vor dem Gesträuch groteske Bocksprünge, dabei maunzte und kreischte er mit einer Lautstärke, als hätte er noch ein nächtliches Liebesleben, bis endlich jemand aufmerksam wurde und nachschauen ging.

Am nächsten Tag prangte sein Foto als Lebensretterkater in der Zeitung, und alle Leute im Ort, die Kinder hatten, sahen seither über Hugos Tapper auf ihren Motorhauben und Autodächern großzügig hinweg!

Trotzdem gab es auch ausgewiesene Feinde, Herrn Glawisch zum Beispiel! Er hatte in seiner Aktivzeit eine kleine Kfz-Spenglerei betrieben und ebenso viele Dellen in seinem Charakter wie das Blech der Autos, die er reparierte.

Er war ein großer hagerer Kerl mit stechenden Augen und der geborene Querulant, der mit jedem, der ihm über den Weg lief, früher oder später Streit hatte. Meist früher!

Ich konnte ihn ebensowenig leiden wie er mich, aber da sämtliche Nachbarkollegen, die er im Laufe der Jahre ausprobiert hatte, sich kategorisch weigerten, noch einmal zu diesem „Spinner" zu fahren, war die Auswahl an Alternativen zu mir äußerst dürftig!

Ich mochte ihn vor allem deshalb nicht, weil mir sogenannte Tierfreunde, die nur ihre eigenen Tiere gelten lassen und das Leiden anderer für zweit- oder sogar drittrangig halten, stets suspekt waren!

Herr Glawisch hielt auf seinem Grund und Boden neben einer Schäferhündin und einem Kater noch einen Esel, ein Hängebauchschwein und sieben Schafe.

Vor einem davon kniete ich im schon abendfeuchten Gras. Vom Besitzer in der typischen aufrechten Sitzhaltung, in der Schafe auch geschoren werden, fixiert, saß das Tier vor mir, und ich bemühte mich krampfhaft, irgendwelche Klauenerkrankungen festzustellen: „Tut mir leid, da ist gar nix!" schnaufte ich verärgert, weil er einen regelrechten Terror veranstaltet hatte, die gefürchtete Fusobakterium-Infektion sei in seiner Herde ausgebrochen!

„Dann schau'n Sie genauer hin!" schnauzte er, „es muß Moderhinke sein!"

„Warum muß?" erwiderte ich ebenso kühl wie meine Knie.

„Weil das Schaf hinkt! Darum!"

„Wenn ich Ihnen mit dem Griff vom Klauenmesser auf's Schienbein hau, hinken Sie auch! Das ist lediglich eine Zerrung!"

Diesem logischen Argument hatte er nichts entgegenzusetzen, dafür raffte er einen Kiesel von der Erde und pfefferte ihn höchstens zehn Zentimeter über meinen Kopf hinweg in die Gegend!

Ich fuhr hoch, und da Herr Glawisch ebenfalls aufgestanden war, fiel das nun haltlose Schaf auf den Rücken und zappelte wie ein Maikäfer, ehe es sich eilends humpelnd in den Schutz der anderen flüchtete.

„Was sollte jetzt das, bitteschön?" schnappte ich.

„Der verfluchte Dreibeinkater! Daß man so was überhaupt herumlaufen läßt! Abknallen sollte man so ein elendes Krüppelvieh!"

„Was haben Sie denn gegen den Hugo? Der tut doch keinem was!"

„Der tut keinem was? Daß ich nicht lach'! Zweimal hat er meinen Pauli schon so herg'richtet, daß der arme Kerl vier Tage lang nicht g'fress'n hat! Wenn ich dieses Mistvieh einmal erwisch', dann ...!"

„Woher wollen Sie überhaupt wissen, daß es Hugo war, der Ihren Kater vermöbelt hat, ha?“

Herr Glawisch blinzelte tückisch: „Na klar ist es der gewesen! Bis der aufgetaucht ist, war es mein Pauli, der die anderen Katzenviecher abg’watscht hat!“

„Na, wie heißt es so schön? Möge der Bessere gewinnen! Ich schicke Ihnen dann die Rechnung!“ grinste ich und machte, daß ich ins Auto kam, ehe er mir auch einen Stein nachwerfen konnte!

Auch Herr Pittner zählte nicht unbedingt zu Hugos Verehrern. Das lag aber ausschließlich an Paco, seinem vierjährigen Rüden! Dieser widerlegte in eindrucksvoller Art die populäre Meinung, Mischlinge seien bei weitem gesünder und klüger als Rassehunde. Gesund meinetwegen, aber intelligenzmäßig zählte die langbeinige und schlappohrige Mixtur zwischen Setter, Münsterländer und noch einigen genetischen Zutaten zu den dämlichsten Vertretern des Haushundes seit Zähmung des Urwolfes durch den Neandertaler! Paco war darüber hinaus ein riesiger Angeber, aber leider gleichzeitig ein ebenso ausgeprägter Feigling. Auf der Straße stürzte er sich auf alles, was auf vier Pfoten lief und kleiner war als er selbst (bei seinen Proportionen ergaben sich dazu ständig Gelegenheiten), mit wütendem Getöse und gefletschten Zähnen, als würde er gerade eine vierwöchige Hungerkur beenden!

Dahinter steckte aber nicht etwa die Absicht, ernsthaft zu beißen, es ging Paco einfach nur darum, den anderen einzuschüchtern und sich selbst zu beweisen. Ein Hund mit Minderwertigkeitskomplex also!

Dieser trat sofort zu Tage, falls der Attackierte, und wäre es noch so ein Winzling, überraschenderweise die Herausforderung annahm und seinerseits zum Angriff überging!

Dann zog Paco augenblicklich nicht nur sprichwörtlich den Schwanz ein und versteckte sich winselnd hinter Herrn Pittner, der auf diese Weise bereits einige gute Hosen eingebüßt hatte, weil daraufhin der Kampf zwischen seinen Beinen erst so richtig losging.

Als Paco an diesem Tag die Ordination verließ – ich hatte ihm soeben zwei lästige Zecken aus der inneren Ohrmuschel entfernt –, kam ihm Hugo, der gemächlich über den Vorplatz hoppelte, gerade recht.

Katzen waren überhaupt etwas Feines zum Jagen, die machten sich sofort aus dem Staub und ließen sich so herrlich entweder auf Bäume oder durch enge Gartenzäune scheuchen!

Ein dreibeiniger Kater versprach umso mehr ein lustiges Verfolgungsrennen, als der bestimmt nicht so schnell war und nirgends raufklettern konnte!

Pech für Paco, daß der halbe Hugo dies ebenfalls zu wissen schien und daher gar nicht daran dachte, Reißaus zu nehmen! Als Paco zähnefletschend dem Hund von Baskerville ähnlich herangestürmt kam, stellte er sich blitzschnell auf die Hinterpfoten wie ein kampfbereiter Feldhase und, patsch, saß die berühmte linke Zeigefingerkralle in der empfindlichen Hundenase!

Paco jaulte auf und riß jäh zurück, wodurch der Schaden nur größer wurde! Heulend machte er kehrt, versteckte sich wie gewohnt hinter seinem Herrchen und versaute diesem die helle Sommerhose mit der stark blutenden Schnauze!

Wir bugsierten den unaufhörlich jaulenden Hund mit vereinten Kräften zurück ins Behandlungszimmer. Obwohl nur drei Nähte nötig waren, Pacos Riechkolben wieder in Form zu bringen, mußte ich ihn doch in Narkose legen. Während ich die geflickte Wunde zwecks schnellerer Heilung noch nachträglich mit dem Laserstift bestrahlte, sah ich durch das Ordinationsfenster, dass Hugo noch immer auf dem Vorplatz saß und sich in aller Ruhe die Killerkralle leckte!

Erst als sein bewußtloser Kontrahent gemeinsam von Herrn Pittner und mir zum Wagen geschleppt wurde, machte er sich aus dem Staub.

Seit diesem Tag mußte der große Paco bei jedem Besuch in die Ordination und wieder zurück ins Auto getragen werden, da er sich beharrlich weigerte, auch nur eine Pfote auf den Vorplatz zu setzen. Es könnte ja eine halbe Portion ums Eck biegen!

Aus diesem Grund war Herr Pittner verständlicherweise auch nicht unbedingt Hugos Fanclub zuzurechnen.

Ein übel Gesinnter meinte es hingegen todernst!

Ich saß in der winzigen Gondel, die mich leise surrend hinauf zum Oberfelsbauern, meinem höchstgelegenen Betrieb, brachte. Obwohl schon emsig am Güterweg gesprengt und gebaggert wurde, stellte die kleine Seilbahn wie seit vierzig Jahren zumindest noch bis Herbstbeginn die einzige Verbindung zu dem malerisch gelegenen Bergbauernhof dar.

Während ich sanft schaukelnd zwischen den Baumwipfeln dahinschwebte, genoß ich die ungewohnte Stille und das unvergleichliche Panorama. Das gesamte Tal lag mir zu Füßen, rechts von mir glänzte das Schneefeld des Tischlerkar-Kees in der Sonne, drehte ich den Kopf nach links, schimmerte aus weiter Ferne das graue Gestein des Hochkönigmassivs herüber …

Mitten in diese Idylle hinein schlug das Handy an! Es bräuchte sich niemand zu wundern, würde es dereinst noch aus meiner Urne läuten!

Frau Haidinger war dermaßen panisch, daß sie kaum sprechen konnte: „Der Hugo! Wie ich weggehen will, liegt er vor der Wohnungstür! Das ganze Hintergestell ist voll Blut, und der linke Fuß baumelt nur noch an der Haut! Offenbar hat er sich mit letzter Kraft hierher geschleppt, aber jetzt atmet er kaum noch!“

„Fahren Sie sofort mit ihm zu Dr. Fürst! Ich gebe Ihnen Adresse und Telefonnummer!“ Ich mußte die Nummer dreimal langsam wiederholen, bis sie Frau Haidinger in ihrer Aufregung richtig notiert hatte!

Als das Gespräch beendet war, hatte ich noch fünfhundert Meter bis zum Oberfelshof, aber mit dem Seelenfrieden war es aus. Verdammt, ausgerechnet Hugo! Wenn ihm dieses Bein auch noch abhanden kam, war es vorbei! Immerhin war er keine Amsel, die auf zwei Füßen durchs Gras hüpft ...!

Eine Stunde später meldete sich Harry: „Sag mal, was hast du mir denn diesmal geschickt?“

„Na den halben Hugo! So heißt er bei uns im Viertel!“

„Kein Wunder, der war auch halb tot! Ich habe ihn vorerst stabilisiert und an die Klinik vom Schwarzlmüller überwiesen! Der ist der beste Knochenflicker weit und breit! Wenn einer das Vieh durchbringt, dann er!“

„Was hat Hugo eigentlich?“

„Trümmerfraktur des Oberschenkels samt Pfanne, und das restliche Becken hat auch einiges abgekriegt! Ein lieber Zeitgenosse hat ihm mit dem Kleinkalibergewehr eins draufgebrannt!“

„Denkst du, er schafft es?“

„Schwer zu sagen! Wenn sie das Bein nicht mehr hinkriegen, müssen sie ihn wohl einschläfern ...!“

„Klar, weil Hugo eben keine Amsel ist!“ murmelte ich düster.

Harry, der meine vorigen Überlegungen nicht kennen konnte, tat überrascht: „Ah natürlich, vielen Dank! Jetzt, wo du es sagst, fällt mir das auch auf!“

Die Kunstfertigkeit vom Kollegen Schwarzlmüller im Verbund mit Hugos Zähigkeit sollte die Oberhand gewinnen! Einige Wochen nach dem Attentat konnte man den deutlich abgemagerten Kater, zusammengeschraubt wie ein wurmstichiger Gartentisch, wieder durch die Gegend hoppeln sehen. Leider hatte er durch die Verletzung und Operation des Beckens einen trägen Darm entwickelt – vorübergehend, wie Schwarzlmüller prognostizierte –, dem mittels Medikamenten hin und wieder auf die Sprünge geholfen werden mußte.

Als es wieder einmal soweit war, saß Frau Haidinger, den verstopften Hugo auf dem Schoß, im Wartezimmer. Sie reckte den linken Arm im blütenweißen Gipsverband in die Höhe. „Heute müssen Sie das machen, ich bin behindert!"

„Ach du grüne Neune!" entfuhr es mir, „gibt es nur noch Verletzte in Ihrem Haushalt?"

„Scheint so!" lachte sie, „ich habe vorgestern den Balkon aufgewischt und bin dabei auf den nassen Fliesen ausgerutscht!"

„Jaja, die Reinlichkeit!" philosophierte ich, „man glitscht auf feuchten Kacheln aus, stürzt in der Badewanne und schlittert gebohnerte Treppen hinab! Über den Dreck hingegen sind noch die wenigsten gestolpert!"

Der Gipsarm von Frau Haidinger erwies sich jedoch als vorteilhaft! Während ich Hugos Hinterteil am Stummelschwanz hochzog, um die Tube *Mikroklist* in den After zu drücken, fixierte sein Frauchen den Vorderkörper des sich heftig Sträubenden auf dem Behandlungstisch, indem sie ihm den eingegipsten Arm in den Nacken drückte. Dem Gipspanzer konnten weder Zähne noch Krallen etwas anhaben. Ich rate daher jedem Tierarzt in eigenem Interesse, seinem Ordinationsassistenten zumindest einen Arm zu brechen!

Trotzdem hatte uns die Prozedur alle drei erschöpft, und Frau Haidinger schnaufte. „Können Sie mir bitte ein Taxi rufen? Hergekommen bin ich mit dem Bus, aber bis der nächste zurückfährt, so lange kann ich nicht warten!"

„Aber sicher!" Da bei meinem Nachbar gerade sämtliche Busse unterwegs waren, rief ich das Taxiunternehmen Schreck an. Normalerweise ist es in unserer Gegend kein Problem, Haustiere mit dem Taxi zu transportieren, aber als der Mercedes-Kombi vorfuhr, saß der Chef persönlich hinter dem Volant! Und Herr Schreck galt als äußerst penibel, was seine Autos anbelangte!

Und so beäugte er Hugo mit deutlichem Mißfallen: „Der haart mir ja die ganze Sitzbank voll!" maulte er.

„Fühlen Sie sich geehrt, Herr Schreck", versuchte ich eine Aufmunterung, „Sie fahren heute einen Star! Den halben Hugo!"

„Die Netrebko wär' mir lieber! Die ist auch prominent und haart nicht so!" erwiderte der Fuhrunternehmer griesgrämig und riß die Beifahrertüre auf.

Zwanzig Minuten später klingelte das Mobiltelefon: „Sie, Herr Doktor", röhrte die empörte Stimme von Herrn Schreck aus dem Lautsprecher, „ich hätt' ein Ersuchen! Wenn Sie das nächste Mal einem Patienten einen Einlauf verpassen, machen Sie's gefälligst nur dann, wenn der Besitzer mit dem eigenen Fahrzeug unterwegs ist, gell! Weil, auch wenn's nur der halbe Hugo war, reing'schiss'n hat er mir wie ein Dreifacher!“

Hans von Assisi

Jeder Mensch sollte darauf Wert legen, am Ende seines Lebens wenigstens auf ein paar gute Taten verweisen zu können, lehren uns Philosophen, Theologen und Pfadfinder, wobei letztere mit ihrer Forderung, eine solche täglich zu vollbringen, ganz schön anstrengend sein können!

Wenn vor mir ein Auto fährt, auf dessen Heck der warnende Aufkleber *Ich bremse auch für Tiere* prangt, finde ich das löblich, aber unnütz, da das eine Selbstverständlichkeit sein sollte!

Ich trage schließlich auch keine Plakette *Ich bücke mich auch für Regenwürmer* mit mir herum, obwohl es nach einem Regenguß zu meinen strikten Gewohnheiten gehört, befestigte Plätze, die mir unterkommen, kurz auf versprengte Irrläufer abzusuchen. Der erstaunte Wölzbauer, von dessen asphaltierter Hofzufahrt ich gleich drei fette Exemplare geborgen hatte, hielt mich deswegen sogar für einen Angler!

Einmal fand ich bei dieser Tätigkeit auch einen krummen Hunderternagel vor meiner Garagenausfahrt, den es von der Dachbaustelle meines Gegenübers zu mir verschlagen hatte.

Hätte ich mir den eingefahren, wäre ein platter Reifen die logische Konsequenz gewesen! Soll also keiner sagen, gute Taten blieben unbelohnt!

Schon im Kindergartenalter drehte ich beharrlich auf dem Rücken liegende Käfer um, auch wenn sich herausstellte, daß sie bereits tot waren, und einem wesentlich größeren und dickeren Hortgenossen entriß ich einmal hellauf empört eine grünschillernde Raupe, die dieser mit einer Papierschere in mehrere Stücke zerschnippeln wollte, um zu sehen, ob die Körperteile wieder zusammenwachsen würden. Da das ausgerechnet an einem Kindergarten-Faschingsfest passierte, hieb mir der Kerl im Indianerkostüm seinen hölzernen Tomahawk rachsüchtig zwischen die großen Textilohren (ich war lediglich als pazifistische Micky Maus verkleidet) und verpaßte mir damit eine ordentliche Platzwunde! Nach der anschließenden Rauferei mußten wir schließlich beide von der verstörten Kindergartentante im Gartenpavillion verarztet werden, die gerettete Raupe hatte mittlerweile eine vorbeikommende Amsel in einem Stück geschluckt!

Da meine Eltern in der Langenlebarner Au an der Donau jahrelang einen Badegrund gepachtet hatten, gehörte es zum sonntäglichen Ritual – außer es regnete wirklich stark –, dort hinauszufahren.

Der Umstand, daß ich viel lieber mit meinen Freunden im Gitterkäfig des nahen Beserlparks Fußball gespielt hätte, bestärkte meinen Vater noch in seiner Wochenendplanung, da er die feste Meinung vertrat, daß einige Burschen, die dort herumliefen, später einmal auch außerhalb des eingezäunten Spielplatzes gesiebte Luft atmen würden und es daher notwendig sei, mich wenigstens an einem Tag der Woche in andere Gesellschaft zu bringen!

Solange noch weitere Kinder das sonntägliche Au-Schicksal mit mir teilten – in den sechziger Jahren besaßen dort einige Wiener Familien Badegründe –, ging es ja noch, wenn aber lediglich die Pensionisten das einzige Publikum darstellten, die meist den ganzen Sommer in ihren auf Stelzen stehenden Schrebergartenhütten zu verbringen pflegten und für die ein quecksilberiger Bub ein ähnlich willkommenes Phänomen darstellte wie die Reblaus für den Winzer, beneidete ich herzhaft sämtliche von ihren Eltern vernachlässigte Kinder, über die manchmal die Zeitungen berichteten!

An so einem öden Nachmittag war ich mißmutig und gelangweilt den staubigen Treppelweg an der Donau entlanggeschlurft, als mir plötzlich am unteren Rand der Uferböschung zwischen den großen Steinen etwas Blaues im Wasser auffiel. Da die Donau ungeachtet des berühmten Strauß-Walzers höchstens graubraun dahinströmt, war es gut zu sehen!

Neugierig – außerdem hatte ich sowieso nichts Besseres zu tun – kletterte ich hinunter und zog an einer Schnur, an der das Ding festgebunden war. Zu meiner Verblüffung entpuppte sich der Fund als kleine Kunststoffbox mit mehreren Löchern, aus denen jetzt nach allen Seiten das Wasser herausfloß! Ich öffnete den Deckel und pfiff erstaunt durch die Zähne, was leicht ging, da gerade einige Milchzähne im Begriff waren, sich zu verabschieden. Auf dem Boden des Kastens zuckte ein gutes Dutzend kleiner Fische hilflos herum!

So ein blöder Angler, war mein erster Gedanke! Fängt solche armen Winzlinge und hängt sie dann in einer Art Frischhaltebeutel wieder ins Wasser! Essen kann er die nicht, und wachsen würden sie in dem kleinen Behälter auch nicht können. Also was soll's! Ich kippte den zappelnden Inhalt in die Donau zurück und sah mit Entzücken, wie die glitzernden Leiber blitzschnell in den Fluten verschwanden! Die leere Box verstaute ich fachgerecht wieder zwischen den Steinen.

Aufmerksam geworden, begann ich nun das gesamte Ufer abzusuchen, und siehe da: Im Verlauf einer Stunde entdeckte ich noch sechs weitere Kästen, sämtlich mit ebenso mickrigen Fischlein bestückt, denen ich natürlich allen Generalamnestie verschaffte! Schwer befriedigt ob der Rettung von zirka hundert Tieren machte ich mich auf den Rückweg, um meinen Eltern von der heroischen Tat zu berichten und ihnen Abbitte für das sonntägliche Kidnapping zu leisten!

Meine Mutter hielt im Schatten gerade ein Nickerchen, und mein Vater stand an der Grundgrenze und unterhielt sich mit unserem Nachbarn, der in seiner Badehose keinen schönen Anblick bot! Herr Baier deutete dabei mehrmals auf seine Stelzenhütte hinter sich und beschrieb mit den Händen imaginäre Luftbilder. Da ich ihm schon lange keine Fensterscheibe mehr eingeworfen hatte, wollte er wahrscheinlich nur irgendeinen Ratschlag, denn mein Vater als Techniker bei der ELIN fungierte für alle möglichen Leute als willkommenes Auskunftsbüro.

Obwohl ich noch nach der alten Regel „Wenn Erwachsene reden, haben Kinder Pause" erzogen worden bin, konnte ich nicht an mich halten und platzte mit der Geschichte heraus! Außerdem, je mehr Bewunderer, desto besser!

Herr Baier brach sofort in japsendes Lachen aus, das seinen beachtlichen Fettbusen ins Wackeln brachte, und schlug abwechselnd mir auf die Schulter und sich auf die feisten Schenkel! „Du bist ein Prachtbürscherl!" röhrte er, „i' werd' nimmer! Laßt den Fischern die Köderfisch' aus! Na, die werd'n am Abend deppert aus der Wäsch schau'n! Das hast guat g'macht! Das gfallt mir! Hihihihihuhuhuhahahoho!"

Mein Vater beteiligte sich nicht an dem Heiterkeitsausbruch! Mit ernster Miene erklärte er mir, daß das streng genommen Diebstahl gewesen sei, aber dabei wurde er von Herrn Baier, der mir mit einem Mal ungeheuer sympathisch geworden war, unterbrochen: „Geh'n S', machen S' dem Buam kane Vorwürfe! Er hat's ja nur gut gemeint! Außerdem, was müss'n die Trott'ln auch mit lebende Köder angeln! So a Fisch is' ja a nur a Mensch und lebt gern!"

Mein Vater, der es gar nicht schätzte, wenn man ihm in die Mühen der Erziehungsarbeit hineinpfuschte, zog mich am Ohr ins Zentrum unseres Badeplatzes und hielt mir dort, sekundiert von meiner durch Herrn Baiers Lachkanonade aufgeschreckten Mutter, eine Gardinenpredigt, während der ich aber, analog zum berühmten Augenwinkel, aus halbem Ohrwinkel mithörte, wie unser Nachbar seiner Frau Gemahlin in lautstarker Vergnügtheit meine Heldentat schilderte. Das stellte sich als Fehler heraus! Die gute Frau Baier besaß nämlich nicht nur die Ausmaße einer mittleren Plakatwand, sondern auch deren Informationskapazität, und so wußte kurze Zeit später die gesamte Langenlebarner Au von Tulln bis Kritzendorf über meine Mini-Greenpeace-Aktion Bescheid, leider auch die Ex-Besitzer der Köderfische!

Die marschierten – wir waren gerade beim Einpacken zur Heimfahrt – in geschlossener Formation auf und taten fast so, als hätte ich ein Bassin voll Kois, diesen japanischen Luxuskarpfen, von denen es wertvolle Exemplare auf zehntausend Euro und weit darüber bringen konnten, geplündert!

Mein Vater wollte nicht streiten und zahlte den geprellten Sportfischern ihre überhöhten Forderungen, wohl wissend, daß er gerade über den Tisch gezogen wurde, während ich hilflos und zornbebend daneben stehen mußte. Insgeheim nahm ich mir vor, am kommenden Sonntag diesen unverschämten Kerlen auch die Aufbewahrungsboxen abzuschneiden und im Wasser davontreiben zu lassen!

Mein Vater schien jedoch meine finsteren Gedanken zu erraten und gab mir einen leichten Klaps auf den Hinterkopf. „Das nächste Mal fragst du mich gefälligst, bevor du Dummheiten anstellst!“ Dann sah er den abziehenden Herrschaften nach und grummelte: „Die brauchen heute gar nicht mehr zu angeln, mit dem Tagesverdienst können die sich das beste Fischrestaurant leisten!“

Unser Aufbruch wurde beendet, und als wir im Wagen an der Hütte von Herrn Baier vorbeifuhren, schrie dieser von der Terrasse herunter: „Wiederschau’n! Und denken S’ dran: der Bua hat ein Herz aus Gold!“

„Ja!“ rief mein Vater durch das offene Schiebedach zurück, „und genauso kostspielig!“

Aber es war deutlich herauszuhören, daß ein gewisser Stolz in seiner Stimme mitschwang!

Seither sind zwar etliche Jährchen ins Land gezogen, aber die Entschlossenheit, Tieren in Not zu Hilfe zu eilen, auch wenn das mit Nachteilen verbunden ist, habe ich beibehalten!

Auf dem Weg ins Bergdorf Eschenau hinauf bemerkte ich nur aufgrund seiner schnellen Bewegung ein kohlrabenschwarzes Fellchen, das verzweifelt am linken Straßenrand hin- und herflitzte! Ein Maulwurf, oder „Scher“, wie er in dieser Gegend genannt wurde, der Todfeind der Rasenfetischisten! Offenbar war er auf den Asphalt geraten, wo seine Bemühungen, wieder auf weiches Erdreich zu gelangen, durch die eineinhalb Meter hohe Stützmauer an der Böschung vereitelt wurden! Irgendwann würde ihn somit eine Katze erwischen oder ein Auto!

Trotz Zeitdrucks stehenzubleiben, aus dem Wagen zu springen und auf die gegenüberliegende Straßenseite zu laufen, war daher Pflicht.

Mit einem blitzschnellen Griff hatte ich ihn gepackt und mit einem ebenso blitzschnellen Biß ... er mich!

Bist du deppert! Für jemanden, der in sämtlichen Zoologiebüchern vorgab, sich hauptsächlich von weichen Regenwürmern zu ernähren, besaß der Bursche erstaunlich spitze Zähne und Kieferkraft!

Er schien auch nicht gewillt zu sein, in nächster Zeit lockerzulassen, aber was sollte ich tun? Ich kann doch keinen Halbblinden schlagen, der noch dazu kleiner ist!

Ich schwenkte ihn also mit Schwung über die Mauer, und richtig, sobald seine rosa Grabschaufeln natürlichen Boden verspürten, löste er sich von meinem malträtierten Daumen und verschwand unter hektischem Geraschel im dürren Laub.

Ich lutschte vorsichtig an dem blutigen Souvenir, das er mir hinterlassen hatte, und dachte zerknirscht: Karin hat wahrscheinlich recht! Eine Tetanusimpfung wäre in meinem Beruf wahrlich kein Luxus!

Freiheit für Waschbären!

Kanada! Dorthin war der Bruder meines Vaters, schon immer der Abenteuertyp in der Familie, 1958 ausgewandert und hatte unter anderem eine Farm erworben, die er bis zum Ruhestand bewirtschaftete. Seine Frau, Tante Martha, eine kleine, aber umso energischere Person, ebenfalls aus Österreich stammend, kümmerte sich akribisch und fachkundig um die Zucht von Charolaisrindern, jener beliebten Fleischrasse.

Die Händler kauften ihr das Vieh gerne ab, da die Qualität der Christ-Farm – kein Wunder, wenn man die Arbeitsweise der meisten kanadischen Landwirte zum Vergleich heranzog – weit und breit bekannt war! Darauf war sie selbstverständlich mit Recht stolz, und noch heute erzählt sie gern von ihren braven Lieblingskühen!

Onkel Kurt hingegen pflegt sie dann aufzuziehen, indem er behauptet, die Rinder hätten nur deshalb immer Spitzenpreise erzielt, weil sie neben der Tante noch um einiges größer und fetter ausgeschaut hätten, als sie es so schon waren!

Seit der Matura schon hätte ich meine Verwandtschaft besuchen sollen, aber da man nach Kanada nicht eben mal für ein verlängertes Wochenende fuhr, kam immer etwas dazwischen!

In dem besagten Sommer packte mich jedoch der sprichwörtliche Rappel, und ich beschloß, die Praxis ausnahmsweise drei Wochen lang am Stück zu schließen und den Hauptteil des Urlaubes in Ontario zu verbringen! Allerdings war da noch die winzige Hürde zu überwinden, die darin bestand, meiner lieben Karin, die an Flugangst leidet, schonend beizubringen, daß es bis Toronto sieben Stunden dauern würde!

Wie erwartet nahm sie die Reisepläne mit dem gleichen Entzücken auf wie ein Nichtschwimmer ein Erste-Klasse-Ticket für die Titanic, zeigte jedoch Verständnis und knüpfte lediglich eine Bedingung daran. „Also gut, aber wenn ich schon diese Tortur auf mich nehme, möchte ich mir auf dem Rückweg wenigstens New York ansehen!"

„Einverstanden!" nickte ich, „besuchen wir halt auch noch Jerry Cotton in seinem Wohnzimmer!"

Bei leichtem Nieselregen landeten wir in Toronto und wurden von Tante und Onkel mit einer Wärme empfangen, die im krassen Gegensatz zur herrschenden Außentemperatur stand!

„Ist es bei euch immer so kalt?“ Karin, optimistisch sommerlich gekleidet, bibberte auf dem Weg durch das zugige Parkdeck, wo der Chrysler stand!

„Aber keine Spur!“ grinste Onkel Kurt herzhaft, „im Winter ist es noch viel kälter!“

Nach ungefähr dreiviertelstündiger Fahrt erreichten wir die Farm. Das langgestreckte Haus im edwardianischen Stil mit roten Backsteinen und weißer Ornamentik zählte zu den ältesten Gebäuden im weiten Umkreis und besaß in der Mitte des großen Wohnraumes einen gewaltigen offenen Kamin aus Natursteinen, der zu Karins größtem Bedauern jedoch schon seit Jahren nicht mehr funktionstüchtig war, da Tantchen und Onkelchen die eisigen kanadischen Winter lieber in ihrem Zweithaus in Florida verbrachten.

Hinter dem Kamin führte eine ebenfalls steingemauerte Treppe in den Keller, wo verschiedene Biersorten und reichlich Canadian Whisky auf mich zu warten schienen. An der Treppenwand hing neben einigen alten Tonkrügen auch ein Kleinkalibergewehr!

„Für Racoons (Waschbären)!“ erklärte Onkel Kurt, „die Viecher sind die reinste Landplage! Sie räumen die Mülltonnen aus, das ginge ja zur Not noch, aber sie beschädigen auch das Haus! Klettern die Fassade hoch, verschieben Dachziegel, um auf den Dachboden zu gelangen, reißen das Isoliermaterial raus, bauen damit für ihre Jungen ein Nest, und der Gestank ihrer Haufen ist unerträglich!“

„Aber Waschbären sind doch nachtaktiv!“ wunderte ich mich. Daß mein Onkel in seinem Alter mit dem Gewehr ramboartig in der Dunkelheit herumschlich, um hausbesetzungswilligen Waschbären eins auf den Pelz zu brennen, konnte ich mir nur schwer vorstellen!

„Komm mit!“ sagte er, „ich zeig Dir, wie man das hierzulande macht!“ Er führte mich an die Hinterfront des Hauses und deutete auf einen stabilen Gitterkasten: „Eine Coon-Falle! Du legst einen Köder rein, reifes Obst zum Beispiel, um daran zu gelangen, muß der Waschbär auf diese Taste treten, und die Gittertür fällt zu! So einfach funktioniert das!“

„Ach so!“ erwiderte ich erleichtert, „und wenn du einen gefangen hast, transportierst du ihn weit weg, wo er kein Unheil mehr anrichten kann?“

Mein Onkel beäugte mich mit dem Ausdruck verzweifelter Belustigung: „Dann hol’ ich selbstverständlich das Gewehr und knall’ ihn ab!“ Den Zusatz „Du Trottel“ verkniff er sich wahrscheinlich aus reiner Gastfreundschaft!

„Du … du meinst im Ernst, du erschießt den Waschbären hier drin im Käfig?“ Abgesehen vom waidmännischen Aspekt verursachte mir der Gedanke, daß mein nächster Blutsverwandter ein wehrloses Tier in Gefangenschaft einfach umnietet, einige Kopfzerbrechen. Offenbar erwies sich die jahrhundertealte Trappermentalität nicht nur als noch höchst lebendig, sondern sogar ansteckend!

„Na was denn sonst? Soll ich mir das Haus vielleicht ruinieren lassen?“

Das war natürlich ein unwiderlegbares Argument, dennoch kam mir mein verstorbener Vater in den Sinn, der zwar immer den harten Mann gespielt, aber sein Lebtag nie die Geschäftstüchtigkeit und das dazu nötige Durchsetzungsvermögen seines jüngeren Bruders besessen hatte. Vermutlich hätte er in einem ähnlichen Fall eher ein neues Haus gebaut und ein weiteres für sämtliche Waschbären extra dazu!

Mit dem Gedanken, wie unterschiedlich doch Geschwister sein können, folgte ich meinem Onkel langsam zurück ins Wohnzimmer.

Wir absolvierten natürlich ein ausgiebiges Programm, besuchten die Niagarafälle, besichtigten eine originale Indianersiedlung (original nachgebaut), fuhren hinauf zum Huronsee, wo der Onkel früher eine Feriensiedlung besessen hatte, aßen die verschiedensten Gerichte mit Ahornsirup, erfuhren, daß man Spirituosen und Wein nicht einfach im Laden an der nächsten Ecke kaufen konnte, sondern dafür kilometerweite Wege in einen lizenzierten *liquor-shop* auf sich nehmen und die erworbenen Flaschen im Kofferraum transportieren mußte, damit man nicht auf den strafbaren Gedanken verfallen würde, bei jeder roten Ampel einen Schluck aus der Pulle vom Rücksitz zu nehmen, und lernten, daß man bei günstiger Windrichtung am Highway ein überfahrenes Stinktier oder *skunk* schon Hunderte Meter vorher roch, ehe man den Kadaver passierte. Wir wurden natürlich auch zu den diversen Freunden und Bekannten in der Nähe gekarrt, wobei die kanadische Nähe leicht ein paar hundert Kilometer betragen kann! Überall wurden wir freundlichst empfangen und bewirtet, als kämen wir soeben aus dem Europa von 1945!

Obwohl Karin und ich nach diesen Touren verständlicherweise abends stets hundemüde waren und sackähnlich bis zirka neun Uhr Morpheus’ gnädige Arme nicht zu verlassen pflegten, gab es am vierten Tag doch etwas, das mich aus dem Schlaf riß!

Ich fuhr hoch und lauschte ins dämmerige Zimmer hinein. Da war es wieder! Ein Fauchen, Quieken, Wimmern und Grunzen drang durch das offene Fenster herein! Wer um alles in der Welt veranstaltete um zehn vor fünf – ein Blick auf die Armbanduhr hatte mich über diese unerfreuliche Tatsache informiert – eine kanadische Folklore? Katzen waren es nicht, die hörten sich anders an!

Einigermaßen schlaftrunken wankte ich zum Fenster und blinzelte in den grauen Morgen hinaus! Zuerst konnte ich nur die Baumwipfel gegen den helleren Himmel erkennen, aber dann registrierte ich etwas Dunkles, das sich links unter mir auf dem Rasen bewegte und erneut dieses fauchende Grunzen von sich gab, worauf das Quieken ertönte.

Jetzt war ich aber hellwach! Die Waschbärenfalle! Na klar! Da hockten zwei, nein drei Jungtiere drinnen, und die Alte strich verzweifelt um den Käfig herum!

Damit war die Sache entschieden! Mochte mein lieber Onkel auch die restliche Zeit eine Abschußquote wie Buffalo Bill vorweisen, solange ich meinen Fuß im Commonwealth hatte, würde es auf dieser Farm keinem Waschbären an den Pelzkragen gehen! Zum Glück lag das Schlafzimmer von Tante und Onkel nach vorne hinaus.

Karin mit ihrem, zum Unterschied von mir, stets reinen Gewissen schlief sowieso wie ein Murmeltier, gewöhnlich bekam sie auch daheim nie mit, wenn ich in der Nacht zu einer Geburt ausrücken mußte.

Ich tapste also barfuß die Treppe hinunter, öffnete leise die hintere Verandatür und bewegte mich wie ein letzter Mohikaner vorsichtig über das taunasse Gras in Richtung Falle.

Trotzdem hatte die Waschbärenmutter meine Ankunft sofort gewittert und verschwand Richtung Wäldchen, wo sie in Deckung hocken blieb und mit beunruhigten Augen herüberfunkelte.

Jetzt ging das Gezeter im Käfig erst richtig los! Obwohl ich die Jungtiere nicht unnötig stressen wollte, eine Minute mußten sie mir schon schenken, denn wann hatte man schon Gelegenheit, lebende Waschbären aus unmittelbarer Nähe zu betrachten?

Das Trio drückte sich knurrend an die Rückwand der Falle und blinzelte unter der schwarzen, maskenähnlichen Fellzeichnung um die Augen hervor wie ertappte Nachwuchseinbrecher!

Ich öffnete jetzt die Gitterklappe und zog mich einige Meter zurück, um freie Bahn zu signalisieren. Zwei der Jungen ergriffen auch sofort die Gelegenheit zur Flucht und sausten zur Mutter am Waldrand hinüber.

Beim dritten jedoch schien es sich um einen jener Typen zu handeln, die jede PISA-Studie versauen, denn obwohl es ihm seine Brüder vorgezeigt hatten, blieb er weiter wie angenagelt an die Hinterwand der Falle gepreßt! Seine einzige Reaktion auf die neue Situation bestand darin, weil nun allein, noch lauter zu schreien.

Der Bursche brauchte anscheinend eine Extramotivation!

Da ich annahm, daß Waschbären noch um einiges kräftiger zubeißen können als österreichische Maulwürfe, brach ich von einem praktischerweise in der Nähe gepflanzten Zierstrauch – Tante Martha möge gütig verzeihen – einen Zweig ab und piekste dem vor Angst festgeklebten Schreihals damit kräftig in den fetten Steiß!

Erst jetzt dämmerte dem kleinen Kerl die traditionelle Erkenntnis der italienischen Armee, daß nämlich der Feind auch von hinten kommen kann, und analog zu selbiger setzte er sich in rasante Vorwärtsbewegung! Er spurtete über die Wiese und verschwand, mit dem Rest der Familie glücklich vereint, geräuschvoll im Dickicht und ließ mich im frühmorgendlichen Vogelgezwitscher mit der verlassenen Falle zurück!

Nach guter Krimimanier verwischte ich die Fingerabdrücke, streifte die Grashalme von den Fußsohlen, um keine verräterischen Spuren im Haus zu hinterlassen, und begab mich im guten Gefühl, den Tag produktiv begonnen zu haben, nochmals zu Bett.

Als ich etwas verspätet zum Frühstück hinunterkam, saß die Familie bereits zu Tisch und erörterte gerade ausführlich das Phänomen, daß der Onkel bei der morgendlichen Nachschau eine komplett leere Waschbärenfangvorrichtung inklusive fehlenden Köders – den hatten die Jungs natürlich zusammengefressen – vorgefunden hatte!

„Versteh' ich nicht!" brummte mein Oheim, „der Mechanismus funktioniert tadellos! Hab' ich mehrmals probiert! So was ist mir noch nie passiert!"

Um nicht aufzufallen, beteiligte ich mich kauend (ich weiß, mit vollem Mund spricht man nicht) an der Erörterung des rätselhaften Phänomens, aber um es kurz zu machen, wir kamen alle zu keinem Ergebnis. Die Sache blieb mysteriös! Also brachen wir die Diskussion ab und nach Toronto auf, um dem *CN-Tower*, mit 533 Metern das Wahrzeichen der Stadt und bis 2007 das höchste Gebäude der Welt, unsere Aufwartung zu machen.

Mit Genugtuung stellte ich fest, daß meine Flüchtlinge in der ortsansässigen Kolonie die Kunde von der fiesen Falle verbreitet haben mußten, denn im Verlauf unseres gesamten restlichen Aufenthalts verfing sich nicht einmal mehr ein einzelnes Waschbärenhaar in dem Drahtgestell!

Na, wenn damit die Unversehrtheit des Hauses ebenfalls gewährleistet war, konnten doch alle Beteiligten zufrieden sein, obwohl meinen Onkel das unerklärliche Versagen seiner Konstruktion nach wie vor wurmte, wie er mehrmals erklärte.

Deshalb verspürte ich eine gewisse Befangenheit, als ich – wir standen 14 Tage später bereits in der Abflughalle zur Weiterreise nach New York – endlich mit der Wahrheit herausrückte: „Du, Onkel Kurt, ich muß dir zum Abschied was gestehen …!"

„Was? Daß der Whisky ziemlich alle ist? Das hab' ich schon längst gemerkt!"

„Nein, schon, das auch, aber, na ja, es hat auch mit Leere zu tun … was soll's!" Ich schilderte in knappen Worten mein frühmorgendliches Kommandounternehmen.

Tante Martha sah mich mit großen Augen an und sagte: „Na, irgendetwas in der Art hab' ich mir ja immer gedacht!"

Und der Onkel? Er begann breit zu grinsen, lachte dann lautlos, daß es ihn nur so schüttelte, und zog mich unvermittelt an die oheimhafte Brust, was aufgrund seines hervorstehenden Bauches nur unvollständig gelang. „Verflixt noch mal, wenn mein Bruder noch leben tät, hätt' er wahrscheinlich genau dasselbe gemacht!"

So kam mein alter Herr, dank ein paar Waschbären, auf dem Flughafen von Toronto noch posthum zu einem tadellos bestandenen Vaterschaftstest!

Zu Besuch beim Dalai Lama

Bald würde auch dieser Almsommer zu Ende gehen! Untrügliche Zeichen kündigten es bereits an. Die Morgennebel brauchten schon länger, das breite Bergtal freizugeben, die Nächte wurden kühler, und der Lagerhausprospekt pries schon die neue Herbst/Winterkollektion samt Schneefräsen zum Sonderpreis an!

Oben, über der Nebelgrenze, war es jedoch noch herrlich! Die klare Luft bot freie Rundumsicht auf den Gamskarkogel, den höchsten Grasberg Europas, auf den Graukogel und die Schneefelder des Ankogel, und die Sonne schien noch einmal mit ganzer Kraft vom stahlblauen Himmel herab auf die leuchtenden Hänge und Matten der Gneisfelder Hochalmen.

Der Wasserstrahl im hölzernen Brunntrog glitzerte wie tausend Diamanten, und sein monotones Geplätscher vermischte sich mit dem Gebimmel der Kuhglocken.

Ich verharrte einen genußvollen Augenblick lang angesichts dieses grandiosen Panoramas.

Hätte mir der verspannte Rücken nicht so wehgetan, wäre der Genuß noch größer gewesen! Stöhnend rieb ich mir die Kreuzbeingegend.

Hinter mir trat der Schirnerbauer aus dem dunklen, niederen *Scherm* (treue Leser wissen, daß in unserer Gegend die einfachen Holzställe so heißen, in denen das Almvieh zweimal täglich gemolken wird), richtete sich den Hut und stellte sich neben mich: „Herrlich, nicht?"

Ich nickte stumm, weil ich den Zauber des Augenblicks noch kurz festhalten wollte.

Der Schirner jedoch gehörte nicht zu den zartbesaiteten Romantikern: „Und da woll'n Sie allen Ernstes in der Pension wieder in die Stadt zieh'n?"

Ich nickte erneut: „Ich will nicht, ich muß! Mein Stammheuriger hat schließlich auch Anspruch auf Lebensunterhalt!" Die breitgestreute Palette an anderen Vorzügen meiner geliebten Heimatstadt Wien zu schildern, wäre angesichts dieses erhabenen Anblicks unverfälschter Naturpracht wohl müßig gewesen!

Der Schirner zuckte die Schultern: „Na, ganz wie Sie meinen! Jedenfalls hab'n wir ja alle noch ein ordentliches Zeit'l bis dahin! Daher können wir uns jetzt in Ruhe ein Schnapserl vergönnen, weil, wie

Sie die aufg'rissenen Zitz'n von meiner guat'n, alt'n Mernhof wieder zusammeng'flickt haben, alle Achtung! Setz'n Sie sich derweilen zum Tisch, ich bring gleich den Obstler!"

Die knochige Kuh hatte tatsächlich einen scheußlich gezackten Stacheldrahtriß in die Vorderzitzen abbekommen, aber da glücklicherweise beide Strichkanäle unverletzt geblieben waren, bestand große Hoffnung, daß die Melkbarkeit erhalten bleiben und somit Mernhof auch den nächsten Almsommer erleben würde. Vorausgesetzt, sie würde es ab nun unterlassen, wie ein Turnierpferd über den Weidezaun zu springen!

Steif von der halbstündigen Arbeit in hockender Position stakste ich um die Hütte herum und gesellte mich zu den drei übrigen Bauern, die offenbar schon einige Zeit auf der verwitterten Biertischgarnitur auf der Steinterrasse zugebracht hatten. Ich ging jedenfalls davon aus, daß die Gesichtsfarbe des Trios nicht nur von der Sonne allein herrührte! Ich ließ mich auf die Bank fallen und drückte meine malträtierte Wirbelsäule ächzend durch.

„Ah, da Doktor! Aa amoi Zeit zum Niederhock'n?" begrüßte mich der Hörl lautstark und nahm einen ordentlichen Schluck aus der Bierflasche.

„Is' eh' recht! So a Schnapserl is' guat für die G'sundheit!" ließ sich der Weißbauer vernehmen, als mir der Schirner das Glas vorsetzte.

„Genau! Drum moant da Weiß, je mehr er sauft, umso g'sünder sind seine Viecher, und desto weniger braucht's den teuren Tierarzt!" schrie der Fürlinger fröhlich.

Der Weißbauer schielte den Fürlinger an: „Wer solche Freund' hat wia di', der muaß ja sauf'n!"

„Wiaso?" grölte der Fürlinger, „dann siachst mi ja jedes Mal sogar doppelt!"

„Prost!" sagte der Schirner zu mir, was im lauten Trubel der anderen fast unterging.

Plötzlich deutete der Hörl mit ausgestrecktem Arm an mir vorbei den Hang hinunter: „Da schaut's! Der Dalai Lama!"

Ich drehte mich reflexartig um und erntete damit das schallende Gelächter der Tischgesellschaft!

„Der Doktor glaubt wirklich, der Dalai Lama kommt da rauf gehatscht! Und das schon nach einem einzigen Schnaps!" wieherte der Hörl.

„Das hat gar nichts mit dem Schnaps zu tun!" erwiderte ich ärgerlich über meine dämliche Reaktion. „Schließlich war der Altbundeskanzler Kohl bekanntlich auch einige Male hier oben, wenn er seine obligatorische Kur im St.-Georg-Hotel absolvierte!"

„Schon!" prustete der Fürlinger, „aber der echte Dalai Lama tragt sicher keine kurze Lederhos'n wie der da!"

Ich drehte mich nochmals um und erkannte jetzt die untersetzte Gestalt des Rieplhofbauern, der unter fleißigem Einsatz des langen Bergstockes den Hügel heraufgestapft kam.

Jetzt kapierte ich auch endlich den Witz! Der Rieplhofer hatte vor drei Jahren mit der Lamahaltung begonnen. Zuerst waren es vier Tiere, mittlerweile besaß er schon eine Herde von 14 Alpacas, mit denen er Lamatrekkingtouren für Touristen veranstaltete. Da er selbst eine schöne Alm mit Bewirtschaftung besaß, war das Ziel vorgegeben, und er schaufelte sich sozusagen die Gäste ins eigene Haus!

„Servas Dalai!" schrie der Hörl wieder.

Der Riepl hatte die Frotzelei offenbar schon einige Male über sich ergehen lassen müssen, denn sein vor Anstrengung roter Kopf lief violett an: „Depp, depperter!" schnaufte er empört, als er zum Tisch trat. „Meine Lamas san weit g'scheiter wia Du!"

„Freilich!" wieherte der Hörl höhnisch, „und mehr Milch geb'n tuan s' aa als wia meine Küah!"

„Mehr wia deine verhungerten Hascherln auf jeden Fall!" entgegnete der Riepl kaltblütig und ließ sich mit dem breiten Gesäß ächzend neben mich auf die Bank sinken, daß die Bretter bedrohlich knarzten. Den Bergstock klemmte er dabei zwischen die Beine.

Der Fürlinger fühlte sich nun herausgefordert, die Ehre sämtlicher Rinderbauern zu verteidigen: „Jetzt hör' aber auf mit deinem Jägerlatein!"

„Lamalatein!" verbesserte ich und nahm einen vorsichtigen Schluck vom hervorragenden Enzian.

Der Riepl sah mich vorwurfsvoll an: „Halten S' ja net zu denen, Herr Doktor! I' brauch Sie nämlich noch in den nächsten Tag'!"

„Sie sind doch nicht extra deswegen da heraufgekommen, um mir das anzukündigen?"

„Naa, naa! Heut geh' i' nach meine Roß schau'n!" Der Riepl hielt sich zwei übergewichtige Haflingerstuten, die in den ersten Almwochen jedes Jahres beim Geländesteigen genauso schnauften wie ihr Besitzer. „Aber morgen oder übermorgen brauch ich Sie wieder amoi für die Lama!"

Ich bin mir nicht sicher, aber ich vermute, meine Miene nahm damals ähnliche Züge an wie bei jemandem, der an bohrenden Zahnschmerzen leidet! Bislang hatte ich noch die Meinung vertreten, daß Ziegen die am schwersten zu heilende Gattung unter den Nutztieren darstellen, aber seit die Lamas am Rieplhof fröhlichen Einzug gehalten hatten, gebührte diese Krone eindeutig ihnen!

Meine erste Begegnung mit einem erkrankten Lama war damals Rico, der Zuchthengst, gewesen. Abends von einer Trekkingtour mit seinen Stuten zurückgekehrt, hatte er plötzlich begonnen, jede Nahrungsaufnahme zu vermeiden und sich unter kolikartigen Schmerzen hinzuwerfen!

Der eiligst herbeigerufene bedauernswerte Tierarzt, in diesem Falle ich, stand vor einem völligen Rätsel, da die spärliche Literatur über Behandlung von Lamakoliken eigentlich nicht als häufiges Ereignis anführte, wie es etwa beim Pferd eintritt.

Ricos Körpertemperatur war meiner damaligen bescheidenen Kenntnis über Kamelphysiologie nach nur unbedeutend erniedrigt, der Kot erwies sich als durchaus bohnenartig, wie er sein sollte, eine Rektaluntersuchung kam infolge des geringen Afterdurchmessers nicht in Frage!

Die Nase des Hengstes fühlte sich zwar eiskalt an, allerdings hatte ich keine Ahnung, ob das ein ebenso signifikantes Zeichen darstellte wie beim Rind mit Bauchfellentzündung!

Wie gesagt, das verfügbare Know-how um Lamaleiden war zu jener Zeit außerhalb der südamerikanischen Anden äußerst begrenzt, vergleichbar höchstens mit unserem Wissensstand über den Tagesablauf im versunkenen Atlantis!

Ab da hatte ich auch begonnen, mir bei jedem neuen Fall akribische Aufzeichnungen zu machen, ich hatte mir extra dafür ein stabiles Notizbuch zugelegt, um meine Beobachtungen künftig zu sammeln und eventuell mit den Erfahrungen und Informationen anderer Tierärzte abzugleichen.

„Was haben S' denn da?" fragte der Riepl erstaunt, als ich beim nächsten Lamafall das Büchlein mit dem knallroten Plastikeinband hervorzog und Symptomatik samt Therapie festhielt.

Er hatte sich von meiner Erklärung ähnlich beeindruckt gezeigt wie von meiner Diagnose, es bestünde der dringende Verdacht auf Bauchfellentzündung. Nach einer ausgiebigen Infusion und mehreren Injektionen hatte ich Rico dennoch im unguten Gefühl verlassen, nicht viel ausgerichtet zu haben! Spät am Abend hatte ich noch ein ausführliches Gespräch mit einer Kollegin geführt, die eine führende Position im Lama-Verband Deutschlands bekleidete.

„Tja!“ war ihre Antwort gewesen, „soweit haben Sie ja alles in Ihrer Macht Stehende unternommen! Jetzt gilt es abzuwarten! Wissen Sie, Lamas haben die unerwünschte Eigenschaft, Krankheiten wahnsinnig lange zu überspielen, das stammt noch aus ihrem Urinstinkt, als geschwächtes Tier eine leichte Beute für den Jaguar darzustellen! Daher gilt die Devise: sich bloß nichts anmerken zu lassen! Wenn's dann nicht mehr geht, ist es meist für eine Behandlung zu spät!“

Mit dieser tröstlichen Versicherung hatte sie mich ins Bett entlassen.

Ihre Prognose erwies sich als äußerst zutreffend, denn am nächsten Morgen war Rico tot!

Die Sektion, welche ich natürlich vorgenommen hatte, lieferte einen unglaublichen Befund!

Der arme Rico litt an Blasensteinen und hatte offensichtlich schon seit Tagen keinen Harn mehr lassen können, was bei einem freilaufenden Tier natürlich keinem aufgefallen war.

Während der Trekkingtour war ihm dann, beim Rauf- oder Runtergehen, irgendwann die Blase zerrissen, was er sich nach erwähnter Lamagepflogenheit nicht hatte anmerken lassen! Erst zurück im heimatlichen Stall, sozusagen endlich geschützt vor Raubtieren, hatte er sich dem Unbehagen deutlich hingegeben!

Was hätte man machen können? Meine Diagnose hatte sich hinterher als richtig erwiesen, aber Ricos Genetik hatte ihm eben nicht mitgeteilt, daß Jaguare im schönen Salzburg nur höchst selten unterwegs waren, und wenn, dann mit 300 PS auf der Landstraße, und wer kann schon damit rechnen, einige Liter gut abgelagerten Kamelharns in der Bauchhöhle vorzufinden!

Seinem Nachfolger Paco war ein ähnlich mysteriöses Ende beschieden! Plötzlich hatte der junge Hengst Gleichgewichtsstörungen entwickelt und war mehrmals nach der Seite hin zusammengebrochen. Ich versorgte jedes Mal seine beträchtlichen Hautverletzungen und versuchte verzweifelt, die offenbar zerebral bedingten Beeinträchtigungen mittels wiederholter Vitamin-B-Injektion und homöopathischer Mittel zu lindern. Eine Zeitlang sah es auch ziemlich hoffnungsvoll aus, Pacos Anfälle wurden seltener und milder im Verlauf, aber nach einigen Wochen gestand mir der Rieplbauer, daß er den Junghengst wegen unvermittelter Verschlechterung erlösen hatte müssen! Die Ursache für Pacos Defekt blieb somit im dunkeln.

Dagegen ergab das eindeutige Obduktionsergebnis von Seina, einer fünfjährigen Stute, daß sie ihren Kopf durch den Gartenzaun des benachbarten Kräutergartens gesteckt und eine Menge an Schneckenkorn aufgenommen haben mußte, denn sie war zweifelsfrei an einer schweren, therapieresistenten Vergiftung verendet, während Madra, eine andere Stute, trotz intensiver Behandlung an unerklärlichem Leberversagen das Zeitliche gesegnet hatte!

Fabio, der letzte Fall, hatte aus unerfindlichen Gründen einen umfassenden Darmverschluß erlitten und mußte, trotz telefonischer Konsultation verschiedener Experten, eingeschläfert werden!

Auch diese entmutigende Serie wurde von mir mit sämtlichen Daten und Beobachtungen in das bewußte rote Büchlein eingetragen, welches mir allerdings mittlerweile eher vorkam wie das Sterberegister am hierortigen Meldeamt! Der Rieplbauer schien denselben Eindruck gewonnen zu haben, sagte aber nichts, da er das halbjährige Fohlen Ora, Ricos letzte Tochter, zuvor auf mein dringendes Anraten an die Veterinärmedizinische Universität transportiert hatte, wo man ihm 48 Stunden später den Tod des Lamas mitteilen mußte! Diagnose: blutige Darmentzündung, Erreger nicht nachweisbar! Kokkzidien konnten es jedenfalls nicht gewesen sein, denn gegen die hatte ich Ora bereits behandelt!

Man kann sich also vorstellen, welchen Freudenschub nun Riepls Ankündigung, mich wieder einmal „für seine Lamas" zu brauchen, in mir auslöste. Ich überlegte, ob ich mich nicht lieber gleich in den schwarzen Anzug werfen sollte!

„Was ist denn jetzt schon wieder los?" brummte ich ziemlich mißvergnügt und nahm einen weiteren Schluck Obstler, um mich gegen die zu erwartende Katastrophe innerlich zu wappnen!

„Nix B'sonderes!" beschwichtigte der Riepl, „nur die zwaa Junghengste wär'n zum Kastrieren!"

Man soll keinen Obstler trinken, wenn von Lamas die Rede ist, dann kann man sich am scharfen Schnaps auch nicht verschlucken!

„Höh, höh!" meinte der Fürlinger mitfühlend und klopfte mir mit seiner schwieligen Pratze auf den Rücken, weil ich hustend nach Luft rang. Wenn einem einer wie der Fürlinger gutmeinend den Rücken massierte, sollte man besser über Bandscheiben wie gußeiserne Kanaldeckel verfügen, die lassen sich nicht so leicht verschieben!

Aber die Bandscheiben waren für mich im Moment eher zweitrangig.

Wie in Dreiteufelsnamen narkotisiert man ein Lama?

Als Karin am sehr späten Mittag von der Schule heimkam, fand sie mich im Wohnzimmer, in eine undurchdringliche Pfeifenrauchwolke gehüllt, mit dem Telefonverzeichnis und einem Schreibblock bewaffnet, vor.

„Was qualmst du denn das ganze Zimmer voll?“ fragte sie und öffnete schleunigst die Terrassentür, „und wieso bist du um die Zeit noch zu Hause?“

„Weil ich Informationen brauche! Ich muß zwei Lamas zuerst zum Einschlafen und nachher wieder zum Aufwachen bringen, genau so, wie ihr Lehrer das mit euren Schülern praktiziert!“ knurrte ich aus meiner Wolke heraus.

„Sehr witzig!“ meinte Karin spitz und setzte sich mit einem Mokka auf die Terrasse.

Als erstes rief ich die deutsche Lamaexpertin an.

„Aber ja!“ tönte sie durchs Telefon. „Ich hab’ schon gut und gern 70 bis 80 Hengste kastriert! Man muß nur aufpassen, manchmal sinkt die Körpertemperatur beträchtlich ab!“ Sie diktierte mir die Narkosemittel und deren Dosierung.

Beflissen schrieb ich mit, erst als das Gespräch beendet war, begann ich mit der Realisation der angegebenen Zahlen: um Himmels willen, ich beabsichtigte doch keine Nilpferde in die ewigen Jagdgründe zu schicken!

Ich wählte erneut die Nummer und fragte vorsichtig, ob ich vielleicht etwas mißverstanden haben sollte oder ob das die korrekten Dosierungen für, ich betonte extra, LAMAS seien!

„Tja!“ war die Antwort, „das eine oder andere bleibt einem schon unter den Händen, damit muß man rechnen!“

Ich überlegte! „Das eine oder andere“ schien mir bei insgesamt zwei Tieren ein ziemlich ungünstiger Prozentsatz zu sein, daher rief ich als nächstes den Tiergarten Hellbrunn an!

Der Kollege war ziemlich liebenswürdig und versorgte mich mit einer Narkosevariante, die er allerdings, wie er zugab, spontan aus dem Kopf von den großen Dromedaren herabgerechnet hatte! Leider, schränkte er ein, verläuft die Wirkung von Narkotika nicht immer linear zum Körpergewicht!

Im Tierpark Schönbrunn belief sich die Auskunft auf ein Medikament, das ich weder vorrätig hielt noch je gehört hatte, und eine Dosierung, die schon gar nichts mit den beiden Vorgängern zu tun hatte!

Nächste Station Veterinärmedizinische Universität, Klinik für Gynäkologie und Andrologie!

Der Professor gestand mir, daß er sich noch nie in der Zwangslage gesehen hatte, einem Lama das Skrotum auszuräumen wie bei einer Entrümpelung, machte sich aber erbötig, mir sofort die benötigten Auskünfte aus der Fachliteratur herauszusuchen. Zehn Minuten später meldete er sich wieder und versorgte mich stolz mit einem völlig neuen, theoretisch sicher recht interessanten Dosierungsschema.

Wie es sich allerdings damit in der Praxis verhalte, ginge aus seinen Unterlagen bedauerlicherweise nicht hervor! Ich bedankte mich sehr artig und beschloß, meinen bekannten Pioniergeist in diesem Fall zu zügeln.

Scheinbar war meine Idee mit dem schwarzen Anzug doch kein so abwegiger Gedanke gewesen!

Als letzte Anlaufstelle fiel mir das Wildtierkundeinstitut am schönen Wilhelminenberg ein! Dort hatte ich seinerzeit das entsprechende Fach im Rahmen meines Doktoratsstudiums absolviert und festgestellt, daß man hier, im Gegensatz zu den meisten anderen Instituten und Kliniken, Wissenschaft und Studentenleben durchaus für vereinbar hielt!

Der damalige Institutsvorstand hatte sich einmal nach einer bereits feuchtfröhlichen Exkursion durch Weinviertler Niederwildreviere nach Rückkehr des Busses auf dem Unigelände geweigert, einfach nach Hause zu gehen, und so zogen er, seine beiden Assistentinnen, drei meiner Kollegen und ich durch sämtliche Lokale rund um unsere ehrwürdige Alma Mater und landeten zuletzt noch in einem obskuren Nachtcafé. Als man uns dort gegen halb fünf Uhr endgültig vor die Türe setzte, war es der Institutsvorstand, der am schwersten rauszukriegen war!

Und jemand, der zwanglos Tabak und Alkohol konsumiert, genießt bei mir seit jeher einen hohen Vertrauensvorschuß!

Die freundliche Assistentin lieferte mir eine fünfte Narkosevariante, so daß ich mich nunmehr im Besitz einer kaleidoskopartigen Sammlung von Möglichkeiten befand, zwei unschuldige Lamas sanft ins Jenseits zu befördern!

Ich hätte genausogut einen Würfel verwenden können, aber aus obgenannten Gründen beschloß ich, die Wildtierkundemethode anzuwenden!

Als ich daher am nächsten Vormittag gegen elf auf dem Rieplhof eintraf, tat ich dies mit dem gleich schlechten Gefühl wie einst, unvorbereitet zur Prüfung zu schreiten!

Der Riepl und seine attraktive Frau, die Rieplin, erwarteten mich schon ungeduldig, was man von den Lamas nicht behaupten konnte. Die zwei Hengste standen in ihrer Box und beäugten mich argwöhnisch, als ahnten sie, daß in meiner Brusttasche eine Liste mit völlig konträren Narkosevorschlägen knisterte!

Mit etwas zittrigen Fingern stellte ich den Operationskoffer auf den vorbereiteten Stuhl und zog die Mischspritze auf. Während ich den beiden die Nadel in den Oberarmmuskel stach und dabei den Tritten auswich, wurde mir klar, wie sich Cäsar gefühlt haben mußte, als er den Rubicon überschritten hatte. Es gab kein Zurück! Das ist der Nachteil der Injektionsnarkose im Vergleich zur steuerbaren Intubationstechnik! Was einmal drin ist, ist drin, wie die Münze im Kaugummiautomaten!

Aber der Wildtierkunde sei Dank! Wenige Minuten später legten sich die Lamas friedlich nieder wie damals mein Kollege Heinz auf die Sitzbank des Nachtcafés, und nachdem die Hinterbeine mit starken Stricken nach vorne ausgebunden worden waren, konnte ich die Operation ungestört durchführen.

Die Hengstzähne, spitze, hakenartige Hauer, mit denen Hengste in Rangkämpfen dem jeweiligen Rivalen fürchterliche Fleischwunden zufügen können, wurden hernach mit Hilfe einer drahtförmigen Säge dicht oberhalb des Zahnfleisches abgesetzt.

Eine ordentliche Portion Antibiotikum und genügend Tetanusserum beendeten die Aktion. Während ich zusammenpackte, schnarchten die beiden Ex-Hengste im Duett wie ein ganzes Matratzenlager erschöpfter Bergwanderer!

Ich beauftragte den Bauern noch, die Zeitspanne bis zum Aufwachen (toi, toi, toi) und sämtliche Reaktionen danach zu beobachten, und machte mich zum ersten Mal seit 24 Stunden hoffnungsvoll auf den Heimweg!

Tags darauf war einer meiner ersten Wege natürlich zum Rieplhof. Da mich keine gegenteiligen Nachrichten erreicht hatten, mußte ich davon ausgehen, daß es den beiden Burschen ganz gut gehen mußte, und es stellte schließlich ein Novum dar, Lamas, die zuvor meine Behandlung mitgemacht hatten, lebend wiederzusehen!

Der Riepl streckte, als er meinen Wagen hörte, den Kopf aus einer Heubodenluke. Strohhalme hingen ihm im wirren Haar. Ich hoffte inständig, daß er nicht gerade dabei war, sich wegen des weiteren Verlustes zweier Lamas auf der Tenne zu erhängen!

„Wie geht's den zweien?“ schrie ich hinauf.

„Guat!“ rief er zurück.

„Wann sind s' denn aufgewacht?“

„Ungefähr gleichzeitig nach einer Stund'! Der Enzo vielleicht zehn Minuten früher!“

„Und wie haben sie sich nachher verhalten?“ Dem Riepl mußte man wirklich die Würmer aus der Nase oder sonstwoher ziehen!

„Naja, a halbe Stund' lang haben s' no a bißl g'wack'lt, aber am Abend hab'n s' scho' ganz normal g'fress'n!"

„Prima!" Ich zückte das rote Büchlein und unterstrich die Wildtierkundemethodik dreimal!

Dann bog ich um den Stall, an dessen Hinterseite sich die Unterstände sämtlicher Lamas befanden.

Alle Tiere befanden sich auf der Weide bis auf die beiden frischgebackenen Eunuchen, die sichtlich indigniert in ihren Boxen herumstanden.

„Na, wie ist das werte Befinden?" begann ich leutselig zu plaudern, da man Tiere zwecks Kontaktaufnahme immer in gemessener Lautstärke und beruhigendem Tonfall ansprechen soll, und beugte mich über die Boxenwand, um vielleicht einen Blick auf die Operationswunde zu erhaschen.

FLATSCH! Die Umgebung verschwand augenblicklich hinter einem grünen Vorhang, durch den ich lediglich schemenhaft Bewegungen wahrnehmen konnte! Es war, als würde ich die Welt durch ein stinkendes, algenübersätes Aquarium hindurch betrachten!

Enzo (bzw. der andere) hatte mir das berühmte „Spucken" der Lamas eindrucksvoll demonstriert, indem er mir als Ausdruck seiner Mißbilligung über meine erneute Anwesenheit ein ordentliches Quantum seines Mageninhalts ins Gesicht geschleudert hatte!

Sollten Teile der geneigten Leserschaft das Verlangen verspüren, dieses Erlebnis authentisch nachfühlen zu wollen, braucht man nicht

extra ein Lama zu leasen, es genügt, den Kopf vollständig in einen Teller lauwarmen Spinats und anschließend kurz in die Biotonne mit bereits leicht angefaultem Inhalt zu stecken! Ich garantiere, jeder erfahrene Lamaexperte wird Sie für seinesgleichen halten!

Wo sich ein Wasserhahn befand, konnte ich nicht sehen, und die Brille einfach mit der Hand abzuwischen hieß nur, den dicken Pansensaft weiter zu verschmieren. Da ich jetzt jedoch in meiner unmittelbaren Nähe trotz weitgehend verstopfter Gehörgänge ein herzhaftes Gelächter vernahm, nahm ich die Gläser ab, um einen wenigstens unscharfen Blick auf den frohgemuten Gesellen vor mir werfen zu können!

Undeutlich erkannte ich das feixende Gesicht des Riepl, der offenbar vom Heuschober heruntergekraxelt war und sich jetzt in prustender Heiterkeit den ansehnlichen Bauch hielt:

„Da hab'n S' ja wieder was Neuch's zum Einischreib'n in Ihna rot's Büachl, Herr Doktor! Nämlich: *a guat's Gedächtnis!*"

Der Herr der Steine

Der Froydl, wie er überall genannt wurde, hieß mit wirklichem Namen Franz Froyhofer, aber er selbst wäre wahrscheinlich am erstauntesten gewesen, hätte er diesen Namen im Zusammenhang mit seiner Person gehört!

Er zählte zu den Menschen, die einen kompromißlosen Individualismus pflegen, um sich einer durch Zeitgeist, Modetrends und wirtschaftliche Zwänge ziemlich uniform gewordenen Gesellschaft zu entziehen. Mit seiner gewaltigen grauen Bartmatratze, die lediglich den oberen Teil des sonnengebräunten Gesichts freiließ und ihm, obwohl erst gute Sechzig, das flechtenhafte Aussehen einer knorrigen Bergkiefer gab, verlieh er dieser Haltung auch optischen Ausdruck.

Manche behaupteten, dabei handle es sich schon um keinen Individualismus mehr, sondern bereits um ausgewachsene Exzentrik, die Mehrheit jedoch vertrat schlicht die Meinung: der Froydl habe einen Hieb!

Er bewohnte das alte Jägerhaus, drei Kilometer außerhalb des Marktes, war strikter Veganer und verdiente seinen Lebensunterhalt mit dem Sammeln von Heilkräutern und vor allem von Mineralien. In früheren Jahren war er dafür durch halb Europa gezogen, heute beschränkte er sich eher auf heimische Bergwelten.

Wer zeitig aufstand und in die Berge stieg, konnte leicht dem Froydl auf Schatzsuche begegnen und, wie gewohnt stets drei Schritte hinter ihm, seiner treuen Isa, eigentlich Isabella.

Dabei handelte es sich keineswegs etwa um Frau Froyhofer – auch in dieser Beziehung lebte er eher fleischlos –, sondern um eine gutmütige Eselstute aus dem spanischen Galicien!

Vor einigen Jahren nämlich hatte der Froydl den gesamten Jakobsweg beschritten, wobei er an die übrigen Pilger selbstgefertigte Holz- und Steindevotionalien verschacherte, und, nachdem in der Kathedrale Santiago de Compostela seinem Seelenheil Genüge getan worden war, die Gelegenheit benutzt, ausgiebig nach Mineralien der Region zu buddeln.

Die Ausbeute war so reichlich ausgefallen, daß der Froydl vor dem Problem gestanden war, wie er seine Schätze die gut 3000 Kilometer nach Hause transportieren sollte!

Nach einigen Tagen furchtbarer Schlepperei war er bereits wild entschlossen gewesen, einen Teil der Sammlung zu deponieren und diesen in einem späteren Anlauf nachzuholen, als er im Hinterhof einer kleinen Bodega eine junge Eselstute entdeckte, die ziemlich vernachlässigt schien. Zu beider Glück hatte sich die Stute als verkäuflich erwiesen, und seither bildeten die zwei ein unzertrennliches Gespann!

Ich war dem Froydl noch nie persönlich begegnet, nach den zahlreichen Geschichten, die über ihn kursierten, besaß er jedoch in meiner Vorstellung frappante Ähnlichkeit mit der Figur aus dem Kinderbuch, dem grantigen Rübezahl.

Und über die kranke Isa sollte ich nun endlich in den Genuß der Bekanntschaft mit dem menschlichen Berggeist kommen!

Karin staunte nicht schlecht, als ich völlig außerplanmäßig am Vormittag daheim auftauchte.

Eine Kuh vom Sattlerbauer hatte ihrem Drang zu husten gerade in dem Moment nachgegeben, als ich hinter ihr vorbeiging, und mir, da die junge Weide bei den Tieren allgemein einen ziemlich schlanken Stuhl verursachte, eine Ganzkörpertarnung verpaßt, wie sie selbst beim Jagdkommando ihresgleichen suchte!

So konnte ich unmöglich die Visitentour fortsetzen, das fand auch der Sattler! Nach provisorischer Reinigung der wichtigsten Körperpartien hüllte ich mich in meinen bewährten, weil wasserdichten Geburtsmantel, damit ich den Dreck nicht noch auf dem Autositz hatte, und raste nach Hause.

Karin, die eben dabei war, die Pflanzen neben der Ordinationstür zu gießen, sah mich zuerst entgeistert an, dann begann sie, unpassend, wie ich fand, zu kichern: „Wie schaust denn du aus? Hast du beim Düngen mitgeholfen?“

„Dem Bauern ist leider nicht mehr viel geblieben, womit er noch düngen kann!“ versetzte ich trocken und schaute an mir herunter. „Ich brauch’ ein neues Gewand!“

„Und vorher eine Dusche! Übrigens, vorhin war einer da, der gesagt hat, du sollst zu seinem Esel schauen! Ein ziemlich bodenständiger Typ! Paßt im Moment hervorragend zu dir!“ Sie kicherte wieder.

„Kann der nicht anrufen?“ raunzte ich, „wer war das überhaupt?“

„Er heißt so ähnlich wie Friedl! Wohnt im alten Jägerhaus, hat er gesagt! Er hat gemeint, du weißt dann schon Bescheid! Außerdem sei es ziemlich dringend!“

„Froydl?“ rief ich ahnungsvoll. Auch wenn ich mit ihm noch nichts zu tun gehabt hatte, wer im ehemaligen Jägerhaus sein abgeschiedenes Sonderdasein führte, war allgemein bekannt!

„Genau!“ bestätigte Karin. „Froydl, so heißt er!“

„Himmelarschundzwirn! Ich bin sowieso schon gewaltig im Zeitdruck, und jetzt soll ich noch schnell zum ‚Jägerhäusl‘ fahren!“

„Es ist ja nicht weit, hat er gesagt!“ meinte Karin, die gelernt hatte, meine gelegentlichen cholerischen Anfälle in Streßphasen zu ignorieren.

„Weit nicht, aber ein ausgesprochener Sauweg!“ murmelte ich verbittert.

Kurz darauf quälte ich mich samt Wagen im Dämmerlicht des Waldes die ansteigende Zufahrt über bemooste Steine und Baumwurzeln hinauf. Es war, als würde man einen ausgetrockneten Wasserfall hinaufpoltern! Trotz äußerst langsamer Fahrweise schwankte das Auto ächzend von einem Schlagloch zum anderen, wurden meine Bandscheiben ebenso durchgerüttelt wie die Radlager. Kein Wunder! Seit Jahren war auf diesem Sträßchen niemand mehr gefahren, der Froydl besaß zur Fortbewegung lediglich sechs Beine: die eigenen und vier Eselshufe!

Endlich weitete sich der dichte Wald zu einer ausgedehnten Lichtung, an deren hinterem Rand das Jägerhäusl lag. Hätte es aus Lebkuchen bestanden, es hätte nicht hexenhafter wirken können!

Zur linken Hand befand sich ein Bretterschuppen, der weit offenstand und dadurch erkennen ließ, daß er erstens als Stall diente, und zweitens, daß er zur Zeit leer war! Ein großer, von einem Flechtzaun umschlossener Kräutergarten und ein kleiner Misthaufen, auf dem sich eine Schar bunter Hühner tummelte, vervollständigten die Idylle.

Ich stieg aus und ging durch das hohe Gras zur Haustür. Da weder Klingel noch Klopfer vorhanden war, pumperte ich mit der Faust gegen das dicke Holz. Nichts rührte sich, und die Pforte zeigte sich fest verschlossen! Durch das Fenster konnte ich lediglich einen gemauerten Ofen, einen großen runden Tisch und darüber ein Wandbord mit einem ausgestopften Dachs erkennen, der auf mein Hallo-Rufen begreiflicherweise nicht reagierte!

Verdrossen marschierte ich zum Wagen zurück und malträtierte den Hupknopf in langen, unrhytmischen Intervallen. Ich morste sozusagen meinen Ärger in die Welt hinaus! Der einzige Effekt, den ich damit erzielte, war allerdings, daß sich ein paar Hühner auf dem Misthaufen nach mir umdrehten!

Mißmutig verfaßte ich eine Nachricht und war eben im Begriff, sie in einem Rektalhandschuh zu verstauen und das Ganze an die Haustür zu binden, als ich eine schnaufende Stimme hinter mir vernahm: „Wer macht denn da so einen gräuslichen Wirbel?“

Ich drehte mich um. Also wenn es nicht Rübezahl persönlich war, konnte es sich der Beschreibung nach nur um Herrn Froyhofer handeln!

„Ihr Tierarzt, mit Verlaub! Der, den Sie so dringend urgiert haben! Und der Sie mittlerweile seit einer Viertelstunde sucht!“ knurrte ich.

Der Froydl kratzte sich unbeeindruckt die Bartmatratze: „Na, z'Fuaß bin i' halt net schneller!“

„Wie wär's zur Feier des Tages mit einem Taxi gewesen, hm?“ Der Sarkasmus kam mir, wie ich fand, recht geläufig über die Lippen.

Mein Gegenüber machte eine geringschätzige Handbewegung: „Des kann i' mir net leist'n! Außerdem, welcher Taxler is' schon so blöd und ruiniert sein Auto da herauf zu mir ...!“ Er brach unvermittelt ab, als sein Blick von meinem Gesicht zu meinem Wagen und wieder zurück wanderte!

„Lassen wir das, ich hab's unheimlich eilig!“ schnappte ich. „Was ist mit dem Esel los?“

„Woaß net! Ich hab' die Isa ja schon selbst behandelt, aber es hat nix g'holf'n! Sie muaß es mit der Verdauung hab'n!“

„Womit haben Sie sie denn behandelt?“ Es war immer gut zu wissen, welche Palette an Sympathiemitteln (eine alte Bezeichnung für Hausmittel) bereits verabreicht worden war, da diese den klinischen Befund beeinträchtigen können, z. B. die Farbe des Kotes. Ich schimpfe daher auch nie über solche eigenmächtigen Vorbehandlungen, wie es viele Tierärzte zu tun pflegen, mit dem Erfolg, daß ihnen die Tierbesitzer nichts mehr sagen und sie dadurch oft verfälschten Befunden aufsitzen!

In diesem Fall jedoch brauchte ich keine derartige Auswirkung befürchten.

„Mit Heilsteinen!“ erklärte der Froydl fest. „Is' aber schlechter 'wordn!“

„Vielleicht hat die Isa so einen Stein verschluckt?“ hakte ich boshaft nach. Der Sager von dem Blödmann und seinem Auto verdiente Strafe!

Dem Froydl sträubte sich der Bart: „Hören Sie, machen S' koane Witze über uraltes Wiss'n, ja! Normalerweis' mag i' koane Ärzte und Tierärzte, weil die bloß mit dem ganzen chemischen Zeug behandeln, des was lauter schädliche Nebenwirkungen hat! Bei Ihnen mach i' ausnahmsweis a Ausnahm', weil i' erfahr'n hab', daß Sie aa andere Sach'n gelt'n lassen wia Homöopathie oder Kräut'ln! Die Heilstoana san unhoamlich g'sund!“

Ja, wenn man drauf nicht ausrutscht, dachte ich insgeheim! „So, wo ist jetzt die Isa? Ich hab's nämlich zufälligerweise wirklich ziemlich eilig!"

Der Froydl nickte: „Ja, das hab'n Sie schon g'sagt! Immer diese Hektik! Der Streß wird Sie no amoi umbringen! Lass'n S' Ihnen doch einfach Zeit!"

„Brillanter Vorschlag! Vielleicht können Sie gütigerweise davon auch meine Bauern überzeugen, die jetzt schon ungeduldig auf mich warten, weil sie ins Holz müssen oder auf die Bezirksbauernkammer oder sonstwohin ...!"

„s' dauert noch a poar Minut'n!" grunzte der Froydl. „Die Isa is' no' im Wald!"

„Geh bitte!" Ich war krampfhaft bemüht, vor Ärger nicht zu wimmern.

„Ja, da is' sie gern, weil da is' es schön kühl!" Der Froydl stapfte durch das hohe Farnkraut in das dunkle Dickicht der Bäume hinein und ließ mich mit den gackernden Misthaufenhühnern allein zurück.

Ich war mir sicher, der ausgestopfte Dachs beobachtete die Szene amüsiert durch seine Glasaugen!

Jetzt reichte es! Gerade war ich im Begriff, den Froydl auf seinen Heilsteinen sitzen zu lassen und mich ins Auto zu schwingen, um die unterbrochene Visitentour endlich fortzusetzen, als ich knackende Geräusche aus dem Unterholz vernahm. Gleich darauf kam der Froydl zum Vorschein, und hinter ihm trottete, ohne geführt zu werden, ein magerer Esel auf die Lichtung.

Ich eilte den beiden mit Stethoskop, Fieberthermometer und Rektalhandschuh bewaffnet entgegen. „Können Sie ihr bitte rasch einen Halfter anlegen?"

„A was! Die Isa bleibt so aa steh'n!"

Er hatte recht. Ein braverer Esel war mir noch nie untergekommen! Oder es ging ihr nicht gut! Während der Untersuchung klaubte ich ihr nebenbei eine Handvoll Zecken aus dem struppigen Fell. Sie hatte kein Fieber, aber in den Gedärmen gluckste es gewaltig, und der Kot war überhaupt nicht geformt, ja sogar ein wenig flüssig! Außerdem erwies sich der Kreislauf als vergleichsweise schlecht!

„Das mit der Verdauung stimmt! Allerdings scheint es mir ein Parasitenproblem zu sein! Die Isa gehört meiner Meinung nach dringend entwurmt!"

„Hab ich auch schon vor zwei Wochen gemacht!" Der Froydl war nicht so einfach zu beeindrucken.

„Womit denn? Mit Steinen?"

„Mit oan Trank'l aus Knofl, Kümm'l, Sauerkrautsaft, Zwief'l und Kürbiskern'!“ wurde ich belehrt.

„Na, da nehmen wir doch jetzt lieber etwas Handfesteres!“ entgegnete ich mit einer sanften, jeden Widerspruch im Keim erstickenden Entschlossenheit und drückte dem Froydl eine Tube Pferdepaste in die Hand.

Dann gab ich Isa rasch noch zwei Spritzen und rumpelte gleich darauf in einem aussichtslosen Kompromiß zwischen Tempo und Vorsicht den Waldweg zur Bundesstraße hinunter.

Ungefähr zehn Tage später in der Früh fand ich an der Ordinationstüre eine auf einen zerknitterten Zettel mit Bleistift gekritzelte Nachricht: „Nix besser, Froydl“!

Der Mensch machte mich wahnsinnig! Außerdem störte mich die Tatsache, daß die Wurmkur bei Isa nicht angeschlagen hatte, erheblich. Ich wäre bereit gewesen, mein linkes Bein zu verwetten, obwohl ich kein Automatikgetriebe besaß, daß sich im Darm der Eselstute mehr tummelte, als von Rechts wegen dort hingehörte!

Da nicht zu erkennen war, seit wann die Botschaft im Türspalt steckte, gestand ich dem Froydl eine gute Stunde Vorsprung zu und holperte dann zum Jägerhaus hinauf.

Es hatte zu regnen begonnen, deshalb waren die Hühner vom Misthaufen verschwunden, ansonsten bot sich mir das gleiche Bild wie bei meinem ersten Besuch: keine Menschenseele, der Stall leer und die Haustür verschlossen! Durch die Regentropfen, die an der Fensterscheibe herabrannen, konnte ich einen verschwommenen Blick auf den ausgestopften Dachs erhaschen.

Auch meine Huporgie blieb diesmal ergebnislos. Wahrscheinlich war der Froydl vom Guß überrascht worden und hatte sich unterwegs auf ein geschütztes Plätzchen verzogen!

Vielleicht konnte ich mir wenigstens die Stute anschauen, wenn ich mich schon da raufgequält hatte! Ich stiefelte, obwohl es mittlerweile heftig schüttete, ein kurzes Stück in den triefenden Wald hinein und schrie nach Leibeskräften: „Isaaa!“ Bis auf den Regen, der im Blätterdach rauschte, blieb es still.

Aus lauter Galgenhumor versuchte ich es mit einem Trick und rief den einzigen Satz, den ich auf Spanisch konnte: *„Yo hablo español!“* Das heißt: Ich spreche Spanisch! (Glaube ich zumindest!) Isa dürfte jedoch die Lüge durchschaut haben, denn sie blieb unsichtbar.

Um es mit allen Registern wenigstens versucht zu haben, brüllte ich noch eine laute und, wie mir schien, täuschend gelungene Imitation eines Eselsrufes durch den Forst, aber auch darauf reagierte Isa nicht, was ich als höchst ungefällig empfand, weil I-Ah meines Wissens nach unter sämtlichen Eseln dieser Welt eine Art Esperanto darstellt!

Aber vielleicht hielt sie mich auch nicht für einen veritablen Esel, und der Gedanke hatte schließlich auch etwas Tröstliches an sich und war fast schon eine Komplettbefeuchtung mit anschließendem Schnupfen wert!

Diesmal hängte ich eine erboste Nachricht, vor Nässe geschützt im orangenen Rektalhandschuh, an die Tür und setzte die Visitenrunde fort.

Als ich so gegen eins mit dem sprichwörtlichen Wolfshunger aus Rotkäppchen heimkam und das Garagentor öffnen wollte, entdeckte ich erneut einen Zettel, diesmal in den Briefkasten geklemmt: „Bin ab jetzt da“!

Der Bursche mußte untertags eine regelmäßige Zirkulation durch die Gegend vollführen wie ein rotes Blutkörperchen!

Weil leider nicht anzunehmen war, daß der Froydl mit „da“ den Postkasten meinte, schloß ich, daß er nunmehr im Jägerhäusl auf mich zu warten bereit schien. Und nachdem Karin bereits zum Nachmittagsunterricht in die Schule abgefahren war, würde es sicher kein Problem darstellen, das liebevoll bereitete Mittagessen protestfrei eine Stunde später kalt einzunehmen.

Ich marterte also das ansonsten nicht wehleidige Fahrwerk des Nissan wieder einmal zum Jägerhäusl hinauf. Zu meiner allergrößten Freude kam der Froydl bereits nach nur zwei Minuten intensiven Hupens ums Hauseck gelatscht, mit einer feinen Puderschicht bedeckt wie ein schusseliger Bäckerlehrling.

„Bin grad’ beim Stoanschleif’n!“ erklärte er in einem Ton, der signalisierte, daß der Moment meines Auftauchens nicht ungünstiger hätte ausfallen können.

„Und ich wäre grad’ beim Mittagessen!“ schnaubte ich. „Sie haben nicht zufällig ein Telefon? Wissen Sie, dieses ‚Stille-Post-Spiel‘ geht mir langsam auf die Nerven!“

Zu meiner Überraschung klopfte der Froydl seine verstaubte Bartmatratze aus, so daß er für einige Sekunden direkt unsichtbar wurde, hustete und nickte anschließend: „Natürlich hab’ ich ein Telefon!“

Er zog einen Bartschlüssel, der für ein mittleres Kirchenportal gereicht hätte, aus dem Hosensack und schloß die Haustür mit knackendem Geräusch auf.

Als er hineinging, folgte ich ihm neugierig, begrüßte meinen alten Freund, den Dachs, und sah mich um. Der Raum, eine Art Wohnküche mit gemauertem Herd, präsentierte sich schlicht, altmodisch, aber sehr gemütlich eingerichtet. Die Hinterwand jedoch sah aus, als wäre man mitten in einer Juwelenhöhle aus 1001 Nacht gelandet! Sie war vom Boden bis zur Decke mit Regalen bedeckt, deren dicke Bretter sich unter dem Gewicht Hunderter und Aberhunderter Rohsteine, Mineralien und Kristalle bogen. Sie funkelten sogar, obwohl der Teil des Raumes eher im Dunkeln lag!

„Wahnsinn! Die haben Sie alle selbst gefunden?“ brach es aus mir heraus. Im selben Moment wurde mir die Blödheit der Frage bewußt. No na, ein Typ wie der Froydl würde eine eigene Minengesellschaft beschäftigen oder die Exponate gar im Geschäft kaufen!

Der Genannte schien ähnliche Gedanken zu hegen, denn er schaute mich bezeichnend an, räusperte sich dann und murmelte: „Ah, ja, das Telefon!“

Eigentlich hatte ich hier einen Wandapparat aus schwarzem Bakelit mit Kurbel erwartet, aber zu meinem grenzenlosen Erstaunen zog der Hausherr ein höchst modernes Mobiltelefon aus der Tischschublade und betrachtete es, als hätte er in etwas hineingegriffen, in das man gewöhnlich nicht gerne hineingreift! „Ich nehm’ es eigentlich nur auf meine Touren mit, um einen Notruf absetzen zu können“, erklärte er murmelnd, „sonst ist es ja nie eingeschaltet! Daher weiß ich auch keine Nummer!“

„Möglicherweise hätten Sie dann jetzt die Güte, es wenigstens so lange in Gebrauch zu nehmen, bis wir die Isa wieder hingekriegt haben!“ rief ich genervt über die Borniertheit, dauernd Zettel zu schreiben, anstatt einmal anzurufen.

Der Bart vom Froydl sträubte sich, als hätte ich seinem Träger zugemutet, sich einen Rasierapparat zu besorgen: „I’ mag dieses moderne Strahleng’lumpert nicht!“ erklärte er trotzig.

„Aber mir würde es das Leben kolossal erleichtern!“ rief ich, „ich kann doch nicht dauernd auf irgendwelche Nachrichten von Ihnen warten und dann auf gut Glück herfahren, um Sie vielleicht anzutreffen oder nicht! Noch dazu, wenn ich nicht weiß, wo mir vor lauter Arbeit der Kopf steht ...!“

„Na, ich hab’ Ihnen ja schon gesagt, Sie sollen sich nicht immer so hetzen! Zeit lassen, heißt das Geheimnis! Vom Streß ist noch nie was Guat’s gekommen!“ Der Froydl hätte glatt das Zeug zum Managertraining!

Bevor ich die Antwort geben konnte, die mir auf der Zunge lag, daß nämlich sein Gehirn offenbar ebenfalls einen bereits erhöhten

Versteinerungsgrad aufweisen und sich somit für die Schausammlung eignen dürfte, fiel mein Blick auf einen weiteren Gegenstand in der offenen Schublade: „He, Sie haben der Isa ja die Wurmpaste gar nicht gegeben!“

Der Froydl schielte mich verlegen an, als hätte ich ihn beim Juwelendiebstahl ertappt: „Na ja, Sie hab'n ihr ja das letzte Mal eh zwei Spritzen geben, und da hab' ich gedacht, soviel Chemie kann nicht g'sund sein ...!“

„Jetzt pass'n S' einmal auf!“ Vor Ärger verfiel ich in meinen schönsten Wiener Dialekt, während ich ihn anpfauchte, daß sogar der ausgestopfte Dachs erzitterte. „Entweder Sie tan des, was i' Ihnen sag, oder Sie suach'n sich an esoterisch'n Trott'l, den S' nach Herzenslust pflanz'n können! Hamma uns verstand'n?“

War es innere Einsicht oder der unwiderstehliche, an Klarheit sowie an Grobheit nicht zu überbietende Klang der Wiener Vorstadt (obwohl Döbling bekanntlich zu den Nobelbezirken zählt, das möchte ich hiermit festhalten), jedenfalls erlebte ich den Froydl zum ersten Mal seit Beginn unserer Bekanntschaft beeindruckt: „I', i' gib ihr glei' die Pasta!“ stotterte er.

„Nix da! Die gib i' ihr jetzt selbst!“ schnappte ich. „Hol 'n Sie mir die Isa her, aber dalli!“ rief ich dem davoneilenden Froydl nach.

Gleich darauf bog er mit der Eselstute aus dem Wald. Sie machte einen schlappen Eindruck. Ich hieß den Froydl, das Tier fest am Halfter zu halten, und drückte Isa eine reichlich bemessene Dosis des Wurmmittels ins Maul. Sie wehrte sich kaum. Ihr Puls war ziemlich schwach, und als ich das Augenlid herunterzog, stellte ich eine gelbliche Bindehautfarbe fest! Das mußte zwar nicht viel bedeuten, Pferde werden gern leicht ikterisch, wenn sie länger krank waren! Trotzdem entnahm ich vorsichtshalber noch eine Blutprobe aus der Halsvene und setzte eine Leberschutz-Infusion drauf. Zum Schluß holte ich noch eine ordentliche Portion Mist aus dem Rektum für eine Kotuntersuchung.

Der Froydl, der sein schlechtes Gewissen offenbar mittlerweile abgeschüttelt hatte, verfolgte meine Tätigkeiten mit zunehmendem Mißtrauen, bis er schließlich nicht mehr an sich halten konnte und herausplatzte: „Was mach'n S' denn da alles für Sachen?“

„Na Untersuchungsmaterial fürs Labor sammeln!“

Der Froydl schnaufte verächtlich: „Labor! Das kost' doch alles ein Geld! Soviel hab' i' net! Außerdem hab'n Sie die Isa bisher überhaupt nur chemisch behandelt! Dabei hab' i' 'glaubt, Sie san ein Naturheiler!“

„Naturheiler gibt's kaan!“ erwiderte ich in Anlehnung an die Kottan-Krimireihe kategorisch, „außerdem gehört zu jeder Art Medizin zuerst einmal eine seriöse Diagnose!“

„I' hab' g'moant, Sie hab'n g'sagt, es san Würmer?“ Wenn der Moser früher eine Reblaus gewesen war, konnte es sich beim Froydl nur um eine Filzlaus gehandelt haben!

„Richtig! Aber nachdem Sie der Isa das Mittel nicht eingeben wollten, sind wir jetzt so schlau wie am Anfang! Und nachdem ihr Zustand sich eher verschlechtert hat, kann ich jetzt nicht riskieren, noch mehr Zeit zu verlieren! Auf Wiederschau'n!“

Die Spanne, die der Froydl brauchte, diesen Vorwurf zu verdauen, nutzte ich zur Abfahrt.

Vier Tage später hielt ich die Laborergebnisse in der Hand. Daß die Leberwerte erhöht waren, haute mich vor Überraschung nicht vom Sessel, wohl aber der Kotbefund: hochgradiger Leberegelbefall!

Also das war mir in all den Praxisjahren noch nicht untergekommen! Leberegel beim Wiederkäuer, egal ob Rind, Schaf oder Ziege, ist in unseren Breiten nichts Neues, das Problem entwickelte sich in den letzten Jahren sogar noch gravierender. Bei Pferden war es mir bis dato noch nie, nicht einmal als Nebenbefund, untergekommen!

Wie vor den Kopf geschlagen, zog ich die entsprechende Fachliteratur zu Rate und entnahm dieser, daß zwar auf den Britischen Inseln bis zu 70 % der Pferde an Leberegeln leiden, in Mitteleuropa jedoch nicht einmal eines von einhundert! Offenbar verfügen unsere Rösser über eine angeborene Unempfindlichkeit gegen diese Schmarotzer, die vor allem in feuchten Weiden vorkommen.

Isa jedoch, den trockenen Landstrichen Spaniens entstammend, dürfte genetisch diese Immunität nicht besitzen und hatte der zerstörerischen Kraft der Parasiten nichts entgegenzusetzen!

Na jedenfalls wußte ich nun, was schleunigst zu tun war, ehe das Lebergewebe völlig zerstört wurde. Immerhin ist die Leber jenes Organ, welches die beste Regenerationsfähigkeit aller Körperzellen besitzt, sämtliche Alkoholiker zehren jahrelang von diesem Umstand!

Ich schlug das Buch zu und rief beim Froydl an. Die Nummer hatte ich von der Auskunft, bei Gelegenheit werde ich sie vielleicht dem Besitzer verraten!

Nach dem dreißigsten Tuten dachte ich, der Froydl habe das Handy wieder in die Schublade entsorgt, aber eine Sekunde, bevor ich auflegen wollte, meldete er sich mit Grabesstimme!

„Ja, hier ist der Tierarzt! Wie geht's der Isa?“

„Schlecht! Nach der Flasch'n war's für oan Tag besser, aber jetzt is' wie vorher!" brummte er griesgrämig.

„Ausgezeichnet!" trompetete ich, „sind Sie daheim? Dann schau' ich gleich vorbei! Und holen Sie mir derweilen die Stute aus dem Wald, ich hab' keine Zeit zum Warten!"

„Immer der damische Streß ...!" hörte ich den Froydl noch maulen, als ich das Gespräch beendete.

Diesmal ließ ich ihn selbst ein wenig dunsten, bevor ich mich vorm Jägerhäusl blicken ließ!

Ich erklärte dem Froydl kurz die Sachlage, während ich Isa langsam das zähmilchige Medikament gegen die Leberegel einflößte. Im Anschluß verabreichte ich ihr noch einmal die Leberschutzinfusion, die ihr so gutgetan hatte, und drückte dann dem Froydl ein braunes Fläschchen in die Hand: „So, damit Sie auch zufrieden sind, geben Sie ihr dreimal täglich zehn Tropfen von dem homöopathischen Lebermittel, damit es schneller geht! Am Montag rufen Sie mich an und berichten, wie der Stand der Dinge ist!"

Das war am Donnerstag gewesen. Am Samstag morgens, als ich gerade rückwärts aus der Garage fahren wollte, hätte ich dabei um ein Haar den Froydl überrollt, der sich im toten Winkel aufgebaut hatte! Er schien unter der Bartmatratze zu grinsen: „Das Telefon brauch' i' nimmer, Herr Dokta!" rief er fröhlich, „weil Sie hab'n g'sagt, nur solang', als bis mir die Isa in den Griff kriag'n! Na, und jetzt is' sie wieda ganz die Alte!" Seine Augen strahlten, aber ob aus Freude über die Heilung der Eselin oder weil er das lästige Handy losgeworden war, getraute ich mir nicht zu sagen! Ich schätzte 60:40!

„Und jetzt bin i' da, um zu zahl'n!" setzte er entschlossen hinzu. „I' hab' zwar noch nia viel Geld g'habt, aber Schuld'n, naa, die macht der Froydl net!"

Ich stellte nochmals den Motor ab und begann, obwohl der Hopfingbauer vorhin am Telefon äußerst dringlich wegen seines Schafes mit Gebärmuttervorfall geklungen hatte, zusammenzurechnen. Herrschaftszeiten! Wenn ich alles berücksichtigen wollte, wie zum Beispiel sämtliche Fahrten mit Sauwegs-Zuschlag, würde aus der Isa ein Goldesel! Da der Froydl jedoch nicht als übermäßig reich galt, schrieb ich nur die Spesen untereinander und setzte seufzend den dicken Schlußstrich. Gewonnen hatte ich bei der ganzen Sache nichts außer der Erkenntnis, daß eben auch für Pferde Leberegel ein lebensbedrohliches Problem darstellen können! Aber wie hatte unser ehemaliger Tierarzt in Wien, der den Spaniel meiner Eltern betreut hatte, oftmals betont? „An den Reichen verdiene ich mir das Geld und an den Armen das Himmelreich!“ Kunststück, er ordinierte an feinster Adresse in der Innenstadt und hatte das Wartezimmer mit Fotos samt Danksagung seiner prominenten Klienten tapeziert!

Der Froydl zeigte sich jedenfalls höchst zufrieden und wollte mir sogar ein paar Euro Trinkgeld geben.

„Kommt nicht in Frage!“ wehrte ich strikt ab. Ich nehme nie Trinkgeld, das ist bei mir ethisches Prinzip und sollte meiner Ansicht nach für alle Mediziner gelten! Allerdings, über eine Flasche Selbstgebrannten hie und da, ein Stück Speck oder Käse oder Eier von den fetten Bauernhennen kann ich mich schon als Zeichen der Anerkennung, wie sie auch gemeint sind, freuen!

„Also, dann machen wir es so: Sie kriag’n von mia oan wertvoll’n Stoan, an gaunz an b’sondern! Der Froydl laßt sich net lumpen!“

„Ah, was! Das ist doch wirklich nicht notwendig!“ widersetzte ich mich. „Hauptsach’, die Isa ist wieder g’sund!“

„Eben! Und deshalb besteh’ ich drauf! Ein gaunz ein wertvoller Stoan! Abg’macht!“

Bei der Weiterfahrt pfiff ich aufgeräumt ein Liedchen. Vielleicht verdiente ich doch noch was an dem Fall! Immerhin, wenn der Froydl mir freiwillig ein Edelsteinchen verehren wollte, das ihn selbst nichts gekostet hatte, war das doch halbwegs in Ordnung! Und angenommen, es handelte sich tatsächlich um ein hochwertiges Stück, würde ich es zum Goldschmied tragen und ein Schmuckstück für Karin daraus anfertigen lassen! Dann hätte ich ein originelles Präsent, denn welche Frau trägt schon Schmuck, der auf Leberegeln basiert?

Am Montag empfing mich die noch ahnungslos Glückliche zu Mittag mit der eher spröden Nachricht: „Dein Freund Froydl war wieder da und hat für dich was im Wartezimmer hinterlegt! Ich hoffe, es ist nicht was besonders Unappetitliches! Unsere Putzfrau ist nämlich krank!“

Ich blinzelte ihr verschwörerisch zu und eilte ins Wartezimmer, wo auf dem Zeitschriftentisch eine kleine, runde Spanschachtel stand, ähnlich der, in welcher meine Mutter in mütterlich-nostalgischer Manier eine Babyhaarlocke und Milchzähne von mir aufzubewahren pflegte!

Als ich die Schachtel aufhob, klapperte etwas darin! Sie war zwar verdammt leicht, aber was soll’s! Ein Brillant muß ja nicht schwer sein!

Aufgeregt, wie ich in jungen Jahren, als sich die Milchzähne noch im Mund befanden, Geburtstagsgeschenke aufriß, öffnete ich die

Schachtel … ein kleines, schwarzes, unscheinbares Bröcklein lag darin, das mich eher an eine ausgefallene, kariöse Plombe erinnerte!

Ehrlich gesagt, besonders wertvoll erschien mir das Stück nicht, von brillant ganz zu schweigen! Weiters war die Schachtel leer, bis auf einen Froydl'schen Notizzettel. Ich holte ihn raus, glättete ihn notdürftig und entzifferte in der ungelenken Handschrift folgenden nützlichen Hinweis:

Turmalin, schwarz, ser gut beim Schdress

Den Nagel auf den Kopf getroffen

Euterentzündung bzw. Mastitis gehört seit jeher zu den häufigsten Erkrankungen des Milchrindes.

Damit ist auch jedes Mal ein beträchtlicher wirtschaftlicher Schaden verbunden, denn abgesehen von den Behandlungskosten muß der Bauer auch tagelang die medikamentenbelastete Milch wegschütten, bis die entsprechende Wartefrist abgelaufen ist.

Außerdem handelt es sich bei dem Drüsengewebe um sehr empfindliche Strukturen, so daß ein Euterviertel, welches nicht durch wirksame Behandlung sofort zur Besserung gelangt, entweder völlig zerstört oder so schwer geschädigt wird, daß die Milch daraus für längere Zeit qualitativ unbrauchbar wird.

Angesichts der Bedeutung dieses Gebietes hatte ich mich seit Beginn der tierärztlichen Laufbahn mit einem Eifer, den mein Vater sich zur Schulzeit viel öfter an mir gewünscht hätte, in die Materie hineingekniet, unzählige Fortbildungsveranstaltungen besucht und durch eigenes Experimentieren und labordiagnostische Unterstützung die Kenntnis erworben, je nach dem unterschiedlichen klinischen Erscheinungsbild einer Mastitis auf den auslösenden Erreger zu schließen und diesen dann gezielt zu behandeln.

Sollte es hier also gleich zu stinken anfangen, ist es lediglich das Eigenlob, daß ich mittlerweile weit über meine Praxis hinaus als *der* Euterspezialist gelte, welcher selbst in hoffnungslosen Fällen noch etwas ausrichten oder Betriebe mit massiven Problemen seitens der Molkerei sanieren kann!

Bei mir sind daher auch nicht die handelsüblichen Euterinjektoren, sprich „Eutertuben“, in Verwendung, da diese sowieso massenhaft von der Kollegenschaft eingesetzt werden und dadurch teilweise schon erheblich an Wirksamkeit verloren haben.

Ich benutze vielmehr andere Antibiotika aus den Durchstichflaschen, die ich in der gewünschten Dosierung und Kombination zwecks synergistischer Wirkung variieren kann. Man muß dazu nur wissen, was der spezielle Fall erfordert und welche der Medikamente nicht nur euterverträglich sind, sondern auch eine ausreichende Verteilung im Gewebe erzielen!

Außerdem führe ich die Nachbehandlung 24 bis 48 Stunden später selbst durch, um den Fortschritt zu kontrollieren. Natürlich bewegen sich meine Honorare dadurch in höheren Bahnen, aber der Zulauf und der prompte Erfolg geben mir recht!

Letzterer allerdings selten so dramatisch wie beim lieben Holleregg-Bauern!

Zum Holleregg-Bauern, Schreibname Kurzthaler, muß man sagen, daß er als Bauer ein Spätberufener war. Mit sechzehn hatte er unter tragischen Umständen den Vater bei einem Holzunfall im Wald verloren, und seine Mutter, eine ruhige, intelligente, aber sehr bestimmte Frau, hatte den Hof so lange selbst weitergeführt, bis der Simon die Fünfzig weit überschritten hatte.

Es handelte sich um so ähnliche Verhältnisse wie die Thronfolge im britischen Königshaus, nur halt auf anderer Ebene. Außerdem besaß der Simon keine abstehenden Ohren!

Seit er Bauer geworden war, hat es ihm jedoch schon öfters an Glück und weisen Entscheidungen gemangelt, vor allem deshalb, weil er in seiner neuen Würde bestrebt war, fast alles umzukrempeln! Darüber hinaus hatten ihn die Jahre des Wartens zu einem mißtrauischen Menschen geformt, der allen anderen gegenüber argwöhnte, sie würden ihn als Hofherrn nicht für voll nehmen.

In seinem Wahn, soviel wie möglich zu ändern, brauchte er natürlich auch einen anderen Tierarzt als seine Mutter, und so wurden die Fälle, zu denen ich gerufen wurde, seit dem Kommmandowechsel deutlich weniger!

Ich war zwar auch davor nicht für alles auf dem Holleregg-Hof zuständig gewesen, dazu lag das Anwesen viel zu weit von meinem Stammpraxisgebiet entfernt, aber bei kniffeligen Aufgaben hatte Frau Kurzthaler stets unerschütterliches Vertrauen in meine Fähigkeiten gesetzt.

Man kann sich daher meine Überraschung vorstellen, als mich Karin eines schönen Vormittags unterwegs anrief und mir mitteilte, der Holleregg hätte dringlich wegen einer kranken Kuh nach mir verlangt!

„Na da schau her!“ knurrte ich nicht sehr begeistert, „eine Ewigkeit läßt der Bursche nichts von sich hören, und auf einmal ist es dringend! Warum holt er denn diesmal nicht seinen Hoftierarzt?“

„Weiß ich nicht! Und sei bitte nicht mit mir so grantig, ich kann nichts dafür!“

„’Tschuldigung!“ nuschelte ich, „es ist schon seit der Antike der Brauch, daß der Überbringer einer schlechten Nachricht geköpft wird!“

„Dann stell dir gefälligst Pallas Athene zum Telefondienst ein!“ Klick!

Klang ganz so, als gäbe es heute mittag nicht meine Lieblingsspeise!

Also wenn ich mich schon ärgerte und meine Frau vergrämt hatte, konnte ich auch hinfahren! Der Visitenplan erlaubte einen Abstecher.

Man merkte dem Hollereggbauern an der unsicheren Begrüßung an, daß er ein schlechtes Gewissen hatte. Aber beileibe nicht wegen mir, sondern wegen der Kuh!

Das Tier stand mit pumpenden Flanken ächzend und stöhnend im Stall, das Maul weit aufgerissen und die Zunge vorgestreckt! Aus beiden Nasenlöchern quoll ein gelber Strom heraus. Die Augen blickten ängstlich, das arme Vieh mußte Höllenqualen durchmachen! Alle Augenblicke mußte die Kuh krampfhaft husten, und dabei flogen große Flocken durch die Gegend!

„Um Himmels willen! Was ist denn mit der Kuh los?"

Der Holleregg wand sich wie ein Aal: „Sie hat a Mastitis!"

„Geh! Was erzähl'n Sie denn da? Woll'n Sie mich frotzeln?"

Jetzt mußte er mit der Wahrheit herausrücken! Die Hilde hatte tatsächlich vor zwei Tagen auf einem Hinterviertel eine Euterentzündung entwickelt, daraufhin fuhr der Holleregg zu seinem Tierarzt und ließ sich von diesem ein paar Eutertuben geben. Eine davon drückte er der Kuh in die Zitze. Blöderweise handelte es sich bei dem Präparat eher um ein Streptokokkenmittel, während die Hilde offenbar an Staphylokokken litt. Am nächsten Morgen war das Euter steinhart, heiß und schmerzhaft, aus der Milch ein wäßriges Rinnsal geworden, und die Kuh hatte über vierzig Grad Fieber und Schüttelfrost!

Der Bauer rief den Kollegen, der nun auf den Hof kam, um Hilde zu behandeln, was er meiner Meinung nach gleich hätte tun sollen, aber wie das bei verpfuschten Fällen häufig ist, weder das Fieber noch die Entzündung gingen zurück!

Bei mir getraute sich der Holleregg nicht anzurufen, weil allgemein bekannt war, daß ich bei vorbehandelten Fällen relativ stur sein konnte. Dann hieß es nämlich gleich: „Die hat der Christ behandelt, aber 'worden is' sie aa nix!" Daher lautete normalerweise mein Credo: Wer beginnt, beendet!

Also hatte der Bauer in seiner Verzweiflung zu Hausmitteln gegriffen, auf das heiße Viertel Schmierseife und Steinöl geschmiert und gegen das Fieber verdünnten Apfelessig eingegeben. Apfelessig war damals gerade wieder groß in Mode, und von Essigwickeln ist ja bekannt, daß sie die Temperatur senken!

Die Hilde hatte sich von der Methode jedoch nicht besonders beglückt gezeigt und sich dementsprechend gewehrt, so daß ein guter

Teil der scharfen Flüssigkeit statt den Schlund die Luftröhre hinuntergeronnen war! Ich darf versichern, Apfelessig in der Lunge, jedenfalls was die augenblickliche Wirkung betrifft, ist weitaus schädlicher als sechzig Zigaretten pro Tag!

Ich hörte den keuchenden Brustkorb kurz ab, was eher eine symbolische Geste darstellte, und schüttelte den Kopf: „Gangränöse Eingußpneumonie! Die Lunge löst sich in ihre Bestandteile auf, und was die Kuh aushustet, sind reine Fibrinfetzen!"

„Was mach'n wir denn da?" rief der Holleregg.

„So schnell wie möglich töten! Sie erstickt!"

„Kann ich sie net noch g'schwind notschlacht'n? Nur zum Eigengebrauch?" Der Holleregg rang die Hände.

Ich deutete auf die leere Eutertube, die er mir gezeigt hatte: „Mit dem da? Acht Tage Wartezeit auf das Fleisch! Hier steht's! Sie haben die Hilde erst vorgestern behandelt! Tut mir leid!"

Ich wartete die fünf Minuten ab, bis ein Nachbar, der als früherer Metzger noch einen Schlachtschußapparat besaß, die Hilde erlöst hatte, dann rüstete ich mich zum Aufbruch. Während der Holleregg mich bezahlte, konnte ich mir, vor allem angesichts der erbarmungswürdigen Kuh, die sich im Stall buchstäblich die Lunge aus dem Leib gekotzt hatte, daß man es bis nach draußen hörte, eine süffisante Anmerkung nicht verkneifen:

„Meine Güte, das war wirklich die teuerste Eutertube, die mir je begegnet ist!"

Umso erstaunlicher, daß ich nur wenige Wochen danach erneut auf den Holleregghof beordert wurde. Diesmal handelte es sich um Hildes Tochter, eine fünfjährige hochträchtige Fleckviehkuh, die plötzlich jedes Futter verweigerte!

„Wann ist es denn soweit?" fragte ich und zeigte auf den enormen Bauch. Gebe Gott, daß es Zwillinge sind und kein riesenhaftes Einzelkalb, flehte ich im stillen!

„Vierzehn Tag! Zumindest nach meiner Rechnung!" schränkte der Holleregg ein.

Nach einer kurzen Untersuchung war die Sache klar: „Fremdkörper! Ist nichts Ungewöhnliches im fortgeschrittenen Trächtigkeitsstadium!

Die Gebärmutter braucht Platz, drängt den Pansen nach vorn, und ein verschluckter Nagel oder Draht, der von mir aus schon jahrelang im Pansen herumgekugelt ist, verhakt sich plötzlich in der faltigen Magenschleimhaut und sticht durch!"

Unsere Bauern sagen zur Fremdkörpersymptomatik entweder: „Die Kuah läsert“ oder „Sie hat a Eis’n“, was darauf beruht, daß in alten Zeiten diese Fremdkörper in der Tat zum Großteil aus Eisen bestanden hatten – verlorene Hufnägel zum Beispiel. Man gab den Rindern dann entweder prophylaktisch oder aber zur Therapie einen sogenannten Käfigmagneten zum Schlucken, in der Hoffnung, daß dieser das gefährliche Altmetall im Pansen einsammeln oder herausziehen würde. Die Magnetanwendung ist nach wie vor Standard in der Fremdkörpertherapie.

Auch die berühmte Fremdkörperoperation, bei der man den Magen aufschnitt, war bis vor zwei Jahrzehnten noch recht gebräuchlich. (Heutzutage gilt sie als unwirtschaftlich, und tatsächlich ist sie in den überwiegenden Fällen auch nicht notwendig.) Ich habe von Tierärzten gehört, die zu einem derartigen Eingriff, bei dem man mit gestrecktem Arm in den Vormägen herumwühlt (ich hatte selbst zwei- oder dreimal das Vergnügen), einen eindrucksvollen Nagel mit hineingeschmuggelt hatten, da man nicht immer tatsächlich fündig wird. Um nicht als blamiert dazustehen, hatten sie dem beeindruckten Besitzer dann die „Trophäe“ präsentiert! In vielen Fällen hatten sie dennoch Erfolg zu verzeichnen gehabt, da die Operation durch die reflektorische Ruhigstellung der Verdauung und die damit verbundene Möglichkeit des Fremdkörpers zur Verkapselung an sich schon eine Therapie darstellt. Trotzdem neige ich der Ansicht zu, wenn kein Nagel da ist, dann ist keiner da! Soviel Vertrauensverhältnis zwischen Tierarzt und Tierbesitzer sollte vorhanden sein!

Heutzutage sind sowieso die meisten Fremdkörper nicht mehr magnetisch. Die Pferde verlieren eher ihre Reiter als ihre Hufnägel, und die meisten Metalle bestehen mittlerweile aus Legierungen. Nicht einmal ausgestreute Nähnadeln kann man noch mit der Methode einsammeln!

Ich gab Heidi eine Antibiotikumspritze, um die durch den Stich in die Bauchhöhle transportierten Magenbakterien abzutöten, und drückte dem Bauern ein Säckchen Pansenstimulans in die Hand: „So, das da eingeben, sofort die Kuh vorne hoch betten und drei Tage lang aushungern! Am vierten Tag sollte sie wieder normal fressen!“

„Ja geben Sie ihr gar kan Magnet’n ein?“ konnte es der Holleregg nicht fassen, daß ich auf das Wundermittel verzichtete.

„Na, angenommen, es handelt sich um ein Stück Kupferdraht! In diesem Fall hilft uns nicht einmal der stärkste Elektromagnet!“

Mit diesem wuchtigen Argument verließ ich den Holleregg-Hof.

Vier Tage später begann Heidi wieder normal zu fressen. Zweieinhalb Wochen später hörte sie damit allerdings wieder auf!

„Sie hätt'n ihr doch an Magnet'n eingeb'n soll'n!" empfing mich der Holleregg mit Vorwürfen.

„Unsinn!" Heidi stand im Stall und machte eigentlich keinen sehr kranken Eindruck. Ihr Bauch wölbte sich links und rechts weit hinaus.

„Wann hat sie denn den Geburtstermin?" fragte ich mit gerunzelten Augenbrauen.

„Na so jetzt irgendwann!"

„Ich fürchte, den hat sie schon gehabt!" Ich zeigte auf die Vulva. Die Schamlippen lagen nicht parallel, sondern wiesen eine deutliche asymmetrische Krümmung auf. Bei der vaginalen Untersuchung waren auch die typischen schraubenförmigen Scheidenwindungen spürbar, meine Hand kam bis zum Muttermund, aber nicht weiter!

„Eine Gebärmutterdrehung! Leider eine vollständige!" verkündete ich. „Das heißt, wir müssen sie wälzen!"

Die Vorgangsweise habe ich bereits in einem Vorgängerband geschildert. Man legt dazu die Kuh auf die Seite ab, fixiert den Uterus durch die Bauchwand hindurch mit einem schweren Brett, das durch das Gewicht einer darauf kauernden Person noch zusätzlich erhöht wird, und einige Helfer ziehen das Tier an den Beinen auf die andere Körperseite, d. h. man dreht die Kuh einfach der Gebärmutter nach.

Nachdem der Holleregg ein paar kräftige Nachbarn organisiert hatte, begannen wir auf dem Vorplatz unter dem roten Abendhimmel die Prozedur. Nach dem dritten, vierten Versuch lag die Gebärmutter wieder in der Achse, und ich konnte die Kälber (es waren wirklich Zwillinge) ertasten. Bräunliches Fruchtwasser, das schon ziemlich müffelte, ergoß sich über meinen Arm! Ich zupfte am Fell eines der erreichbaren Beine und hatte sofort ein Büschel Haare zwischen den Fingern.

„Also die Kälber sind tot!! Mindestens 48 Stunden, eher länger!" verkündete ich, „aber wenigstens ist der Geburtsweg wieder normal! Jetzt muß nur noch der Muttermund entsprechend weit werden, dafür geb' ich der Heidi eine Spritze, dann können Sie in schätzungsweise ein bis zwei Stunden die zwei herausziehen!"

„Wia gibt's des, daß die Kaibl'n abg'storbn san?"

Ich zuckte die Schultern: „Wahrscheinlich ist durch die eingetretene Tragsackdrehung der Geburtszeitpunkt übersehen worden (den Verantwortlichen explizit zu nennen, vermied ich rücksichtsvoll), auf jeden Fall geht es jetzt nur noch um die Kuh, also behutsam dehnen und langsam ziehen! Zeitdruck besteht keiner mehr!“

Einige nützliche Anweisungen später machte ich mich in der einbrechenden Dämmerung auf die Heimfahrt.

Karin saß bei Kerzenschein mit einem Glas Champagner auf der Terrasse und schaute verträumt in den Sternenhimmel.

„Guten Abend!“ grüßte ich sarkastisch angesichts des Idylls, während ich den Verwesungsgeruch an meinem Unterarm zu verbergen suchte, „gibt es was zu feiern?“

„Alles Gute zum Hochzeitstag!“ lächelte meine Frau ironisch und hob das Glas.

„Oh! Äh! Natürlich! Also ..., gewissermaßen, nein, wie die Zeit verfliegt! Erst voriges Jahr und heut’ schon wieder ...!“

Ich verschwand eilends unter der Dusche, besprühte mich anschließend von allen Seiten wie in einer Autowaschstraße mit dem Eau de Toilette, das mir Karin vor ungefähr zehn Jahren zu Weihnachten geschenkt hatte, und beeilte mich, auf die Terrasse zu kommen, um einen Kuß, etwas Champagner und vielleicht noch mehr zu erhaschen!

Im seligen Bewußtsein, es außerordentlich gut getroffen zu haben (ich hoffe, Karin war von derselben Empfindung mir gegenüber berührt), fiel ich gegen Mitternacht wie ein Sack ins Bett.

Gefühlte fünf Minuten später klingelte neben meinem Bett dezent das Telefon!

„Oa Kaibl is’ da, aber des zwoate bring’ mir net aussa!“

Ich brauchte gute zehn Sekunden, um zu realisieren, wer da überhaupt von irgendetwas sprach. Der Wecker zeigte brutalerweise viertel nach eins!

„Na schön, ich komme!“ flüsterte ich. Mit einem neidischen Blick auf die sanft schlummernde Karin verabschiedete ich mich aus unserem Schlafzimmer, schlüpfte unten ins Stallgewand mit Stallgeruch und fuhr zum Holleregg-Gut.

Da man im Autoradio um diese Uhrzeit lediglich die Qual der Wahl zwischen ohrenbetäubendem Rock auf Ö3, Dudelmusik auf Regional und einem zeitgenössischen Streichkonzert in Ö1 hat, beschloß ich lieber, mich dem flotten Swing der eigenen Verwünschungen über meine Berufswahl hinzugeben! Es war wieder soweit: ich haderte mit meinem Schicksal!

Als ich mit Geburtsmantel und -koffer beladen in den trüb erleuchteten Hollereggstall wankte, fand ich neben der erschöpft in ihrem

Stand auf der Seite liegenden Heidi einen mit dem Schicksal hadernden Bauern, seine Mutter und einen hilfsbereiten Cousin zweiten Grades vor. In der Box ums Eck schnarchte gotterbärmlich eine Sau.

Der leicht aufgedunsene Kadaver eines Kalbes, offenbar der erste Zwilling, lag zusammen mit dem Flaschenzug etwas abseits im Mittelgang.

Den anderen Zwilling konnte ich spüren, als ich, auf dem Bauch liegend, den Arm bis zur Schulter in die Gebärmutter zwängte! Kein Wunder, daß sie das Kalb nicht herausgebracht hatten, sein Kopf war nämlich nach hinten verschlagen! Etwas, was bei toten Früchten häufig eintritt, weil keine Muskelspannung mehr vorhanden ist.

„Wir müssen die Kuh in die Höhe bringen!“ sagte ich.

„Der Holleregg schüttelte den Kopf: „Sie wird uns net aufsteh’n! Das erste Kaibl is’ ziemlich schwer ’gangen!“

„Sie muß!“ beharrte ich, „im Liegen hab ich sonst keine Chance, wenn das ganze Gewicht draufdrückt, die Lage zu berichtigen!“

Heidi schien anfangs jedoch dem Holleregg recht zu geben, sie war durch nichts zu bewegen, sich zu erheben, sondern lag bloß da und streckte die Zunge heraus. (Das hatte nichts mit dem bekannten *Ätschbätsch* kleiner Kinder zu tun, sondern ist bei Rindern ein Ausdruck allerhöchsten Mißfallens.)

In diesem Fall schlecht für die Kuh, denn das würde Metzger bedeuten! Ein Kaiserschnitt bei fortgeschrittenem Geruch des Uterusinhaltes kostet meist neben den Aufwendungen für die Operation auch infolge des Infektionsrisikos das Leben des Muttertieres!

Also griff ich zum ultimativen Mittel, dem elektrischen Viehtreiber! Entgegen der verbreiteten Meinung, er stelle durchwegs eine technische Art von Tierquälerei dar (Mißbrauch ist natürlich eine Riesenschweinerei, keine Frage), handelt es sich oft um die allerletzte Möglichkeit, ein Tier dazuzubringen, sich im eigenen Interesse zu bewegen.

So glücklicherweise auch Heidi!

Nach einer reichlichen Applikation künstlichen Fruchtschleims in die bereits trockene Gebärmutter hatten wir dann das tote Kalb mit vereinten Kräften bald heraußen und legten es zum anderen.

Während ich mich und meine Utensilien reinigte, starrte der Holleregg eine Weile die leblosen Zwillinge an. Dann hörte ich plötzlich, wie er sagte: „Wer waaß, ob die Kuah überhaupt damals einen Fremdkörper g’habt hat oder ob net die Kaibln grad ab’gstorb’n san ...!“

Ich fuhr herum, als hätte er mich mit dem Viehtreiber in den Hintern gestupst!

Der Bauer glotzte mich herausfordernd an. Gewöhnlich wird einem um diese Uhrzeit aus Dankbarkeit ein Stamperl Schnaps offeriert und keine Anschuldigung!

„Also, falls das so läuft, dann müssen Sie sich halt das nächste Mal einen besseren Tierarzt suchen! Besonders einen, der den Sündenbock spielt, wenn Sie wiederum den Geburtstermin übersehen!“ Ich schaute bös zurück, schulterte den Geburtsmantel und knallte die Stalltür zu. Rumms! Jetzt war wenigstens auch die Sau wach!

Es erstaunte mich keineswegs, daß ich vom Hollereggbauern nichts mehr hörte, dafür umso mehr, als ein dreiviertel Jahr später eines schönen Tages die Altbäuerin am Telefon war: „Bittschön, Herr Doktor, Sie müss'n sich die Heidi anschau'n! Sie wiss'n eh, die Kuah mit den toten Zwillingen! Sie hat seit längerem so einen Pinkel unterm Bauch, der tuat ihr weh, sie mag sich schon gar nicht mehr niederleg'n und fress'n aa net richtig!“

„Tut mir leid, Frau Kurzthaler, aber Sie werden einsehen, daß ich auf einem Betrieb, wo man meine fachliche Qualität anzweifelt, nichts mehr anrühre ...!“

„Ah was!“ unterbrach mich die immer noch resolute Bäuerin, „unser Tierarzt hat g'sagt, es is' a Phlegmone und hat ihr schon dreimal Spritz'n gegeb'n, aber es wird net besser, und mir tuat die Kuah so load! Sie können ruhig kommen, der Simon is' heut' den ganz'n Tag net dahoam, und zahl'n tua ich's eh selber!“

Es ging mir gewaltig gegen den Strich, durch die Hintertür eingeschleust zu werden, aber da die Holleregg nicht aufhörte zu penzen, und angesichts unserer langjährigen Beziehung, na ausnahmsweise!

„Das ist keine Phlegmone mehr, das wird bereits ein Abszeß!“ erklärte ich, nachdem ich den Pinkel abgetastet hatte, was Heidi sichtlich Schmerzen bereitete. „Aber noch nicht so reif, daß man es aufschneiden kann! Da helfen auch keine Spritzen mehr, da müssen Sie noch einige Tage nachhelfen, bis der Inhalt weich ist!“

„Und wia geht das?“

„Da binden Sie ihr mit einem alten Leintuch einen heißen Kartoffelbrei auf die betroffene Stelle, und hinterher, wenn der Brei kalt ist, schmieren Sie die Schwellung mit Lärchpech- oder Steinölsalbe ein! Dann rufen Sie wieder an!“

Es dauerte über eine Woche, dann meldete sich die Hollereggbäuerin erneut: „Hiatzt is' er woach!“

Diesmal war der Bauer zu meinem größten Bedauern ebenfall anwesend und legte ein ausgesprochen mürrisches Gehabe an den Tag. Anzunehmen, wenn er nicht Angst vor seiner Mutter gehabt hätte, die dabei stand, wäre er mit der gezückten Mistgabel aufgetaucht!

Ich ließ mich davon jedoch nicht beeindrucken, verpaßte Heidi eine kleine Beruhigungsinjektion und ließ ihr Hinterbein gut fixieren. Dann setzte ich das Skalpell an die gespannte Bauchhaut und machte, ratsch, einen fünfzehn Zentimeter langen, tiefen Einschnitt.

Ein Strom grünweißlichen Eiters klatschte wie geronnene Milch auf den Boden. Und dazwischen machte es „plink"! Ich traute meinen Augen nicht!

Vor mir lag ein Nagel auf der Gummimatte, ein schöner, gekrümmter Hunderternagel, natürlich nicht mehr glänzend, sondern schwarz korrodiert von den monatelangen Gewebseinschmelzungsprozessen, aber unbestreitbar der schönste Fremdkörper, den man sich vorstellen kann!

Hatte doch glatt der Körper diesen Gegenstand abgestoßen und ihn durch die Bauchwand befördert, ohne eine Peritonitis zu verursachen! Ich hatte zwar schon davon gehört, daß dies bei Kriegsteilnehmern mit Granatsplitter- oder Kugelverletzungen Jahrzehnte später auch hie und da vorgekommen sein soll, aber es war schier unglaublich!

Trotzdem nahm ich den geschenkten Elfmeter dankend an! Ich faßte das stinkende Trumm mit einer Kornzange und hielt es dem Hollereggbauern so dicht vors Gesicht, daß ihm ein Eitertropfen an der Nasenspitze kleben blieb: „Da haben Sie Ihre abgestorbenen Zwillinge! Mein Gott, manche Bauern sind noch vernagelter als ihre Kühe!"

Seit diesem kostbaren Moment der Wahrheit wurde ich nie mehr auf den Holleregg-Hof gerufen!

Abschiede

Ich stach die lange Nadel zwischen die Rippen hindurch direkt ins Herz von Aleika und drückte ab.

Die Samojedenhündin verkrampfte kurz, daß sich die Lefzen hochzogen und das Zahnfleisch sichtbar wurde, dann drang ein tiefer Seufzer aus ihrer Brust, der Mund öffnete sich, und der Körper erschlaffte.

Aleika war tot!

Ich öffnete die Tür zum Warteraum und sagte zu Frau Balder, die drinnen saß und ein tränennasses Taschentuch zwischen ihren Fingern zerknüllte: „Sie können reinkommen, es ist vorbei!"

Ich halte es immer so, wenn ich ein Tier einschläfern muß. Zuerst, so lange, bis die Narkose wirkt, fordere ich die Besitzer auf, ihren Liebling zu streicheln, mit ihm zu reden, ihn zu beruhigen und sich in Ruhe zu verabschieden. Der Patient soll bis zum letzten wachen Augenblick die Nähe der vertrauten Person spüren. Sobald er tief schläft, demonstriere ich die Bewußt- und Schmerzlosigkeit, indem ich eine Injektionsnadel in den sensiblen Bereich zwischen die Zehen oder in den Ballen steche, wo sie steckenbleibt.

Vielleicht ist das übertrieben, aber ich möchte, daß Frauchen und Herrchen die Gewißheit mit nach Hause nehmen, daß das Tier tatsächlich vollkommen empfindungsfrei sein Leben beendet!

Ich erinnere mich an unsere erste Spanielhündin Conny, die ebenfalls vom Tierarzt euthanasiert werden mußte. Da ich noch ein Kind war, durfte ich zwar die Einleitung der Narkose, nicht aber den Wirkungseintritt miterleben. Jahrelang quälte mich danach noch der Gedanke, sie hätte von ihrem Ende vielleicht doch etwas mitbekommen können, und diese Zweifel möchte ich meinen Kunden ersparen!

Wenn ich die Besitzer von der hundertprozentigen Betäubung überzeugt habe, bitte ich sie allerdings hinaus, da der eigentliche Tötungsakt zwar nur eine Minute dauert, der Anblick eines Herzstiches jedoch nicht jedermanns Sache ist, vor allem in dieser emotionalen Ausnahmesituation!

Ich ziehe diese Methode der intravenösen oder gar intrapulmonalen (d. h. in die Lunge) Injektion vor, da sie meiner Erfahrung nach die schnellste und sicherste ist.

Manchmal erweist sich nämlich, bedingt durch den schlechten Allgemeinzustand, der Kreislauf bereits als vermindert, und die Vene kollabiert, so daß ein Teil des Tötungsmedikamentes daneben gehen kann.

Anschließend weise ich die Besitzer auf den reglosen Brustkorb durch die nunmehr fehlende Atmungstätigkeit hin, daß also das Tier wahrhaftig sanft hinübergeschlafen ist!

In wenigen Fällen wollen die Leute ihren Liebling mit nach Hause nehmen, um ihm einen schönen Platz am eigenen Grundstück zu bereiten, was an sich nicht erlaubt ist, aber wenn nichts Infektiöses vorgelegen hat, drücke ich ein Auge zu. Verflixt noch mal, wenn sich eine der unzähligen wilden Katzen unter einen Busch zum Sterben zurückzieht und dort unbemerkt in aller Ruhe zum biblischen Staub wird, kräht auch kein Hahn danach!

Der überwiegende Teil der Tierbesitzer jedoch ist dankbar, wenn man ihm die schmerzvollen Erinnerungen so rasch wie möglich abnimmt und nach einer Weile nur mehr die schönen an die gemeinsam durchlebte Zeit übrigbleiben.

Natürlich hört man öfters die abwertende Meinung, die Leute sollten sich gefälligst nicht so haben, ein Vieh sei kein Mensch, und es sei pervers, über den Tod eines Tieres groß zu trauern.

Diesen Seelenbanausen sei hiermit ins Stammbuch geschrieben, daß sogar an den meisten Bauern der Verlust einer alten, braven Kuh oder eines treuen Pferdes, ungeachtet aller wirtschaftlichen Aspekte, nicht gleichgültig vorübergeht!

Natürlich reagieren die Menschen höchst unterschiedlich auf den Tod ihres Vier- oder Zweibeiners!

Herr Rosian zum Beispiel, ein Zwei-Meter-Hüne mit tätowierten Muskelpaketen und Goldpiercing in den Ohrläppchen, kam jede Wintersaison aus Berlin, um im Gasteinertal ein Tourneegastspiel zu geben, weil er als geprüfter Bodyguard und ehemaliger Kampfsportler die Idealbesetzung als Türsteher verkörperte, vor allem, wenn ein harter Kern russischer Urlauber glaubte, mit viel Wodka und noch mehr Geld eine Après-Ski-Bar kurzfristig in einen Sanierungsfall verwandeln zu können!

Herr Rosian und sein sechsjähriger Rottweilerrüde Ares bildeten gemeinsam ein unschlagbares Team, bei dessen Anblick sich sogar Arnold Schwarzenegger brav hinten angestellt hätte!

Meine Praxis suchte Herr Rosian deshalb jedesmal im Zeitraum seines Aufenthaltes auf, weil Ares' Tollwutimpfung aufgefrischt werden mußte, damit sie gültig blieb.

Im letzten Jahr allerdings war etwas anderes die Ursache!

„Ich weiß nicht, Ares ist so komisch! Er war schon daheim in Berlin nicht mehr ganz auf dem Damm, aber seit wir hier sind, ist es viel schlechter geworden! Er ist immer gleich so müde!"

Das entsprach durchaus den Tatsachen, denn bisher war Ares jedes Mal schweifstummelwedelnd und sabbernd in die Ordination gestürzt, um mich zu begrüßen wie den Hundefutterlieferanten persönlich! Denn trotz seines martialischen Namens handelte es sich bei Ares um eine geschickt in Fell verkleidete Schmusepackung, außer sein Herrchen hätte ein bestimmtes Kommando gegeben: dann hätte sich das zugängliche Muskelpaket von einer Sekunde zur anderen in einen vierbeinigen Fleischwolf verwandelt!

Nun aber kam der Rottweiler hinter Herrn Rosian in das Behandlungszimmer getrottet, leckte einmal kurz über meine hingestreckte Hand und legte sich sofort neben der Waage ins Eck!

Das ehemals schwarzglänzende Haarkleid war stumpf geworden, und mit den braunen Augen, die üblicherweise vor Unternehmungsgeist nur so funkelten, starrte er trüb über den Rand der Vorderpfoten ins Leere.

Eine kurze klinische Untersuchung später war mir klar, daß dies einen schwerwiegenden Fall darstellte, der unbedingt die Kompetenz von Harry benötigte! Ich rief daher schnurstracks meinen Kleintierspezialistenfreund an und legte ihm Ares dringend ans Herz.

Einige Tage später hielten wir den deprimierenden Befund in Händen! „Pankreaskarzinom!" teilte mir ein düsterer Harry am Telefon mit. „Momentan ist ihm nur höchst unwohl! Aber alt wird er in diesem Leben nicht mehr! Man muß eben den Verlauf sorgsam beobachten und dann spontan reagieren!"

Bereits nach wenigen Wochen war es soweit! In erschreckender Weise hatte sich Ares' Zustand verschlechtert, und als ihn Herr Rosian in den Behandlungsraum zum Einschläfern hereintrug, hielt er einen abgemagerten Rottweiler in den Armen, dessen Kopf überdimensioniert und grotesk herunterbaumelte.

Herrn Rosian rannen dabei dicke Tränen über die Wangen: „Entschuldigung!" stieß er hervor, „aber ich kann nicht anders!"

„Aber, aber, das ist doch völlig natürlich!" beruhigte ich, und meine Stimme klang dabei seltsam belegt, während ich die erlösenden Spritzen aufzog.

Nachdem Ares friedlich weggeschlummert war, brach Herr Rosian fast zusammen! Unter Weinkrämpfen bat er mich, ein Taxi zu rufen, er sei im Moment fahruntüchtig. Das war auch deutlich zu sehen!

Der hünenhafte Mann mußte vom Taxifahrer, der ihm gerade bis zur Brust reichte, nahezu ins Auto gehievt werden!

Jeder, der angesichts des endgültigen Abschieds von seinem Tier die Fassung verliert, besitzt mein vollstes Verständnis, es ist bloß erstaunlich, wenn dies bei Leuten passiert, die eigentlich von robustem Naturell zu sein scheinen.

Als Frau Weidrich hingegen, eine distinguierte Dame von 83 Jahren und filigraner Gestalt – ihr Vater hatte in den letzten Monaten der Monarchie noch den niederen Adelstitel *Edler von* getragen –, ihren alten Kater Lucas zum Einschläfern bringen mußte, geschah dies mit einer ruhigen Sachlichkeit, trotzdem sie beschlossen hatte, in ihrem fortgeschrittenen Lebensalter kein neues Haustier mehr anzunehmen, welches bei ihrem Tode einem ungewissen Schicksal entgegensehen könnte.

So saß sie im Wartezimmer mit dem Katzenkorb auf dem Schoß und dem für ihre mageren Hände viel zu knorrigen Bergstock ihres Vaters, ein Bild eiserner Entschlossenheit zum Unvermeidlichen.

Wenn ich einschläfern muß, geschieht dies immer außerhalb meiner gewohnheitsmäßigen Ordinationstermine, um sowohl dem Tier als auch dem Menschen in dieser Situation unerwünschte Kontakte zu ersparen.

Und ausgerechnet jetzt bog der kleine silberne Mazda von Frau Kubina vor die Praxis herunter, und noch dazu saß am Hintersitz die vierjährige Myriam, ein prinzipiell nettes, aber manchmal anstrengendes, weil altkluges Kind!

„Ich bin grad vorbeigefahren, und da hab' ich mir gedacht, ich könnte gleich die Katzenpille fürs nächste Monat mitnehmen!" verkündete Frau Kubina fröhlich, als müßten das alle anderen auch für eine gute Idee halten! Myriam, die natürlich eine so wichtige Beschaffung nicht im Auto abwarten konnte, musterte zuerst argwöhnisch Frau Weidrich samt Knotenstock, dann nahm sie den apathisch in seinem Korb liegenden Lucas in Augenschein:

„Was hat denn die Katze?" fragte sie.

„Weißt du, er ist sehr krank!" antwortete Frau Weidrich sanft.

„Und warum weinst du dann nicht? Wenn unsere Susi krank ist, muß ich immer weinen, gelt, Mama?" Dieser offenkundige Mangel an Mitgefühl schien Myriam zu empören!

„Ja, weil ich weiß, daß es ihm in ein paar Minuten gleich viel wohler sein wird und er keine Schmerzen mehr verspüren wird!" Nur für den Bruchteil einer Sekunde glitt Frau Weidrichs Blick vom Gesicht des Mädchens zu mir, als suche sie Bestätigung.

„Ah so!“ Myriam war befriedigt! Mit ihrem kurzen Zeigefinger stocherte sie durch das Gitter nach Lucas, erwischte ihn aber nicht. „Also dann baba, Katze!“

„Bewundernswert, wie Sie das der Kleinen beigebracht haben!“ gestand ich, nachdem die Damen Kubina wieder weg waren.

„Es stimmt ja! Und es ist das letzte Geschenk, das ich meinem Lucas machen kann, als Vergütung für sechzehneinhalb Jahre Liebe und Anhänglichkeit und Spaß! Den Korb können Sie übrigens behalten! Vielleicht kann ihn jemand in Zukunft besser brauchen!“

Als sie zehn Minuten später ohne Lucas die Ordination verließ, sah ich ihr durchs Fenster nach, wie sie zur Bushaltestelle ging. Mit festen Schritten, den Knotenstock zielstrebig auf das Pflaster stützend, in der Gewißheit, einem Tier den schwersten Dienst erwiesen zu haben, den man als Besitzer zu leisten vermag!

Natürlich bedeutet es jedes Mal ein leidvolles Abwiegen, wann der Zeitpunkt gekommen ist, um Schluß zu machen. Wir Tierärzte haben es da leichter, da für uns rein fachliche Kriterien zählen!

Die ungeheure Emotion jedoch, die dieser folgenreiche Entschluß für die Menschen, die mit dem Tier viele Jahre unmittelbar zusammengelebt haben, mit sich bringt, läßt manche die Entscheidung verständlicherweise auch ein wenig zu lange hinausschieben oder die Richtigkeit ihres Handelns hinterher kurz bezweifeln.

Für einen guten Fingerzeig halte ich daher, wenn bei entsprechend gesicherter Diagnose das Tier offenkundig Schmerzen hat oder zwei Tage nichts oder kaum mehr was zu sich nehmen will, den harten Schritt zu setzen!

Gänzlich verachtenswert sind für mich jedoch „Tierliebhaber“, die rücksichtslos nur an sich denken! Wie beispielsweise jene extravagant gekleidete Dame, ich weiß nicht mehr, wie sie geheißen hat, die mir eines Montags eine todkranke Chihuahua-Hündin auf den Behandlungstisch legte.

„Sie hat Krebs!“ lautete der trockene Kommentar.

Ich nickte. Das Tier war abgemagert, und aus dem knochigen Schädel schauten angstvolle Augen auf mich. Nur den Hinterleib hatte die Bauchwassersucht aufgetrieben und so prall gefüllt, daß die Organe gegen das Zwerchfell drückten und bereits erhebliche Schweratmigkeit verursachten! Oder die Lunge war schon voller Metastasen! Jedenfalls ein klarer Fall: „Na, da wird uns wohl nichts anderes übrigbleiben, als, wie heißt sie denn, aha Ginny, so rasch wie möglich einzuschläfern!“

„Kommt nicht in Frage!" Das klang wie ein Kanonenschuß, trotzdem glaubte ich, mich verhört zu haben!

„Wie bitte?"

„Ich sagte, das kommt überhaupt nicht in Frage! Meine Tierärztin, mit der ich heute morgen telefoniert habe, hatte das zwar auch gemeint, aber die Sache ist folgende: ich bin bis Ende der Woche noch hier zur Kur und möchte aber Ginny daheim in meinem Mödlinger Garten begraben! Daher sollen Sie ihr einfach jeden Tag eine Aufbauspritze geben, was es kostet, ist mir gleichgültig, und sobald wir zu Hause sind, lasse ich sie gleich einschläfern! Was soll ich hier mit einem toten Hund?"

In meiner Jugend war ich, im wahrsten Sinne des Wortes, unheimlich auf Horrorfilme gestanden, und es hatte mich wohlig gegruselt, wenn sich der nahende Schatten einer wiedererweckten Mumie oder von Boris Karloff als Frankensteins Geschöpf an der Steinwand abzeichnete, aber ein solches Monster wie diese gestylte Hyäne war nicht darunter gewesen!

„Das ist doch nicht Ihr Ernst? Sie können den Hund doch nicht noch tagelang leiden lassen! Und was, bitte, stellen Sie sich unter einer Aufbauspritze vor?" Ich konnte vor Wut fast nicht reden!

„Mein vollster Ernst! Alle meine Chihuahuas liegen im Garten begraben, kein einziger ist in so einer stinkenden Abfalltonne gelandet! Das haben sie sich nicht verdient! Und was die Spritze betrifft, Sie sind der Tierarzt! Ich habe schon gesagt, Kosten spielen keine Rolle! Aber wenn Sie es nicht tun wollen, suche ich mir halt eine andere Praxis!" Sie hob Ginny vom Tisch.

Ich hatte keine Ahnung, ob sich in der Kollegenschaft tatsächlich jemand finden würde, der sich auf solchen widerlichen Handel einlassen würde – schwarze Schafe gibt es bekanntlich in jeder Branche –, aber allein der Gedanke, daß dieses egoistische Weibsbild das arme Vieh von Tierarzt zu Tierarzt schleppen könnte, um seine Leiden zu verlängern, trieb mir die Gänsehaut auf die Unterarme!

„Einen Moment bitte!" Ich hob die Hand. „Ich mach's!"

„Na also!" Sie legte Ginny, die alles mit sich geschehen ließ, wieder zurück und setzte ein triumphierendes Lächeln auf. Allein für dieses Grinsen gebührte ihr ein Fußtritt in den Hintern, denn es besagte nichts anderes als: Hab' ich mir doch gedacht, daß er sich das Geschäft nicht entgehen läßt!

An sich kann ich ja leicht explodieren, aber in wichtigen Dingen gelingt es mir dann und wann, Ruhe zu bewahren. „Also gut, ich werde versuchen, den Hund solange über die Runden zu bringen, aber ich mache Sie nochmals darauf aufmerksam, daß er in einem äußerst bedenklichen Zustand ist …!“

„Das weiß ich auch! Deshalb bin ich ja bei Ihnen und nicht beim Hundefriseur!“ unterbrach sie mich schnippisch. Offenbar glaubte sie jetzt, da sie mich vermeintlich eingekauft hatte, unverschämt werden zu können!

Hinauskomplimentieren ging nicht, das wäre nur der Schaden der todkranken Ginny gewesen. Also schluckte ich die Frechheit runter, was mir allerdings allein mit dem Bewußtsein gelang, diesem Herzblatt gleich kräftig in die Suppe zu spucken!

In die Mischspritze kam zuerst ein starkes Schmerzmittel, dann eine Vitamin-B-Lösung, weil die mit ihrer leuchtendrosa Farbe so eindrucksvoll fruchtig und gesund aussah, und zum Abschluß ein langsam wirkendes Narkosemittel, dessen Dosis genügte, um einen Bernhardiner hinterher nicht mehr aufwachen zu lassen! Da sie sowieso an Erbrechen litt, würde es nicht weiter auffallen, wenn sie bei Eintritt der Betäubung ein letztes Mal speien müßte.

Sollte die Besitzerin Verdacht schöpfen und mich anzeigen, den Gutachter möchte ich sehen, der angesichts des erbärmlichen Zustandes des Hundes nicht von einem natürlichen Exitus ausgehen würde!

Als ich die Nadel unter Ginnys Nackenhaut stach, seufzte sie kurz und, wie mir schien, erleichtert! Vielleicht sagte ihr der Instinkt das nahe Leidensende voraus!

„So, morgen um die gleiche Zeit wieder!“ verkündete ich. Beim Kassieren verrechnete ich ungeniert das Dreifache, schließlich sollte die Tierschutzkassa am Fensterbrett auch von einer Tierquälerin etwas haben!

Dann öffnete ich der holden Mödlingerin schwungvoll die Praxistür und beobachtete, wie sie das armselig keuchende Tierchen auf die Rückbank ihres mitternachtsblauen BMW plazierte.

„Gute Reise, Ginny!“ murmelte ich.

Wer am nächsten Tag zum vereinbarten Termin nicht mehr auftauchte, läßt sich unschwer erraten! Um mich noch unverdächtiger zu machen, rief ich im Hotel von Ginnys Frauchen an und erkundigte mich, ob sie noch kommen würde.

„Leider!“ lautete die Auskunft der, nach der Stimme zu urteilen, charmanten Rezeptionistin, „gestern abend ist der Hund von Frau Soundso gestorben, und daher ist die Dame heute früh abgereist!“

„Danke, genau das wollte ich hören!“ Ich legte auf und grinste. Ginny war friedlich entschlummert, und offenbar wollte nicht einmal diese egoistische Vettel den Kadaver für die restlichen vier Tage in der Minibar aufbewahren!

Der Wunsch vieler Menschen, ihrem verstorbenen Haustier, anstatt es in die Tierkörperverwertung entsorgen zu lassen, ein Plätzchen zu verschaffen, wo sie es in guter Erinnerung halten können, ist durchaus nichts Abwegiges, und wer dazu nicht Gelegenheit auf eigenem Grund besitzt, nutzt die Einrichtung eines Tierfriedhofes. Man muß nur darauf achten, bezüglich Zeremonie und Ausstattung die Grenze zum guten Geschmack nicht aus den Augen zu verlieren.

Selbst Friedrich der Große hatte in seinem Testament als letzten Willen formuliert, in der Gruft von *Sans Souci* bei seinen geliebten Windhunden bestattet zu werden, ein Wunsch, der ihm allerdings erst 1991, also 205 Jahre nach seinem Tode, erfüllt wurde!

Daß das Bedürfnis nach einer individuellen Ruhestätte für den verblichenen Vier- bzw. Zweibeiner in allen Bevölkerungsschichten besteht, bezeugt die Geschichte, die mein Großvater mütterlicherseits öfters zum besten gab!

Mein Großvater war Fahrer der Wiener Straßenbahnen, zu seiner Zeit nannte man sie noch die „Elektrische“, in der Remise Grinzing gewesen.

Als es nach dem Krieg langsam, aber doch ein bißchen aufwärts ging, Nahrungsmittel jedoch noch immer eine Kostbarkeit darstellten, war einer alleinstehenden Wienerin, die innerhalb des Gürtels wohnte, die betagte Katze gestorben.

Da sie die treue Gefährtin nicht einfach in den Mistkübel schmeißen wollte und der Innenhof des Zinshauses lediglich ein gepflastertes Viereck darstellte, beschloß sie, das Tier im Wienerwald an einem ihrer Lieblingsplätze zu beerdigen, wo sie es immer auf Spaziergängen besuchen konnte.

Sie wickelte den Körper in Packpapier – Plastiksackerln existierten noch nicht –, umwickelte das Ganze mit Spagat und fuhr mit der Tramway bis zur Endstation. Dort holte sie das Paket aus dem Gepäcksnetz – doch, so was hatten damals die Waggons –, marschierte in Richtung Kahlenberg, und nahe einem Bankerl, wo sie früher mit ihrem im Krieg gefallenen Mann oft gesessen hatte, grub sie mit der kleinen Gartenschaufel aus ihrer Handtasche ein genügend großes Loch. Als sie jedoch das Papier aufschnürte – sie wollte ihre Minka noch einmal sehen –, fand sie zu ihrem Schreck zwei knusprige, kalte Brathühner vor!

Offenbar war ein anderer Passagier gerade auf dem Weg zum Heurigen gewesen und hatte, wie zu jener Zeit üblich und sogar notwendig, den Proviant für die Gesellschaft ähnlich verpackt und im Gepäcksnetz transportiert! Da die Buschenschenken in jenen Tagen lediglich Wein und kein Essen verkauften, nahm mein Großvater kichernd an, daß diese Verwechslung zu einigen langen Gesichtern geführt haben muß!

Aufgekommen ist die Geschichte, weil unsere Wienerin am nächsten Tag in der Grinzinger Remise aufgekreuzt war und sich erkundigt hatte, ob vielleicht eine tote Katze abgegeben worden wäre.

Bedauerlicherweise nein, hatte die lachende Auskunft gelautet, was jedoch durchaus gerechtfertigt erschien, denn die gute Frau hatte die Brathühner verständlicherweise auch nicht retourniert!

Max kam nicht bis Aiderbichl

Auf dem Weg nach Embach hinauf kam mir der Gedanke, daß ich die Zahnraspel doch sorgfältiger hätte verstauen sollen, denn das klobige Instrument, das aussah wie eine grobe, einen Meter lange Feile mit Holzgriff, schlug in jeder 180-Grad-Kurve klirrend gegen den eisernen Maulkeil in der gleichen Wanne!

Gestern abend hatte Karin nämlich im Visitenbuch für den nächsten Tag notiert: Schobergütl, Pferd frißt schlecht! Und da ich den alten Max kannte, nahm ich an, daß er an Zahnspitzen litt.

Bei Pferden über zehn Jahren stellt ein solches Kantengebiß nichts Ungewöhnliches dar. Infolge einer ungleichmäßigen Kauflächenabnutzung der Mahlzähne wachsen die Zahnränder ungehindert hoch und bilden scharfe, meißelförmige Fortsätze, die bei jedem Biß schmerzhaft in das Zahnfleisch des darüber- oder darunterliegenden Kiefers eindringen.

Normalerweise genügt es, diese Spitzen ein, zweimal im Jahr gründlich abzuraspeln. Heute gibt es dafür schon elektrische Schleifgeräte, aber damals bedeutete die Prozedur noch schweißtreibende Handarbeit!

Am Schobergütl wurde ich schon von dem blonden Mädchen erwartet, dem Max gehörte:

„Danke, daß Sie so schnell gekommen sind, er hat große Probleme, sein Heu zu fressen!"

„Aha, und wie steht's mit weichem Futter?"

„Na, solange er grasen hat können, hat es keine Probleme gegeben! Aber jetzt wächst ja nichts mehr auf der Weide!"

Das stimmte. Der Herbst lag bereits in den allerletzten Zügen, und als ich einen kurzen Blick gegen den grauen Himmel warf, lag bereits ein leichter Schneegeruch in der Luft.

„Also schau'n ma mal!" Dieser Ausspruch ist übrigens das einzige, was ich genausogut kann wie Franz Beckenbauer!

In den kleinen alten Stall mit seinen bescheidenen Fenstern fiel an so einem trüben Tag nur wenig Licht, und auch die zwei Glühbirnen in den Ecken sorgten, obwohl sie sich redlich mühten, kaum für ausreichende Helligkeit.

„Machen wir's besser draußen!" schlug ich vor. Während Ulrike dem Max den Halfter umlegte, riskierte ich einen prüfenden Griff in die Futterraufe. Pferdeheu ist für gewöhnlich wesentlich gröber als Rinderheu, und diese Stengel waren besonders hart! Kein Wunder, daß Max, sollte meine Vermutung über Zahnspitzen richtig sein, sich damit schwertat!

Der alte Haflinger wartete draußen geduldig und ergeben an der Seite seiner Besitzerin. Ich schob ihm den Maulkeil zwischen die Kiefer und fuhr mit den Fingerspitzen prüfend die Zahnreihen entlang. Zahnspitzen waren zweifellos vorhanden, wenn auch nicht so ausgeprägt wie vermutet!

Ich holte die Zahnraspel aus dem Wagen, schob sie dem Wallach ins Maul und begann, schön methodisch, die scharfen Grate abzufeilen. Viele Pferde lassen sich diese Prozedur nur unter dem beruhigenden Einfluß einer Sedierung gefallen, aber Max stand brav wie eine Eins, obwohl er furchtbar mit den Augen rollte, ähnlich meinem ehemaligen Mathematikprofessor, sobald ich an der Tafel dran war!

Der nasse Lappen seiner Zunge kam mir häufig in die Quere, und ich mußte aufpassen, ihm davon nicht ebenfalls ein Stück abzuhobeln.

Normalerweise besitzen nur Schimmel so harten Zahnschmelz, aber das Dentin von Max widerstand meinen Bemühungen so hartnäckig, daß ich schon argwöhnte, er hätte Porzellankronen!

Trotzdem sich in den letzten Minuten ein schneidender Wind erhoben hatte, war ich bald in Schweiß gebadet, und mein Schnaufen übertönte beinahe das dumpfe Schabegeräusch aus der Mundhöhle des Pferdes. Dabei war ich gerade erst mit der linken Kieferseite fertig geworden!

Im selben Moment kam Herr Pfeiffenberger, Ulrikes Vater, ums Eck. „Ah, der Zahnarzt ist da!“ nickte er freundlich.

Ich setzte die Raspel ab und wischte mir mit dem Handrücken über die Stirn: „Ja, das liegt in der Familie! Mein Cousin in Linz besitzt ebenfalls eine Zahnarztpraxis, bloß hat er die dreißigfach höheren Tarife!“ stöhnte ich.

Herr Pfeiffenberger lachte und stieg in sein Auto, während ich mich erneut an die Arbeit machte.

Nach weiteren zwanzig Minuten hatte ich zwar ein ziehendes Gefühl in den Armen, als hätte ich sämtliche Diamanten bei Tiffany eigenhändig geschliffen, aber Maxens Gebiß war wieder glatt wie ein Kinderpopo!

„So, damit dürfte der Fall erledigt sein!“ ächzte ich. „Braver Bursche!“, und klopfte dem Wallach steif auf den Hals.

Als ich die Raspel samt Maulkeil im Wagenheck verstaute, begannen die ersten zarten Flöckchen vom Himmel zu tanzen.

Nicht lange danach kam erneut ein Anruf vom Schobergut! „Gleich nachdem Sie ihm die Zähne behandelt haben, hat er für eine Weile besser gefressen, aber seit neuestem läßt Max das Heu wieder stehen!" berichtete Ulrike.

„Verd...!" knirschte ich, obwohl meine Zähne nicht halb so hart waren wie die von Max.

Mittlerweile bedeckte eine dünne Schneeschicht den Vorplatz, als Max herausgeführt wurde. Ich leuchtete mit der Taschenlampe die gesamte Mundhöhle aus, konnte aber nichts feststellen, was den rätselhaften Rückfall erklärte! Auch als ich die Zähne einzeln drückte und daran wackelte, zeigte er keine Reaktion. „Wie steht es denn sonst mit seinem Appetit?" fragte ich ratlos.

„Wir haben ihm Grünfutterpellets gekauft, die frißt er mit Heißhunger!"

Also mußte es doch am Kauakt selbst liegen! Einen Moment starrte ich nachdenklich vor mich hin.

Dann kam der Einfall! Ich schob Max eine Handvoll Heu ins Maul, worauf er zuerst gierig zu fressen begann, plötzlich aber innehielt, als horche er in sich hinein, und dann ließ er das nasse Büschel aus dem schlaffen Maul hängen!

Dabei war mir aufgefallen, daß er den Bissen eher auf der rechten Kieferseite bearbeitete. Ich tastete daher zuerst diesen Schädelbereich ab, und als ich denselben Versuch auf der anderen Seite unternahm, zuckte er bei Druck mit dem Kopf zur Seite!

„Da haben wir's!" sagte ich. „Schmerz im linken Kiefergelenk! Vielleicht eine kleine Entzündung, aber ich fürchte, die Ursache ist eine einseitige Arthrose! Das kann man natürlich nur mit einer Röntgenuntersuchung feststellen!"

„Gibt es solche Arthrosen auch bei einem Wallach?" staunte Ulrike.

Ich unterdrückte den antifeministischen Witz, daß Abnützung des Kiefers tatsächlich eher bei weiblichen Wesen zu vermuten wäre, und zuckte die Schultern: „Gelenk ist Gelenk! Wenn bei Pferden Verschleißerscheinungen an Huf- und Fesselgelenken auftreten, warum nicht auch am ständig in Bewegung befindlichen Kaubereich? Ich gebe Max jetzt etwas gegen die Entzündung und schlage vor, daß Sie ihm den Winter über hauptsächlich diese Pellets verfüttern! Die zerkrümeln leicht und belasten das Gelenk nicht so sehr! Sobald es Frühling wird, kann er ja dann wieder Gras fressen!"

Offenbar war das tatsächlich die Lösung des Problems gewesen, denn seitdem hörte ich nicht mehr, daß bei Max Freßschwierigkeiten auftraten.

Deshalb fiel ich auch aus allen Wolken, als nach fast einem Jahr frühmorgens das Telefon summte und eine ziemlich aufgelöste Ulrike hineinschluchzte: „Sie müssen bitte kommen und den Max einschläfern!"

„Aber um Himmels willen, warum denn?"

Da erzählte sie die Geschichte! Max war gut durch den Winter gekommen, aber leider verschlangen die Grünfutterpellets erhebliche Summen, und Max seinerseits verschlang erhebliche Mengen an Grünfutterpellets!

Dem Großvater, der noch die schlechten Zeiten miterlebt hatte, ging es gewaltig gegen den Strich und die bäuerliche Ökonomie, daß das Heu, das gratis gewachsen war, ungenützt liegenblieb und teures Spezialfutter angekauft werden mußte, noch dazu für ein Hobbypferd, also „so oan laar'n Fresser", wie er es ausdrückte.

Dazu kam, daß Ulrike in absehbarer Zeit sowieso nach Wien übersiedeln wollte, um Veterinärmedizin zu studieren, somit sich nicht mehr richtig um ihr Pferd würde kümmern können.

Was also tun mit einem nunmehr siebzehn Jahre alten Haflinger, der unter erheblichen Kauproblemen litt?

Da bot sich doch geradezu das Mekka der Tierliebe an, auch als Gut Aiderbichl bekannt!

Man kennt es aus zahlreichen Zeitungs- und Fernsehreportagen, von kitschigen Weihnachtsübertragungen oder persönlichen Besuchen her, bewundert Uschi Glas und weitere Prominente, wie sie sich in den makellosen Stallungen tummeln, freut sich, daß jemand Leidenschaft und Geld in ausreichendem Maße besitzt, armen Kreaturen zu helfen, und zieht selbst die Spendierhose an!

Herr Pfeiffenberger und Ulrike faßten den Plan, Max auf Gut Aiderbichl unterzubringen!

Dort wurden sie von einer sehr kompetenten und freundlichen Dame in Empfang genommen, die zuerst eine kleine Privatführung durch das ausgedehnte Gelände veranstaltete und dann mitteilte, daß zwar momentan kein Pferdeplatz frei sei, im Herbst dafür aber umso sicherer.

Familie Pfeiffenberger möge einfach in einigen Wochen telefonisch nachfragen!

Kein Problem, meinte Ulrike dankbar, solange Grünfutter wachse, würde es Max an nichts fehlen!

Nach besagten einigen Wochen meldete sich am anderen Ende der Leitung ein ebenso kompetenter und freundlicher Herr, der bedauerte, daß die Dame nicht mehr auf Gut Aiderbichl beschäftigt und leider zur Zeit noch immer kein Platz sei, aber im Herbst würde es bestimmt klappen! Bitte einfach in ein paar Wochen nochmals nachfragen!

Dieses Spielchen wiederholte sich den ganzen Sommer über mit schöner Regelmäßigkeit – das war übrigens das einzig Schöne an diesem Sommer gewesen –, und je näher der Herbst rückte, umso zäher und unbestimmter wurden die Versicherungen des Aiderbichlers, bis die Pfeiffenbergers erkennen mußten, daß es für Max eben keinen Platz geben würde!

„Keine Angst, wir werden schon ein Plätzchen für dich finden."

Den alten Kameraden zum Metzger zu schicken, kam natürlich nicht in Frage, und so rang sich die verzweifelte Ulrike dazu durch, ihm, wenn schon nicht den Gnadenhof, so doch zumindest den Gnadentod zu schenken!

„Moment! So weit sind wir noch nicht!" knurrte ich in das Telefon, „geben Sie mir ein, zwei Tage Zeit zum Überlegen!"

Vor meinem geistigen Auge tauchte eine alte Schwarzweißfotografie auf, die mich im zarten Alter von vier Jahren an der Seite eines etwas größeren, pummeligen Mädchens im Wollkleid und weißen Wollstrümpfen zeigte. Doris!

Wir waren Nachbarskinder, und als solche liefen wir uns zwangsläufig täglich über den Weg, was für unsere Eltern unaufhörlichen Streß bedeutete.

Sie spie mir beim Rodeln im Wienerwald von hinten in die Anorakkapuze, weil sie unmittelbar vorher drei Portionen Erdbeereis auf einen Sitz vertilgt hatte, nahm mir am Traunsee meinen prachtvollen Gummischwan weg, zwickte mir die Finger in diversen Stiegenhausfenstern ein und steckte mich hintereinander mit Mumps, Röteln und Masern an!

Ich wiederum stellte ihr das „Haxl", wenn sie einen vollen Teller durch das Wohnzimmer balancierte, versteckte an kalten Wintertagen ihre Schifäustlinge und verspannte von außen die Klotür mit einem starken Strick, so daß sie nicht herauskonnte!

Kurz, hätte er nur uns als Vorlage gehabt, hätte Shakespeare sein *Romeo und Julia* nie zustande gebracht!

Ich erinnere mich ungern daran, daß wir einmal bei ihr daheim eingeladen waren und Doris diesen Tag bei irgendwelchen Verwandten verbrachte, was mir Gelegenheit bot, in Ruhe ihr Kinderzimmer zu inspizieren. Ein ganzer Glasschrank voll putziger, aber für einen Buben völlig uninteressanter Steiff-Tiere beherbergte allerdings auch eine große Puppenküche und einen Kaufmannsladen. Als noch fesselnder stellte sich eine dazugehörige Pappschachtel heraus, die täuschend nachgemachte Miniaturköstlichkeiten enthielt. Von gebratenen Gänsen und saftigen Schinken über diverse Käsesorten bis zur Schokoladetorte und entzückenden Punschkrapferln war alles vertreten, was Puppen- und Kinderherzen erfreut!

Keine Ahnung, ob aus Bosheit oder weil es gar so appetitlich ausschaute, jedenfalls begann ich das Zeug zu essen! Zwar entsprach der Geschmack keinesfalls dem optischen Eindruck, aber getreu dem Grundsatz „Was man begonnen hat, soll man zu Ende führen" vertilgte ich den Schachtelinhalt!

Obwohl es sich natürlich um kindergeeignetes und somit gesundheitsunbedenkliches Material handelte, sorgte doch die Menge dafür, daß es mir einige Stunden hernach ziemlich schlecht ging!

Noch schlechter erging es mir jedoch, nachdem Doris wieder heimgekommen war und den Raubzug entdeckt hatte!

Seither ist fast ein halbes Jahrhundert vergangen, und wir lassen mittlerweile die Anorakkapuzen und Klotüren des anderen in Ruhe!

Doris hatte, wie ich, Wien den Rücken gekehrt und gemeinsam mit ihrem Mann Harald Hofner einen reizenden Bauernhof in Oberösterreich erworben und adaptiert. Dort unternahmen sie die ersten Schritte, vernachlässigten Tieren ein Zuhause zu geben.

Ein Schwein war bis dato noch nicht darunter!

Daher erhielten die beiden, um ihre Arche Noah zu komplettieren, anläßlich unseres Antrittsbesuches ein kastriertes Ferkel, das eine Bekannte aus dem nahegelegenen Stift Schlierbach besorgt hatte.

Weder das Ferkel noch die Hofners hielten das für eine besonders gute Idee. Das Schweinchen flüchtete sich sofort auf den höchsten Punkt des Misthaufens, während ich mitkriegte, wie Harald seiner Angetrauten ins Ohr zischte: „Das Schwein muß wieder weg!“

Vierzehn Tage später erhielt ich von Doris die Nachricht, daß das Ferkel das Kommando auf dem Hof übernommen hatte und Harald sich mittlerweile mehr mit ihm als mit ihr beschäftigte! Gerade, daß er es am Abend nicht mit ins Bett nahm!

Das quirlige Borstenvieh wurde mir zu Ehren Johann getauft. Ich weiß, richtige Berühmtheiten erhalten Straßen, Flughäfen oder Fußballstadien nach ihrem Namen gewidmet, aber ich finde, für den Anfang ist ein Schwein gar nicht so schlecht!

Johann wurde zur Attraktion der Gegend, weil er sich zu einem dreihundert Kilo schweren Schoßhund entwickelte, der sich unter Menschen sauwohl fühlte.

Besucher strömten auf den Hof, um das verschmuste Rüsseltier kennenzulernen, was Doris dazu brachte, den Leuten kleine Erfrischungen anzubieten. So entwickelte sich das Gut Schabenreith im Lauf der Zeit von einer Jausenstation zur Frühstückspension und, da die Hilfe für Tiere nach wie vor im Mittelpunkt stand, vom Bauernhof zum Gnadenhof.

Gegenwärtig werden dort ungefähr 300 Bewohner (die Pensionsgäste großzügigerweise nicht mitgerechnet) von den unermüdlichen Hofners versorgt, und Doris kommt nur mehr aus den Gummistiefeln, wenn sie sich fallweise ein Gipsbein zulegt! (Ich vermute, manchmal macht sie das mit Absicht!)

Wenn also jemand Max helfen konnte und wollte, dann war sie es! (Außerdem schuldete sie mir noch eine Gefälligkeit für meine getrübte Kindheit!)

„Hallo Alter! Was gibt's?“ meldete sie sich fröhlich.

„Also!“ räusperte ich mich, „bei deinem Geburtsdatum würde ich mit der Bezeichnung ‚Alter‘ nicht so herumwerfen! Du warst schließlich noch vor mir auf der Welt! Ich brauch' deine Unterstützung!“

„Nur wenn du nicht so ang'rührt reagierst! Was ist los?“

Ich schilderte ihr die vertrackte Situation. Am nächsten Tag schon stand vor dem Schobergütl in Embach der Pferdeanhänger vom Tierparadies Schabenreith, dessen Rampe Max folgsam hinaufkletterte, seinem neuen Zuhause entgegen!

Dort schlürfte er zehn Jahre lang vergnügt sein angefeuchtetes Müsli, denn obwohl ihn die Hofners noch auf eine Klinik lieferten, wo man ihm gründlich die Zähne herrichtete, ordentlich kauen konnte er nicht mehr! (Tja, manchmal hat auch ein kleiner Landtierarzt die richtige Diagnose!)

Erst heuer, kurz nach Silvester, beschloß Max von sich aus, auf das Manna im Pferdehimmel umzusatteln!

Fast gleichzeitig mit Maxens Übersiedlung nach Oberösterreich überschlugen sich bestimmte Medien mit der Meldung, daß Gut Aiderbichl wieder einmal in einer plakativen Aktion einige Fohlen am Pferdemarkt in Maishofen angekauft und dadurch vor dem Italienexport und anschließenden Schlachthaus gerettet hatte. Plötzlich war sogar Platz für fünf Pferde!

Das paßte zu meiner Beobachtung, daß man liebend gerne Tiere mit spektakulärem Hintergrund aufnahm, über die zuvor schon in den Zeitungen berichtet worden war, denn diese garantieren Schlagzeilen und Publicity und letztere wieder den Spendenfluß!

Obwohl die Aktion für die ersteigerten Fohlen unbestreitbar vorteilhaft war, ärgerte ich mich fürchterlich über die betriebene Propaganda, denn die überwiegende Mehrzahl der Tiere wandert sowieso unbeachtet in die Salami! Den gesamten Markt aufkaufen kann ja nicht einmal ein Aufhauser!

Aber einem alten Haflinger mit ungewissem Schicksal, der freilich keine sensationelle Geschichte zu bieten hatte, trotz Zusage an ein verzweifeltes Mädchen die Aufnahme zu verweigern, das kann man!

Deswegen kam Max nicht bis Aiderbichl!

Ich werde auch nicht hinfahren!

Sollten Sie, liebe Leserin und lieber Leser, das Gut Schabenreith unterstützen wollen, finden sie auf S. 215 weitere Informationen und die Kontaktdaten.

Das Leben ist ungerecht

Klar weiß ich noch, wie Kantus auf den Luggerhof gekommen war! Der kräftige Jungstier war der preislich gesehene Star bei der damaligen Versteigerung gewesen, und ausgerechnet der junge Luggerbauer hatte den längsten Atem bewiesen, so lange, bis der letzte der gestandenen Großbauern mißmutig resignierend seine schwielige Pranke nicht mehr in die Höhe gebracht hatte.

Während die anderen Stiere ruhig und folgsam am Nasenring geführt durch die Versteigerungshalle trotteten, tänzelte Kantus über den sägemehlbestreuten Boden, als wäre er sich seiner Ausnahmestellung gegenüber den Mitbewerbern bewußt! Dabei reflektierten seine weißglänzenden Muskelpakete das einfallende Sonnenlicht, daß die Augen schmerzten!

Auch der Luggerbauer glänzte schweißnaß über das ganze Gesicht, einerseits in Realisierung der Kaufsumme, welche er nun im Büro des Zuchtverbandes zu hinterlegen und nachher seiner Bäuerin beizubringen hatte, andererseits aus Stolz über das Prestige, das er sich nunmehr in Züchterkreisen erworben hatte!

Viehversteigerungen sind nämlich angewandte Psychologie. Hier wird gereizt wie beim Skat und geblufft wie beim Poker! Wer hier schwache Nerven hat, hat bald auch einen schwachen Geldbeutel! Viehgroßhändler aus dem In- und Ausland verabreden untereinander maximale Angebote und spekulieren mit dem dadurch ausgelösten Preisdruck.

Käufer, die sich in der Hitze des Gefechtes zu überteuerten Abschlüssen hinreißen ließen, die sie nachher reuen, versuchen durch Aufzeigen von vorgeblichen Mängeln an den erworbenen Tieren, den Kauf rückgängig zu machen, und manche unerfahrenen Kunden steigen vorzeitig aus, sobald ein bekannter „Großkopferter“ mitbietet, obwohl der diesmal gar nicht die Absicht besitzt, hoch hinaufzugehen, sondern einfach auf sein Image setzt und so ohne Konkurrenz das angestrebte Tier relativ billig erwerben kann.

Das hartnäckige Gerücht einer gewissen „Freunderlpolitik“ läßt sich ebenfalls nicht aus der Welt schaffen. Es heißt bekanntlich: *vox populi, vox Dei*, also der Volksmund ist Gottes Stimme, und Gott weiß bekanntlich alles! Und daher kann auch der Volksmund, der solche Verdächtigungen erhebt, nicht gänzlich falsch liegen!

Manche namhafte Züchter stellen nämlich eigenartigerweise regelmäßig zuchtwertmäßig hochgeschätzte Tiere und sind auch stets mit Teststieren im entsprechenden Zuchtkatalog vertreten, während offensichtlich gleichwertige Tiere anderer Bauern niedriger eingestuft werden bzw. die sogenannte Körkommission, welche über die Aufnahme von Nachwuchsstieren in den Testeinsatz entscheidet, einen unprominenten Hof oft nicht einmal des Vorbeischauens für würdig befindet.

Und große Namen wollen gepflegt und gehegt sein! Wie etwa der Groß-Simmerl, der dabei erwischt worden war, als er vor der Versteigerung heimlich Wasser in die Milch geschüttet hatte, um die vom Zuchtwart gemessene Milchmenge nochmals kräftig zu erhöhen!

Als Strafe faßte er ein mehrmonatiges Versteigerungsverbot aus, günstigerweise den Sommer über, wo sowieso keine Versteigerungen anstehen!

Bei der ersten Auktion, an der er wieder teilnehmen hatte dürfen, schossen die Gebote für seine Kuh nur so in die Höhe und endeten schließlich auf rekordverdächtigem Niveau!

Obwohl sich herausstellte, daß er Freunde dazu animiert hatte, ohne Rücksicht bis zum Zuschlag zu bieten, und er demjenigen mit dem Zuschlag das Geld hinterher zurückerstattete, er also sein eigenes Rind gekauft hatte, hieß es weit und breit ehrfürchtig: „Da Groß-Simmerl hat wieda amoi die teuerste Kuah g'habt!“

Man wird jetzt verstehen, weshalb sich der Lugger, auch nicht direkt ein Kleinbauer, aber bis jetzt eben kein großer Name im Zuchtgeschäft, vorerst schlagartig in die Höhen dieser Hierarchie katapultiert hatte.

Wobei sich Bewunderung und Neid schön die Waage hielten! Besonders im Greiznerbauern, einem an sich schon als boshaft und mißgünstig verschrieenen Menschen, war ihm seitdem ein erbitterter Feind erwachsen. Der Greizner hatte ebenfalls mit Speichelfäden in den Mundwinkeln um den Stier mitgeboten, aber ab sechstausend nicht mehr weitergekonnt!

Um seine demütigende Niederlage gegen diesen Jungspund herunterzuspielen, ließ der Greizner ab jetzt kein gutes Haar mehr an Kantus und tönte überall und allezeit, wie froh er in Wirklichkeit sei, daß dieses schwer überschätzte Vieh nicht ihm gehörte, bis ihm eines Tages am Stammtisch der Übelbacher genervt in die Parade fuhr: „Ja, und alle Weiber san schiach, sagt der Eunuch!“

Wenn der Greizner gewußt hätte, wie sehr auch den Luggerbauer bald der Ankauf reuen würde!

Als ich am winzigen Rainhof eine der drei vorhandenen Kühe besamte, blinzelte der Rainer zu mir herauf, während er den Kuhschweif hielt: „Hab'n S' schon g'hört? Da teure Stier vom Lugger geht net!"

Unter „geht nicht" ist kein Sitzstreik zu verstehen, sondern daß der Stier aus unerklärlichem Grund verweigerte, was männlichen Wesen allgemein als größter Spaßfaktor unterstellt wird, nämlich Sex zu haben!

Da der Käufer bei diesem Mangel eine Gewährleistung durch den Vorbesitzer zu erwarten hat, war es nur eine Frage der Zeit, bis mich der Lugger beiziehen würde. Allzulange brauchte ich nicht zu warten!

Fünf Wochen nach der Versteigerung rief der Lugger an und bat um einen Besuch. Er hätte bisher vergeblich versucht, ein paar Kalbinnen mit Kantus zuzulassen, aber der Stier stünde nur uninteressiert dahinter und imitiere höchstens ein paar nicht ernstgemeinte Aufsprungversuche! Es sei die reinste Katastrophe!

„Ich komme morgen!" versprach ich.

Auf dem Rasenfleck vor dem modernen Bauernhaus war die attraktive, dunkelhaarige Bäuerin gerade beschäftigt, Babysachen der jüngsten Tochter auf die Wäschespinne zu hängen. Während ich auf dem Weg zum langgezogenen Stallgebäude an ihr vorbeifuhr, winkte sie freundlich zwischen zwei roten Strampelhosen hervor!

Als erstes, nachdem ich ausgestiegen war, raunte mir der Lugger zu: „Falls Sie meine Frau fragt, der Stier hat nur viertausend gekostet, ja?"

Wir betraten den Stall.

Der im Preis gehörig herabgesetzte Kantus stand auf seinem Platz und wandte uns den edlen Kopf zu. Dabei trug er das gleiche ruhige Gewissen zur Schau wie ein Gewerkschaftsfunktionär, der von seinem wohlerworbenen Streikrecht Gebrauch macht! Ihn als allzu wohlgenährt zu bezeichnen, war erstens keine Übertreibung und zweitens etwas, was er ebenfalls mit so manchem Funktionär gemein hatte!

Nach eingehender Untersuchung des Genitalbereiches, aber auch der Hinterklauen (Probleme dort verhindern oft den Deckakt) rückte ich vorsichtig mit der Diagnose heraus. Vorsichtig deshalb, weil es manche Bauern überhaupt nicht gerne hören, daß ihre Tiere fett sind: „Der gute Kantus ist zu feist!" Jetzt war es heraußen! Zur Sicherheit setzte ich nach: „Es ist immer dasselbe! Auf die Versteigerung hin müssen sich die Tiere prall und glänzend präsentieren, und beim neuen Besitzer werden sie anschließend auch noch ordentlich mit Kraftfutter gestopft! Eine solche Mastkondition ist dem Sexualtrieb im höchsten Maße abträglich!“

(Zumindest verhält es sich bei Stieren so! Wie sich eine solche Situation auf Funktionäre auswirkt, entzieht sich meiner Kenntnis!)

„Sie müssen ihn unbedingt abspecken und ihm dann zuerst Kühe vorführen, die sind ruhiger und erfahrener! Wenn er kapiert hat, wie es geht, können Sie mit den Kalbinnen beginnen!“

Ich verschrieb dem faulen Kantus noch homöopathische Tropfen von *Agnus castus*, dem alten Mönchspfeffer, zur Libidosteigerung. Dann winkte ich der Luggerbäuerin hinter ihren feuchten Babysachen zum Abschied herzlich zu.

Einige Wochen später rief der Lugger zu Mittag an: „Phantastisch! In den letzten Tagen haben wir schon fünf Kühe zuag’lass’n und heut’ die ersten zwei Kalbinnen! Der Kantus geht jetzt wia die Feuerwehr!“

„Prima!“ grinste ich, „vielleicht bringt er es sogar bis zum Hauptmann!“

Karin, die das Gespräch zwangsläufig mithören mußte, weil der Lugger so ins Telefon geplärrt hatte, sah mich belustigt an und schüttelte den Kopf: „Was du den Bauern dauernd für Sprüche hinaufdrückst! Hauptmann!“

Ich grinste noch mehr: „Ich weiß! Was die Potenz betrifft, ist Leutnant besser als General! Stimmts?“

„Jawohl, Herr Oberleutnant!“ antwortete Karin. Nur daß sie dabei nicht salutierte, machte mich unsicher!

Zirka neun Monate später wurde das erste Kalb von Kantus geboren!

„Ich versteh’ das nicht!“ sagte der Lugger, während er mich durch den Stall führte, „vor drei Tagen is’ zur Welt ’kommen, putzmunter, hat schneidig ’trunk’n, und seit heut’ morgen liegt’s ganz apathisch da und hebt kaum den Kopf ...!“

Das Kuhkalb befand sich in einer dick mit Stroh ausgepolsterten Box, hatte einen leicht geblähten Bauch und stöhnte ab und zu leise.

Was mir sofort ins Auge stach – das funktioniert nach so vielen Praxisjahren ganz automatisch –, nirgends war eine Spur Kot zu entdecken! Kälberkot stinkt infolge der verdauten Milch nämlich bestialisch scharfsäuerlich und lockt haufenweise Fliegen an!

„Wie schaut denn der Mist aus?“ fragte ich.

„Koa Ahnung! Hab’ koan g’seh’n!“

Ich nickte, ging in die Hocke und zückte das Fieberthermometer. Jedoch die Öffnung, wo es hineingeschoben werden sollte, war nicht vorhanden! Lediglich eine daumenkuppengroße Vorwölbung bestand an dieser Stelle!

„Hab' ich mir doch gedacht! Kein After!" Ich zeigte dem Bauern die Aussackung unter der Haut: „*Atresia ani* heißt das im Fachjargon!"

„Woher kommt das?"

„Eine angeborene Mißbildung, bei der der Darmkanal nicht in der vollständigen Länge angelegt ist! Zum Glück scheint er hier bis fast an die Oberfläche zu reichen!"

„Wieso zum Glück?" Der Lugger war nicht gerade in Feierstimmung!

„Na, weil ich in diesem Fall einen künstlichen Ausgang schaffen kann! Damit wird das Kalb überleben! Zur Weiterzucht ist es natürlich aufgrund des Erbfehlers ungeeignet! Aber Sie können dann wenigstens ein Schlachttier daraus machen!"

„Sch...ön!" brummte der Bauer, „wenn 's net zuviel kost'!"

Ich verpaßte dem Tier eine Narkose und lagerte es derart auf einen Strohpacken, daß das Hinterteil nach oben ragte. Mittels Skalpell setzte ich einen kreuzförmigen Schnitt, aus dem sofort der orangeockerfarbige, zähe Embryonalkot hervorquoll. Nach einer gründlichen Reinigung des Operationsfelds faßte ich die Rektalschleimhaut mit einer gezahnten Pinzette, zog sie nach außen und nähte sie nach allen Seiten an die umgebenden Gewebeschichten.

Im Anschluß erhielt das Tier eine kräftige Ladung Antibiotikum.

„So! Mit der Flüssigkeit säubern Sie mehrmals täglich die Wunde, und in zwei Wochen ziehen wir die Fäden! Alles klar?"

Der Lugger starrte wie betäubt auf das eher unansehnliche Ergebnis plastischer Chirurgie und nickte mechanisch. Aber ich wußte, er würde die Nachbehandlung sorgfältig durchführen!

Nach vierzehn Tagen war die Wunde gut verheilt, und das Kalb hüpfte höchst munter in der Box herum, allerdings, da ich den Schließmuskel natürlich nicht ersetzen konnte, mit ständig verschmiertem Hinterteil. Das stellte jedoch lediglich einen Schönheitsfehler dar, und der Lugger hatte gute Laune, als er zahlte!

Diese änderte sich allerdings verständlicherweise, nachdem er mich ein paar Tage später anrief und mir mitteilte, daß nach zwei gesunden Tieren, allerdings männlichen, ein weiteres Kalb ohne After geboren worden war!

Sobald ich auf dem Hof eintraf, fiel meine Gemütslage ebenfalls unter den Gefrierpunkt! Dieses Kalb, wieder weiblich, hatte nicht die charakteristische Vorwölbung, sondern diesmal eine völlig ebenmäßige Fläche zwischen Schwanzwurzel und Vulva!

Der Lugger sah mich mit dem Ausdruck der Resignation, gemischt mit Hoffnung, an. Es half ihm aber nichts! Ich stach dem betäubten Kalb das Messer bis zehn Zentimeter tief ins Becken, außer Blut blieb jedoch nichts an der Klinge haften.

„Leider!" erklärte ich, „da ist nichts zu machen! Bei dem Kalb endet der Darmkanal viel weiter innen, und es ist unmöglich, ihn zu lokalisieren, geschweige denn, ihn genügend weit vor zu verlagern! Wir müssen das Tier töten!"

„Das gibt's ja net!" rief der Bauer verzagt, „so was hab' i' ja no nia derlebt! Wia is' denn das bloß möglich?"

Ich warf einen raschen Blick auf Kantus, der in seiner Ecke stand und genüßlich mit der rauhen Zunge den Salzstein bearbeitete.

„Hm, ich fürchte, daß Ihr neuer Star dieses spezifische Defekt-Gen offenbar dominant an weibliche Nachkommen weitergibt!"

„Was, der Stier? Da muaß i' ja sofort mit dem Verband red'n!"

„Das wird nix bringen! Für Erbschäden haftet niemand. Die einzige Möglichkeit ist, den Stier sofort aus dem Verkehr zu ziehen!"

„Unmöglich! Bei dem, was er 'kost' hat! Net dran zu denk'n!" Der Lugger sank erschüttert auf das Trittbrett des kleinen Stalltraktors.

Im Verlauf der nächsten Wochen erblickten fünf weitere Kälber das Licht der Geburtsbox, zwei davon mit vollständiger und aussichtsloser Afterlosigkeit!

Damit war das Schicksal von Kantus besiegelt!

„Beim Luggerbauer ist eine Fleischbeschau!" verkündete mir Karin. Als ich hinkam, stand die linke Doppelgarage, in der sonst die Landmaschinen untergestellt waren, weit offen, und zwei mächtige Rinderhälften baumelten, in Leintücher eingeschlagen, von einem starken Deckenhaken!

Auf mein Hupen kam der Lugger in grüner Latzhose und mit gelber Lagerhaus-Mütze auf dem Kopf herbeigelaufen.

„Warum haben Sie denn den Stier nicht dem Händler gegeben?" fragte ich verwundert, „so kann ich ihn nur für den Eigengebrauch tauglich erklären!"

Das Gesetz erlaubt es, in nicht behördlich genehmigten und dementsprechend ausgestatteten Räumen Schlachtungen vorzunehmen, allerdings mit der Einschränkung, das Fleisch ausschließlich im Selbstbedarf zu verwenden. Auf Kantus lagerte viel Fleisch, aber die Garage entsprach eben nicht einer zugelassenen Schlachtstätte!

Der Lugger zuckte die Schultern; „Genau dasselbe hat mi' der Wallner Andreas, der ihn heut' früh abg'stoch'n hat, auch g'fragt! Aber das war oafach a persönliche Sach' zwischen dem Stier und mir! Wenn er mi' schon fast in den Ruin 'trieb'n hat, friß i' eam a selber z'samm'!"

Naja, wie heißt es doch so schön: Rache ist Blutwurst! Während ich kopfschüttelnd den Untersuchungsschein auf der wackeligen Werkbank ausfüllte, hörten wir ein rasch näherkommendes Motorengeräusch, und ein dunkelblauer Geländewagen hielt quietschend vor dem Garagentor. Die Seitenscheibe ging runter, und der dicke Kopf des Greizner kam zum Vorschein!

„Naa! Sowas!" plärrte er. „I' hab's schier net glaub'n können, wia mir der Anderl grad verzählt hat, daß er in da Fruah den Stier g'metzgert hat! Aber wahrhaftig!"

Dann verzog sich sein fettes Gesicht zu einem höhnischen Grinsen, bei dem sich die schwarzen Bartstoppeln ins Doppelkinn bohrten: „Naa, um den Kilopreis tät i' des Rindfleisch net mögen! Also pfiat Di', Lugger, servus Dokta!"

Seinen Triumph auskostend, gab er Gas!

Der Luggerbauer war violettblau angelaufen, riß sich die gelbe Mütze vom Kopf und schleuderte sie dem davonbrausenden Greizner wutentbrannt, wenn auch vergeblich hinterher: „Also das Leb'n is' doch zum Speib'n! Die oan kumman gänzlich ohne Oaschloch auf d' Welt und der andere rennt als leibhaftig's ummanand!"

Dieser philosophischen Betrachtung hatte ich nichts hinzuzufügen!

Schuster, bleib bei deinem Leisten!

Eine nicht unbeträchtliche Anzahl von Leuten ist der Meinung, Gutmütigkeit sei gleichzusetzen mit Dummheit!

Dieser misanthropischen Einstellung kann ich mich keineswegs anschließen, aber eines ist mir infolge der nachstehenden Episode schmerzhaft klargeworden: Wenn man schon gutmütig sein will, soll man unbedingt vermeiden, auch noch blöd zu sein!

Karin war wieder einmal, mit meinen besten Grüßen an die Schwiegermutter, zu einem Kurzbesuch nach Kärnten gefahren, während ich daheim einsam die Stellung hielt. In der Praxis herrschte, ungewöhnlich für diese Jahreszeit, enormer Betrieb, vier, fünf zeitaufwendige Almvisiten pro Tag waren die Regel, und die Kleintierpraxis erlebte durch die zahlreichen Urlauber ein vehementes Zwischenhoch! Engländer, die zurück nach England reisten, benötigten für ihren Hund eine vorbeugende Bandwurm- und Zeckenbehandlung, schwedische Vierbeiner, die retour nach Schweden mußten, ebenfalls eine Bandwurmprophylaxe (Zecken haben sie dort oben selbst genug), Tierbesitzer, die ihren Liebling in die USA mitnehmen wollten, ein umfassendes Gesundheitszeugnis, am besten noch mit dem Vermerk, daß es sich bei Bello, Fiffi oder Minka nicht um gesuchte Terroristen handelt, und der Rest waren Patienten, die einfach eine Auffrischungsimpfung benötigten oder sich auf einer Bergwanderung eine Verletzung der Vorderpfote oder im kalten Gebirgsbach einen Schnupfen zugezogen hatten.

Darum war ich Karin neben allen sonstigen Liebesbeweisen höchst dankbar, daß sie den Telefondienst auch in der Ferne übernahm, ich also auf sie schalten durfte und sie mir die eingegangenen Visitenwünsche aus dem sonnigen Süden ins bewölkte Gasteinertal übermittelte!

Darüber hinaus freute ich mich auf den morgigen Feiertag, an dem ich, so war jedenfalls mein Plan, gründlich auszuschnaufen beabsichtigte und mich allenfalls im Bermudadreieck (wegen der bequemen Shorts) zwischen Bett, Eiskasten und Fernseher bewegen würde!

Von diesem Gedanken fröhlich inspiriert, öffnete ich dem letzten Besucher die Ordinationstür. Ein gepflegter älterer Herr, sehr modisch in dunkelbraunes Wollsakko und gelbe Weste gekleidet, führte eine freundlich mit dem langen Schweif wedelnde Promenadenmischung mittlerer Größe herein.

„Guten Tag!“ grüßte er, „wir machen uns Sorgen um Boris! Wissen Sie, er gehört unserer Tochter, und die ist mit ihrem Freund auf Urlaub nach der Dominikanischen Republik geflogen! Deshalb haben wir den Hund in Pflege genommen! Und gestern hat meine Frau beim Bürsten entdeckt, daß er eine Menge so komischer Gewächse am ganzen Bauch hat! Da wir die Verantwortung haben, wollen wir selbstverständlich nichts riskieren! Würden Sie daher Boris bitte anschauen?“

Selbst seine Sprechweise drückte Distinguiertheit aus!

Boris war von rustikalerem Gemüt. Er hatte in der Zwischenzeit das Ordinationszimmer einer gründlichen Inspektion mit der Nase unterzogen und, als er seinen Namen hörte, den Pflegevater begeistert angesprungen, so daß der zarte Mann ins Taumeln geriet! Gerade noch rechtzeitig fing ich beide auf, bevor sie am Boden landeten!

„Danke vielmals! Entschuldigung! Er ist trotz seiner zwei Jahre noch sehr ungestüm!“ Der Herr fuhr sich peinlich berührt über den von einem silbrigen Haarkranz umsäumten Kopf.

„Kein Problem!“ beruhigte ich. „Lebhafte Hunde sind auch für den Tierarzt wesentlich erfreulicher als dahinsiechende! Schaffen wir Boris einmal auf den Tisch!“

Die Aussage mit den lebhaften Hunden bereute ich im nächsten Augenblick! Sobald Boris kapiert hatte, daß er auf den Rücken gelegt werden sollte, kämpfte er, als ginge es um sein Leben! Er strampelte wie wild, und seinem Herrchen gelang es nur unter Aufbietung aller Mühen, ihn auf dem Tisch zu fixieren, indem er sich mit dem schmächtigen Oberkörper auf den Hund legte. Dabei bekam das Wollsakko eine Ladung heller Haare ab und er selbst eine Vorderpfote mehrmals ins Gesicht!

Ich selbst packte Boris’ Hinterbeine gemeinsam in der rechten Faust und strich mit der anderen Hand über die Bauchseite des sich windenden Hundes.

„Verzeihung, aber ich kann nichts Außergewöhnliches finden! Wo sollen denn die Gewächse sein?“

„Na hier und hier und da!“ keuchte der Herr, während er mit dem Zeigefinger auf bestimmte Stellen deutete und gleichzeitig wieder einen Tritt mit dem Hundefuß gegen das Kinn ausfaßte.

„Sie können Boris auslassen!“ rief ich.

Kaum fühlte der Hund die Umklammerung gelockert, schnellte er wie eine Sprungfeder in die Ausgangslage, hüpfte vom Tisch und setzte sich beleidigt neben die Eingangstür, wobei er aber trotzdem sicherheitshalber wedelte!

Sein Herrchen bürstete sich mit dem Handrücken die Haare vom Sakko und fuhr sich erneut über die Stirn.

„Ihre Sorgen sind völlig unbegründet, das sind keine Gewächse, das sind die Brustwarzen!“ erklärte ich lachend.

„Machen Sie Witze, Herr Doktor? Boris ist doch ein Rüde!“

„Na und? Haben Sie vielleicht keine Brustwarzen?“

„Ähem, schon, aber doch bloß zwei!“ stotterte der über soviel Intimität sichtlich peinlich berührte Pflegevater.

„Aha!“ nickte ich erbarmungslos, „und wie viele hat Ihre Frau?“

Er bekam einen knallroten Kopf: „Ach so, Sie meinen …!“

„Ganz genau! Jede Spezies hat ihre eigene Anzahl von Milchdrüsenanlagen, nur bilden sich diese bei männlichen Individuen nicht weiter! Außer vielleicht bei gedopten Sportlern!“

Ein verschämt verstehendes Lächeln begann die Gesichtszüge meines Gegenübers zu erhellen: „Na da bin ich aber sehr erleichtert, Herr Doktor, daß alles in Ordnung ist und meine Frau und ich uns keine Sorgen zu machen brauchen! Ihre diesbezüglichen Ausführungen waren sehr, ähem … aufschlußreich!“

Mit sichtlicher Zufriedenheit verließen sowohl Herr als auch Hund die Praxis.

Ich folgte ihnen, setzte mich zwischen zwei Forsythiensträucher auf die grünlackierte Gitterbank, die es meinen Patientenbesitzern bei Schönwetter erlaubte, im Freien zu warten, und steckte mir eine Pfeife an.

Da meldete sich das Mobiltelefon. Aha, Karin mit den Nachmittagsaufträgen!

Es war aber Harry! Seine Stimme klang nicht so unbeschwert wie sonst: „Hallo Hans! Was machst du denn am morgigen Feiertag?“

„Nichts Besonderes! Karin bleibt noch bis Freitag in Kärnten, und ich wollte einfach gemütlich ausspannen …!“

„Ausgezeichnet! Ich muß unbedingt mit dir reden! Unter vier Augen! Ich schlage vor, wir machen morgen einen kleinen Ausflug zum Hochkönig!“

Vor Schreck ließ ich beinahe die Pfeife fallen: „Bist du verrückt? Was soll ich am Hochkönig, noch dazu bei diesem Wetter? Wenn du mich sprechen willst, treffen wir uns irgendwo in einem Wirtshaus!“

„Ich brauche dringend frische Luft! Für morgen haben sie heiter angesagt, hörst du denn keine Wetterberichte, du meine Güte! Außerdem hab’ ich ja nichts von einer Konferenz am einsamen Gipfel gesagt, so geheim ist die Sache wieder nicht, ich dachte eher daran, daß wir zur Erich-Hütte hinaufwandern und dort zu Mittag essen!"

„Na gut, von mir aus!" Harry hatte mir schon so oft in verzwickten Kleintierfällen aus der Klemme geholfen, wenn er also unbedingt Bergluft dazu brauchte, um mir etwas anzuvertrauen, dann sollte er seinen Willen haben!

Im übrigen pflegen Wettervorhersagen, sofern sie mich betreffen, ebensowenig zuzutreffen wie meine Horoskope! In dieser beruhigenden Gewißheit ging ich abends schlafen.

Offenbar verfügte Harry aber doch über einen besseren Draht zu Petrus als ich, denn der um sieben klingelnde Wecker eröffnete mir einen noch ziemlich verschleierten Blick auf den zartblauen Himmel mit rosa Wölkchen vor dem Fenster!

Drei doppelte Espresso später quälte ich mich in die Bergschuhe, und punkt halb neun hielt ich am verabredeten Schotterparkplatz, wo Harry schon auf mich wartete.

„Danke fürs Kommen!" Er schien mir wirklich sehr gedrückt! Aber da wir uns auf seine Initiative hin trafen, war es auch sein gutes Recht, den Eröffnungszug zu tätigen. Er machte jedoch keine Anstalten, sondern marschierte einfach drauflos! Eine Weile stapften wir so schweigend bergauf. Schließlich wurde mir das doch zu dumm, und ich blieb stehen: „Hör mal, ich finde es ja ausgesprochen freundlich, daß du dir anscheinend Sorgen um meine Linie machst und mich in der Freizeit zu körperlicher Betätigung animierst, aber wolltest du nicht etwas mit mir besprechen?"

Er starrte auf den Weg, kickte einen Stein hinter die nächste Biegung und murmelte: „Claudia will sich scheiden lassen!"

„Sag das bitte noch einmal!" Ich stand wie vom Donner gerührt! Das war ja so, als hätte Miss Piggy ihrem Kermit geraten, gefälligst wieder in seinen Tümpel zu hüpfen! Obwohl Harrys Frau über den Vergleich mit der rosa Muppet-Dame aus guten optischen Gründen sicher nicht begeistert gewesen wäre! „Hat sie einen anderen?"

„Nein! Ich bin schuld!" gestand Harry zerknirscht. Dann rückte er endlich mit der Geschichte heraus! Auf der letzten VÖK-Tagung hatte er eine ehemalige Studienkollegin getroffen, „du kennst sie vielleicht auch noch, die Babs, so eine tolle Dunkelhaarige mit viel Holz vor der Hütte, hinter der damals die halbe Uni her gewesen ist", und nachdem man den gesamten Abend in einer gemütlichen Studentenkneipe von alten Zeiten geplaudert hatte, war es auf dem Nachhauseweg durch einen Park zu der verhängnisvollen Begebenheit gekommen! Babs hatte gerade ihrem langjährigen Lebensgefährten den Laufpaß gegeben und brauchte Trost, und Harry war nach Trösten zumute. „Wir waren beide nicht mehr nüchtern, wie du dir wahrscheinlich denken kannst!“ versuchte er eine lahme Entschuldigung, die allerdings auch beim Autofahren nicht zählt!

Am nächsten Tag bereute er schon kräftig und bemühte sich, wie wir Männer halt sind, während der Vorträge und Pausen möglichst viele der anwesenden Vereinigten Österreichischen Kleintierpraktiker zwischen sich und Babs zu plazieren, aber der Grundstein zum Drama war bereits gelegt!

„Hast du Claudia deinen Fehltritt gebeichtet?“

„Selbstverständlich nicht! Vielleicht hätte ich es später einmal getan, aber das hat sich gründlich erübrigt!“

Vorige Woche nämlich war Claudia mit dem Seminarbesuch über neueste Entwicklungen auf dem Gebiet der Osteosynthese dran gewesen (das Ehepaar wechselte sich bei Fortbildungsveranstaltungen stets ab) und dort ihrerseits auf eine verflossene Studienkollegin getroffen, die nichts Besseres zu tun hatte, als so lange ironische Andeutungen über Harrys Hang zu schönen Frauen von sich zu geben, bis Claudia energisch nachgehakt und die Wahrheit erfahren hatte!

„Woher hat diese Kollegin von eurem Techtelmechtel gewußt? Hat sie euch beobachtet?“

„Quatsch, Babs hat es ihr erzählt! Wahrscheinlich aus Ärger, daß ich ihr hinterher mit meinem schlechten Gewissen ausgewichen bin!“

„Na toll! Wenigstens hast du noch sowas wie Gewissen!“ Mir war überhaupt schleierhaft, wie man eine Frau wie Claudia hintergehen konnte, noch dazu mit jemandem, die zwar Holz vor der Hütte, aber offenbar auch Termiten im Dachgebälk hatte!

Mittlerweile war die Erich-Hütte erreicht, und wir ergatterten einen Tisch an der Hauswand, wo der Wind nicht hinkam. Zwei große Biere machten den Anfang, und Harry bestellte sicherheitshalber noch zwei große Schnäpse dazu!

Nach der zweiten Runde kam er drauf, daß er seine Zigaretten im Auto gelassen hatte. Der Hüttenwirt, den alle Erich nannten, obwohl er nicht so hieß, führte keine, und so schnorrte Harry nach der dritten Runde sämtliche Gäste und vorbeiziehende Wanderer um einen Tschick an!

„Willst du nicht langsam machen?“ fragte ich ihn besorgt, als er die Schnapsrunden jetzt schon alleine soff. „Du mußt doch noch fahren!“

„Dann fahr ich eben mit dem Bus und laß das Auto steh'n!" lallte er und grinste dabei, „wenn meine Frau mich steh'n lassen kann, dann werd' ich wohl noch so ein Scheißauto steh'n lassen können!"

„Dann ist es also ernst?"

„Todernst!" grinste er erneut.

„Und was willst du dagegen unternehmen? Ansaufen ist vielleicht nicht ganz das richtige Mittel, um die eigene Ehe zu kitten!"

„Ich? Ich kann gar nichts mehr tun, außer mich anzusaufen! Aber du! Du kannst was tun! Kannst du nicht mit Claudia reden und ihr sagen, daß es dir leid … daß es mir leid tut und daß ich dich nie mehr … daß ich sie nie mehr, nie, nie mehr verletzen werde, hups?"

„Ausgeschlossen!" erklärte ich.

„Also, hups, abgemacht, ja! Danke! Du bist ein, hups, Freund, wie er im Büchl steht!"

Er erhob sich schwankend und schrie, indem er mit dem fast leeren Bierglas in der Hand herumfuchtelte, daß die übrigen Terrassenbesucher in Deckung gingen: „Ja, schaut's nicht so blöd wie die abg'stochenen Kälber, mein Freund da schreibt nämlich Bücher, hups, über uns Tierärzte und so …!"

Ich zog ihn mit aller Kraft auf die Bank zurück: „Keine Angst, er ist harmlos!" rief ich den betretenen Gästen zu, „er hat es nur nie überwunden, daß er nicht studieren durfte, und drum redet er sich jedes Mal ein, wenn er zuviel getrunken hat, er sei Tierarzt …!"

„Was quatschst du da für einen Mist zusammen?" begehrte Harry auf, „ich bin Tierarzt und du auch und Claudia …!" Tränen stiegen ihm bei ihrem Namen in den glasigen Augen auf!

„Ein bißchen lauter!" zischte ich, „damit sie es in der Standesvertretung in Wien auch noch hören!"

Ich fand, es war Zeit zum Aufbruch! Mit Hilfe von Erich schaffte ich Harry auf den Weg, und da dieser bergab führte, hatte ich bis zum Parkplatz nur dafür zu sorgen, daß mein jammervoller Schützling nicht zu schnell wurde und in den Kurven geradeaus stolperte!

Ich chauffierte ihn heim, und da Claudia zum Glück nicht anwesend war, brachte ich ihn mit Hilfe seines Hausschlüssels nach oben ins (noch gemeinschaftliche?) Schlafzimmer. Dort plazierte ich fürsorglich zwei Stück Thomapyrin, eine Mineralwasserflasche und für alle Fälle einen Zehn-Liter-Plastikeimer neben das Bett, schluckte selbst eine Tablette und machte mich eiligst auf die Socken. In dieser Situation wollte ich nicht unbedingt einer betrogenen Ehefrau in ihrem Refugium über den Weg laufen!

„Auf keinen Fall!“ tat Karin nach ihrer Rückkehr am nächsten Abend, als wir mit einem Glas Wein auf der Terrasse saßen und die in der Dunkelheit verschwindenden Berggipfel betrachteten, kategorisch kund. Ich hatte soeben meine Schilderung von Claudias und Harrys Kalamitäten beendet und sie nach ihrer Meinung gefragt, wie man da wohl aus Sicht der Frau am besten vermitteln könnte. „Wer sich in anderer Leute Eheprobleme einmischt, richtet gar nichts aus und hat hinterher meist zwei Feinde!“

Tags drauf nahm ich schneidig die Kurven zur Bärkopf-Alm hinauf, als ich aus den Augenwinkeln heraus an der linken Straßenseite etwas im Stacheldraht hängen sah. Es war ein grauweißer Kater, der offenbar über den Zaun hatte setzen wollen und mit der Bauchhaut daran hängen geblieben war! Jetzt baumelte er wie ein Kluppensack an der Leine, drehbar nach allen Richtungen und völlig genervt durch eine Kalbin, die sich auf dieser Wiese befand und der es offenbar mächtig Spaß machte, sich immer wieder mit der Nase heranzuwagen und den Kater in ein kreischendes und fauchendes Bündel zu verwandeln, das dabei seine Krallen ausfuhr. Sein Problem bestand darin, daß sich bei jeder Kreiselbewegung seine Haut samt Fell mehr um die Drahtstacheln wickelte und durch das Blut in festen Filz verwandelt wurde!

Keine Ahnung, wie lange er schon hing, jedenfalls konnte ich ihn nicht dem Schicksal überlassen. Seufzend vor trüber Vorahnung, was mich erwartete, stieg ich aus! Ich führte natürlich keinerlei Ausrüstung mit mir, um mich vor einem rasenden Katzenvieh zu schützen (Narkosemittel war zwar vorhanden, aber dazu wäre auch eine kurze Fixierung nötig gewesen). Am schnellsten würde es gehen, ihn einfach mit der Schere abzuschneiden! Ich knüllte also den Arbeitsmantel zu einer Kugel zusammen und näherte mich dem haarigen Pendel. Selbiges war über das Auftauchen eines neuen Mitspielers wenig erbaut und verbiß und verkrallte sich augenblicklich in die entgegengestreckte Mantelkugel!

Diesen Moment nutzend, packte ich ihn mit der bloßen Hand und begann, seine biologische Verankerung am Draht abzuschneiden. Sofort kam mir vor, als würde ein vielarmiger Kaktus zum Leben erwachen! Er ließ Mantel Mantel sein und schlug sämtliche seiner scharfen Instrumente herzhaft in meine Linke! Besonders der in den Zeigefinger gebohrte Eckzahn sorgte für höchste Eile meinerseits! Mir war bewußt, daß ich mit dem blutigen Haarbündel zugleich auch ein, zwei Quadratzentimeter Bauchhaut mit abtrug, denn ein sorgfältiges Differenzieren war nicht drinnen, aber so würden wir uns nachher wenigstens gegenseitig nichts schuldig sein! Endlich, nachdem in mir schon leise Zweifel aufkeimten, ob ein Indianer wirklich keinen Schmerz verspürt, war ich mit der Schere durch, der Kater ließ von meiner Hand ab, fiel zu Boden und verschwand wie der geölte Blitz im Gebüsch! Die Kalbin, enttäuscht, daß ihr Spielzeug weg war, drehte sich ebenfalls weg.

Ich betrachtete meine ramponierte Hand von allen Seiten. Wahrscheinlich würde Harrys Flosse ähnlich aussehen, wenn er sich zur Zeit in den Umkreis seiner Frau trauen würde! Claudia! Es mußte was geschehen!

Ich verpaßte mir eine Dosis Antibiotikum aus einer der hinteren Schubladen und griff mit der gesunden Rechten zum Telefon.

Trotz Karins Warnung und der Erfahrung, daß weibliche Intuition in Beziehungskrisen männlicher Betriebsamkeit weit überlegen ist, wählte ich Claudias Handynummer.

Sie meldete sich freundlich wie immer.

Um nicht mit der Tür ins Haus zu fallen, bat ich sie um ihren fachmännischen Rat als Kleintierspezialistin, indem ich ihr vorflunkerte, eine Katze hätte aus einer Milchschale genascht, die als Fliegenköder gedacht war und in die der Besitzer aus humanitären Gründen zerstückelten Fliegenpilz eingelegt hatte, damit die armen Insekten nicht elendiglich ersaufen müßten, sondern friedlich vergiftet würden.

Claudia gab mir, wie sie es schon oft getan hatte, präzise Auskünfte, was im Falle einer dosisabhängigen Erkrankung der Katze zu tun sei, und ich bedankte mich artig. Beiläufig setzte ich nach: „Ach ja, übrigens, bei euch soll der Haussegen ein wenig schief hängen!“

Ihre Stimme wurde um einiges kälter: „Woher weißt du das?“

„Harry hat es mir gesagt!“

Sie wurde noch eisiger: „Stimmt! Aber ich wüßte nicht, was dich das angeht!“

Ich begann mich innerlich zu verfluchen! Karin hatte wieder einmal recht gehabt. „Na du bist gut! Immerhin zählt ihr, du und Harry, zu unseren besten Freunden, da wird man sich doch noch Sorgen machen dürfen, wenn eine Trennung im Raum steht!“

Sie machte eine kurze Pause. Dann klang ihre Stimme plötzlich spröde: „Hat er dir auch gesagt, warum es dazu gekommen ist?“

„Ja, in aller Offenheit! Er weiß, daß er einen Riesenblödsinn begangen hat, was heißt Riesenblödsinn, eine ausgemachte Schweinerei, aber es tut ihm wahnsinnig leid, er hat geschworen, so etwas nie wieder auch nur anzudenken, er liebt dich und hat fürchterliche Panik, dich zu verlieren! Du hättest den desaströsen Kerl gestern erleben sollen ...!" haspelte ich.

„Ich hab' ihn heute früh erlebt! Danke! Der Eimer war fast sauber, aber der Boden drumherum umso weniger! Und an mich und meine Gefühle denkst du dabei überhaupt nicht? Was schert euch Männer, was ein solcher Vertrauensbruch für Frauen bedeutet! Glaubst du, Karin würde so etwas einfach hinnehmen, dir großzügig verzeihen und tralala zur Tagesordnung übergehen, ha?"

In diesem Moment ritt mich der Teufel: „Da irrst du, meine Liebe! Karin *hat* mir damals verziehen!"

„Was?"

„Na meine kleine Affäre!" Ich fühlte mich bei dieser Lüge höchst unwohl, aber ich wollte nicht hinnehmen, daß sich zwei so prachtvolle Menschen ihr Leben ruinierten!

„Du? Du hattest eine Affäre?" Claudia hörte sich wie die fleischgewordene Ungläubigkeit an.

Ich wußte nicht, sollte ich diese Skepsis als Lob oder Beleidigung werten! „Wir haben es nicht an die große Glocke gehängt!"

„Harry schon!"

„Ja, aber Karin wollte sich auch nicht scheiden lassen! Wie steht es also mit der von dir behaupteten Unmöglichkeit, ein unbestreitbares, aber einmaliges Fehlverhalten als das zu sehen, was es im Grund genommen ist, nämlich ein hormonal gesteuerter Ausrutscher, der aber schon gar nichts mit der ursprünglichen Zuneigung und Kostbarkeit der gemeinsamen Beziehung zu tun hat, und es dem Partner nachzusehen!"

„Und Karin hat es tatsächlich so mir nichts, dir nichts eingesteckt und lebt in der größten Harmonie mit dir weiter? Das kann ich mir beim besten Willen nicht vorstellen!"

Ehrlich gesagt, ich auch nicht! Mein Unbehagen an diesem Lügengespinst wuchs mit jeder Sekunde! Aber einmal Münchhausen, immer Münchhausen! Jetzt gab es kein Zurück mehr:

„Von mir nichts, dir nichts war keine Rede! Aber letztendlich hat die Liebe gesiegt!"

Mann o Mann, als nächstes schreibe ich bestimmt einen Kitschroman!

Claudia legte eine längere Pause ein: „Ich werde darüber nachdenken! Servus!"

Uff! Mir war zwar, als trüge ich ab nun um die Seele einen dieser finsteren Grauschleier, wie ihn die Waschmittelwerbung gerne zeigt, aber der gute Zweck heiligt bekanntlich die Mittel!

Sie würde es sich überlegen! Das klang ja eigentlich sehr vielversprechend!

Wäre da nicht das unangenehme Pochen der beginnenden Entzündung in der linken Hand gewesen, hätte ich mir selbst applaudiert!

Die Lechner-Kuh lag schön säuberlich auf dem kippbaren Klauenstand, und ich wollte eben beginnen, ein übles Sohlengeschwür aufzuschneiden, als das Telefon in meiner Hosentasche brummte. Da ich noch reine Hände hatte, holte ich es hervor. Claudia! Das war aber fix gegangen! Etwas zu fix für meinen Geschmack!

„Was fällt dir ein, mir eine solche Geschichte aufzutischen? Karin hatte nicht die geringste Ahnung, wovon ich redete!"

„Du hast Karin angerufen?" rief ich entsetzt.

„Natürlich! Ich laß mich doch nicht auf den Arm nehmen! Keine Sekunde habe ich dein Märchen geglaubt! Dazu kenn' ich deine Frau zu gut! Ich bin schwer enttäuscht von dir! Aber vermutlich hat dich Harry zu dieser Schmierenkomödie angestiftet ...!"

„Um Himmels willen, nein!" unterbrach ich sie, „Harry ist völlig unschuldig! Ich geb' ja zu, der Plan war völlig hirnrissig und bestimmt nicht anständig dir gegenüber, wofür ich um Entschuldigung bitte, aber ich versichere, die Sache ist ganz allein auf meinem Mist gewachsen ...!"

Claudias höhnisches Lachen schmerzte im Ohr wie das Kreischen einer Kreissäge im Astloch: „Auf deinem Mist, jawohl, wo ihr beide hingehört! Du erwartest doch nicht im Ernst, daß ich euch nach alldem noch das geringste glaube! Ihr könnt mich kreuzweise, alle zwei!"

Ich starrte zuerst das Telefon an und dann den Lechner, der wiederum mich entgeistert anstarrte! Um den Eindruck zu vermeiden, es wäre meine liebe Frau gewesen, die so laut ins Gerät gekeift hatte, erklärte ich mit abwiegelnder Geste: „Nur eine hysterische Cousine, die Probleme hat!"

„Jaja, die Verwandtschaft!" pflichtete mir der Lechner wissend bei, „aber könn' ma hiatzt bittschön anfangan?"

Im höchsten Grade nervös betrat ich das traute Heim, wo Karin gerade die Treppe herabkam. Ihrem Gesichtsausdruck nach zu schließen, standen die Chancen auf zweite Flitterwochen zur Zeit ziemlich schlecht!

„Bitte, laß mich erklären, weshalb …!"

„Du brauchst nichts erklären! Das war Claudia gegenüber höchst unfair, und daß du mich in die Angelegenheit hineingezogen hast, gleichfalls!"

„Begreif doch, ich wollte Claudia nur einen Anstoß geben, den Vorfall nicht überzudramatisieren!"

Aber Karin ließ das nicht annähernd gelten: „Wie gravierend jemand eine Verletzung empfindet und wie er darauf reagiert, ist ganz allein seine persönliche Entscheidung! Außerdem hab' ich dich vor einer Einmischung ausdrücklich gewarnt!"

Damit rauschte sie wie Lady Macbeth an mir vorüber ins Wohnzimmer und schloß die Tür hinter sich betont kräftig.

Wie es aussah, würde ich den Rest der gestrigen Weinflasche allein trinken!

Ich rief Harry an.

„Du bist mir ein schöner Kindskopf! Was ist dir denn dabei eingefallen? Ist dir nicht vielleicht der naheliegende Gedanke gekommen, daß sich die Damen untereinander austauschen?"

„Bedauerlicherweise nicht!" gestand ich kleinlaut.

„Claudia ist soeben fuchsteufelswild ausgezogen!" seufzte Harry.

„Es tut mir wahnsinnig leid, die Sache verbockt zu haben, bloß war es ja deine verrückte Idee, daß ich mit ihr sprechen sollte! Karin hat mir rechtzeitig abgeraten! Wahrscheinlich weil sie ahnte, daß der Elefant im Porzellanladen gegen mich eine Primaballerina darstellt! Auf jeden Fall war es gut gemeint!"

„Das ist es ja! Gut gemeint stellt immer den Gegensatz zu gut gemacht dar! Aber laß dir keine grauen Haare wachsen! Würde dir bei deiner Glatze sowieso schwerfallen!! Wie ich meine künftige Ex-Frau kenne, hätte sie mich auch ohne deine Comedy-Einlage vor die Türschwelle gesetzt! Nur wäre sie nicht noch auf dich angefressen!" Er kicherte: „Daß Ehefrauen bisweilen einen Höhepunkt vorspielen, ist ja hinlänglich bekannt, aber daß ein Ehemann dasselbe mit einem Seitensprung tut, zählt als Novität!"

„Dann bleiben wir Freunde?" atmete ich erleichtert auf.

„Klar! Und du kannst mir auch weiterhin deine komplizierten Fälle überweisen, schließlich habe ich Babs gebumst und nicht du!"

Dieser unbestreitbaren Tatsache konnte sich auf Dauer selbst Karin nicht verschließen, und nach einigen Tagen entschloß sie sich, mir den virtuellen Ehebruch mit den Worten „Sentimentaler Kindskopf!" nachzusehen.

In der Realität möchte ich es jedoch lieber nicht ausprobieren, obwohl in Harrys Junggesellenbude zur Zeit auch ein Bett für mich frei stünde!

Eines jedenfalls habe ich aus der Sache gelernt: Tiere behandeln ist leichter als die Beziehungskiste anderer Leute!

Darum, Schuster, bleib bei deinem Leisten!

Fragen Sie den Tierarzt Ihres Apothekers!

Eigentlich heißt es ja: Zu Risiken und Nebenwirkungen lesen Sie den Beipackzettel oder fragen Sie Ihren Arzt oder Apotheker!

Zu Recht, denn besonders Apotheker freut es meiner Erfahrung nach riesig, wenn man sie um Ratschläge angeht!

Das kommt daher, weil sie zu den, gemessen an ihrer Tätigkeit, überqualifiziertesten Spezialisten im bunten Kaleidoskop akademischer Berufe zählen!

Nach einem langen und gewiß anspruchsvollen Studium, in dem sie sich mit langen chemischen Formeln plagen, sich kompliziertes medizinisches Fachwissen aneignen, Pflanzenbestimmungen durchführen, unerschrocken die giftigsten Substanzen auf das Milligramm genau abwiegen und lernen, aus weniger giftigen Komponenten heilsame Salben, Pillen, Latwergen oder Emulsionen zu zaubern, und davor noch ihre Entzifferungskünste, die jeden Ägyptologen erblassen lassen, an handgeschriebenen Rezepten unter Beweis stellen, besteht ihr trister Alltag hauptsächlich darin, sich hunderte Male hinter dem Verkaufspult umzudrehen, das gewünschte Medikament aus einer Schublade zu holen und die Schachtel auf den Tisch zu knallen! Ach ja, und zu kassieren, denn rechnen können sie natürlich auch!

Der glatte, saubere Verkauf solcher offizinalen, d. h. registrierten und industriell hergestellten, Medikamente hat leider die Bereitschaft manches Pharmazeuten, magistrale Verordnungen, d. h. auf Anweisung eines Arztes zusammengemischte Produkte, zu verfertigen, gegen Null sinken lassen.

Als ich mir vor einigen Jährchen in einer Apotheke, eingedenk unseres seligen Interne-Professors Jaksch, die Zusammenstellung eines Leinöl-Liniments wünschte, sah mich die blonde (Wasserstoff, jede Wette) Magistra an, als würde ich im Film Alien 3 mitspielen!

Es kann einem aber auch passieren, daß man eiligst eine Apotheke betritt und den freundlichen Herrn im weißen Mantel fragt: „Haben Sie was gegen Durchfall?“ und zur Antwort bekommt: „Natürlich! Besonders, wenn ich gerade im Urlaub bin!“

Bevor jetzt die komplette Kammer über mich herfällt, darf ich an dieser Stelle den Eid ablegen, daß ich dem pharmazeutischen Stand durchaus Hochachtung entgegenbringe.

Noch größer fiele dieselbe allerdings aus, würde nicht ein Teil der Standesangehörigen es für opportun erachten, auch rezeptpflichtige Veterinärpräparate ohne Rezept zu verhökern und anschließend bezüglich korrekter Anwendungsweise an den Tierarzt zu verweisen! Doch dazu später!

Der richtige Umgang mit Arzneien gestaltet sich mitunter schwierig. Viele Leute nehmen es mit der Dosierung von Antibiotika und Parasitenmitteln nicht so genau, zeigen aber dann wenig Verständnis, wenn sich aufgrund von entwickelten Resistenzen die Erfolge nicht mehr so recht einstellen wollen!

Ahnungslosigkeit ist dabei oft ein entscheidender Faktor!

So schneite einst ein sportiver junger Mann in die Ordination, um rasch für irgendeinen Onkel eine Pferdewurmpaste mitzunehmen.

„Wie schwer ist denn das Pferd?“ fragte ich.

„Woher soll ich das wissen?“

„Na ja, ich muß das Körpergewicht kennen! Danach berechnet sich die Dosis! Ein solcher Injektor reicht für sechshundert Kilo!“

„Soviel hat das Pferd bestimmt!“ nickte der Neffe.

„Kann schon sein! Es kann aber auch zweihundert Kilo mehr wiegen! Dann bräuchten Sie schon zwei Injektoren, um vom zweiten die Hälfte dazuzugeben!“

Er sah mich mit einem Blick an, der deutlich signalisierte, lediglich Bahnhof zu verstehen!

Ich reagierte auf das Signal und bemühte mich um eine volkstümliche Darstellung. Dabei zeigte ich durchs Ordinationsfenster auf den knallgelben, deutlich tiefer gelegten Wagen mit Breitreifen und roten Bremsbacken, aus dem er zuerst gestiegen war.

„Ihr Auto, zum Beispiel“, erklärte ich sanft, „wieviel Oktan braucht es?“

„98!“ versicherte er.

„Und was passiert, wenn Sie bloß 94 tanken!“

„Dann wird der Motor hin!“ Der Gedanke allein schien ihm Gänsehaut zu verursachen!

„Genau! Der Motor braucht seiner Stärke und Größe nach eine bestimmte Menge eines Stoffes! Und deshalb erkundigen Sie sich bitte bei Ihrem Onkel nach dem genauen Gewicht des Pferdes, ja?“

„Ah so? Na guat!“ Er drehte sich achselzuckend zur Tür. Plötzlich hielt er inne und strahlte: „Jetzt hab’ ich’s kapiert! Wenn man z’wenig Paste gibt, wird das Pferd hin!“

Wenn er das über den Umweg der nicht wirkungsvoll bekämpften Parasiten meinte, hatte er völlig recht!

Daß Unklarheiten bei der Medikamentation zu erheblichen Problemen führen können, bewies auch jene Dame, die mir ihren toten Kater in die Ordination schleppte. Fast siebzehn Jahre sei er alt gewesen, als er plötzlich abzumagern begann. Da sie der Meinung war, es hätte sich um Würmer handeln können, habe sie ihm Tabletten gegeben.

„Wobei", schränkte sie ein, „ich weiß nicht, ob die Tabletten auch wirklich gegen Würmer waren! Daraufhin ist es mit Felix rapide bergab gegangen! Glauben Sie, die Tabletten haben etwas damit zu tun?"

Der Andexerbauer schien dagegen robuster gewesen zu sein als Felix! Ein Kollege erzählte mir, daß er auf dem Hof ständig mit Eierstockzysten zu kämpfen hatte. Fast jede Kuh, die eigentlich besamt hätte werden sollen, wies diese Hormonentgleisung auf und mußte zuerst behandelt werden! Trotz mehrfacher Futteruntersuchung und -umstellung (Fruchtbarkeitsstörungen beruhen zum Großteil auf falschen Mineralstoffverhältnissen oder Spurenelementmangel) änderte sich an der Situation nichts. Der Andexerhof blieb ein Zystenproblembetrieb!

Deshalb war der Kollege der Einfachheit halber dazu übergegangen, dem Bauern einen Vorrat an entsprechenden Hormontabletten zu überlassen. In jenen Jahren unterlag die Medikamentenabgabe noch keinen so strengen Kriterien wie heutzutage. Die gebräuchlichsten Tabletten für die beschriebene Indikation hießen damals *Nyagestin*, waren winzig und von weißer Farbe. Somit ausgestattet, kam der Andexer mit vertretbaren Tierarztkosten über die Runden, bis er in den Ruhestand trat und die Landwirtschaft mangels eines geeigneten Nachfolgers verpachtete.

Auch der Kollege war bald darauf aus dem Berufsleben ausgeschieden und eines schönen Tages im Schuhgeschäft des Marktes, wo er neue Bergschuhe für seine gänzlich ungewohnte Freizeitfülle erstehen wollte, mit der gewesenen Andexerbäuerin zusammengestoßen!

„Sag' einmal", begann sie, „was war'n denn das für Tablett'n, die du dem Max seinerzeit geb'n hast? Von dem Zeug is' no a Hauf'n da, und jedes Mal in da Fruah, wenn der Max a paar in sein' Kaffee nei'haut, schimpft er, daß des Saccharin aa nimmer des is', was 's amoi war!"

„Unglaublich!" Ich schlug mir gegen die Stirn! „Und was hast du geantwortet?"

Der Kollege lachte herzhaft: „Ich hab' ihr geraten, zum ADEG rüberzugehen und ihrem Mann a Schacht'l echtes Saccharin zu kaufen!

Aber", er hob die Stimme und den Zeigefinger, „der Max hat, so viel ich weiß, sein ganzes Leben lang nie eine Zyste g'habt!"

Die *Nyagestin*-Tabletten sind seit vielen Jahren nur noch Arzneimittelgeschichte, was ich sehr schade finde, denn bei ihrer offenkundigen Wirkung dürften die Nachteile rein geschmacklicher Natur gewesen sein!

Was jedoch passieren kann, wenn ein Tierbesitzer den eingeschlagenen Behandlungsweg eigenmächtig verändert, dafür legt der Birnbacher Zeugnis ab!

Beim Birnbacher handelt es sich um einen Mann, der von sehr bedächtiger, ja fast stoischer Natur ist! Hudeln gibt es überhaupt nicht, und selbst normales Tempo ist diesem Bauern suspekt!

Man kann den Birnbacher ruhig als jemanden charakterisieren, der in Zeitlupe lebt!

Als ich ihm aufgrund seiner miserablen Fruchtbarkeitsquote im Stall einen Sack Spezial-Zusatz-Mischung für Sterilitätsprobleme anbot, schüttelte er den Kopf: „So was hab' i' no' vom Vorjahr!" Zum Beweis öffnete er den Stallschrank und zeigte mir die ungeöffnete Packung!

„Hab'n Sie was für'n Grind?" erkundigte er sich, nachdem ich eines seiner Kälber gegen Lungenentzündung behandelt hatte und bereits im Wagen saß.

Das war ebenfalls typisch! So wie Vortragende oft erst in der Pause mit Fragen bestürmt werden, brauchte man sich am Birnbach-Hof nur ins Auto zu begeben, um mit dem nächsten Problem konfrontiert zu werden!

„Aber selbstverständlich!" Ich stieg wieder aus und machte die Heckklappe auf. Bei Trichophytie, im Volksmund als „Grind" bezeichnet, handelt es sich um eine Hautpilzerkrankung, die erstens vom Tier auf den Menschen übertragen werden kann und zweitens sehr schwer zu bekämpfen ist. Zum Glück verfügte ich in meinem Repertoire über eine Grindsalbe nach einem uralten, von einem älteren Kollegen übernommenen Rezept, welches sich als unschlagbar erweist! Diese Salbe wird separat für mich angefertigt, und eine Zeitlang mußte ich schon befürchten, sie aufgrund vertrottelter EU-Vorschriften nicht mehr zu bekommen!

„Wie schwer hat's denn Ihre Viecher erwischt?"

„Ah, nur oa Kalbin, grad um die Aug'n und a weng was um den Hals!"

Man kann bzw. konnte Grinderkrankungen auch mittels Injektion heilen (das entsprechende Medikament ist jedoch in Österreich nicht mehr zugelassen, und andere Mittel sind sauteuer), aber in geringfügigen Fällen bietet sich die Salbe an.

Kurz entschlossen drückte ich dem Birnbacher eine Dose in die Hand.

Wiedersehen macht bekanntlich Freude!

Einige Wochen später war ich zu einer Besamung gerufen worden und saß bereits zur Abfahrt bereit im Wagen, als der Birnbacher mir die Dose durchs Seitenfenster hereinreichte:

„Übrigens, die Salb'n da müass'n S' z'rucknehmen, die is' hin!"

„Wer sagt das?" schnappte ich. Meine Grindpaste wird zwar mit zähem Naturfett hergestellt, welches mit der Zeit aushärtet, rissig und unansehnlich wird. Man muß sie dann aber nur in ein wärmendes Wasserbad stellen, ähnlich altem Honig, und sie erhält die ursprüngliche Verwendbarkeit zurück. Ich betone das schon automatisch bei jeder Abgabe! Aber beim Birnbacher funktioniert nichts automatisch! „Haben Sie die Salbe überhaupt schon einmal angewendet?"

„Naa! Aber am Wochenend', wo Sie koan Dienst g'habt hab'n, war der Kollege da und hat des festg'stellt! Dafür hat er mir die da dalass'n!" Er hielt mit der anderen Pratze ein kleineres Döschen hoch. Aha, *Sporyl*! Diese Salbe wird mit Kunstfett fabriziert und besitzt dadurch eine beständige Konsistenz! Aufgrund ihrer Inhaltsstoffe wundere ich mich zwar jedesmal über ihre Wirksamkeit, die sie in immerhin über 90 Prozent der Erkrankungen beweist, leider handelt es sich bei den restlichen Prozent um Pilzstämme, derer sie nicht Herr wird, und die hat meine Salbe bisher noch immer geknackt! Außerdem verkaufe ich prinzipiell keine Medikamente, deren Effekt nicht mehr gegeben ist!

Ich teilte dies in eher harschen Worten dem Birnbacher mit, erzielte aber wenig bis gar keinen Eindruck damit!

So blieb mir nichts übrig, als grummelnd die Dose zurückzunehmen und, weil er sie selbstverständlich schon aufgerissen und offenbar mit dem Daumen drinnen herumgestochert hatte, als unverkäuflich hinten im Auto zu verstauen.

Wieder zwei Wochen später rief der Birnbacher an! Das Grind-Kalb sei noch immer nicht gesund und hätte die anderen angesteckt! Mittlerweile habe der halbe Stall Grind, und er wäre sehr froh, wenn ich vorbeischauen könne!

Es bot sich mir das wohlbekannte Bild einer generalisierten Trichophytie-Infektion! Die befallenen Tiere hatten am ganzen Körper bis handtellergroße kahle Flecken, die sie sich teilweise blutig scheuerten. In diesem Stadium half keine Salbe mehr, hier mußte gespritzt werden! Ich arbeitete mich durch die gesamte Herde, denn die noch gesunden Tiere wurden prophylaktisch behandelt. „So, in einer Woche müssen wir das wiederholen!“ sagte ich und saß schon im Auto.

Nach altem Ritus trat der Birnbacher in letzter Minute nochmals an den Wagen und entblößte seinen behaarten Unterarm: „Und was soll i' mach'n? I' hab' mi' ja aa ang'steckt! Dreimal war i' schon beim Arzt, aber es hilft nix!“ Auf der Innenseite des Armes, zehn Zentimeter unterhalb des Handgelenkes, prangte eine feuerrote, hoch entzündete Stelle vom Umfang eines ovalen Bierdeckels!

„Haben Sie keine *Sporyl*-Salbe mehr?“ fragte ich boshaft.

Der Birnbacher winkte verächtlich ab: „Ah was, des G'lumpert!“

Mit dem Triumph und der Ironie ist es wie mit dem Glühwein: heiß schmecken alle am besten! Ich kramte die angebrochene Dose aus dem Fond: „Probieren Sie zur Abwechslung einmal das hier! Eine höchst empfehlenswerte Salbe! Schade, daß sie schon von jemandem aufgerissen wurde!“

Der Birnbacher identifizierte seinen Daumenabdruck und schnaufte ergeben: „Also guat, probier'n mir's!“

Bei der Nachbehandlung befanden sich sämtliche Rindsviecher samt Bauer bereits auf dem Weg der Ausheilung!

Trotz dieses eindrucksvollen Beweises der teilweisen Unersetzbarkeit von Rezepturen, die auf langjähriger Erfahrung alter Praktiker beruhen, hat die EU das Dispensierrecht der Tierärzte, d. h. die Berechtigung zur Zubereitung und Abgabe von Heilmitteln, bereits stark beschnitten, und es geistert in mehrjährigen Intervallen der Plan durch die entscheidenden Gremien, tierärztliche Hausapotheken überhaupt abzuschaffen und den Medikamentenbezug lediglich über öffentliche Apotheken zu regeln! Aus rein fachlichen Gründen erscheinen mir solche Überlegungen, denen mit aller Vehemenz entgegenzutreten ist, höchst fatal.

Das hindert jedoch manche Apotheken keinesfalls, eine solche Entwicklung ungeniert vorwegzunehmen!

Ein älterer Kollege, nennen wir ihn der Einfachheit halber Dr. Meier, hatte sich schon vor Jahren über eine solche geärgert und sich zum Zweck der verdeckten Ermittlung als Bäuerlein verkleidet. Mit alter Joppe und verfilztem Hut ausgestattet, hatte er das Geschäft betreten und bescheiden im Hintergrund gewartet, als sich ein Kunde nach dem anderen an ihm vorbeidrängte. Erst als der Laden schon ziemlich leer war, hatte ihm der Apotheker seine Aufmerksamkeit geschenkt und gönnerhaft gefragt: „Na, Vater, was kriegen wir denn?“

„Ja mei!“ hatte der Kollege im tiefsten Dialekt gejammert, „mir is' a Kuah krank 'word'n, wahrscheinlich d' Lunge, und der Tierarzt is' so viel teuer!“ Ob er nicht ein Flascherl Antibiotikum haben könne?

Ohne mit der Wimper zu zucken, händigte der Apotheker eine Flasche Penicillin aus, was im Falle von Rinder-Pneumonie allerdings nicht unbedingt erste Wahl ist!

„Kunnt i' no a Rechnung hab'n!“ greinte das Bäuerlein, „mei Alte dahoam is', was des Geld betrifft, so furchtbar mißtrauisch!“

Mitleidig lächelnd war ihm ein Beleg ausgestellt worden, und als das Bäuerlein dankbar das Geschäft verlassen wollte, rief ihm der Apotheker noch nach: „Vater, wart! Du wirst eine Spritze auch noch brauchen!“

Über soviel Hilfsbereitschaft gerührt, verfaßte das Bäuerlein alias Dr. Meier die anschließende Anzeige an die Bezirksbehörde in ungewöhnlich milden Worten!

Die Dame, die mit ihrem Zwergpudel in meiner Praxis erschien, zeigte sich einigermaßen verzweifelt: „Ich habe in der Apotheke einen Ohrreiniger besorgt“, sie zeigte mir die Schachtel, auf der eindeutig „rezeptpflichtig“ stand, „weil Tristan sich ständig an den Ohren gekratzt und den Kopf geschüttelt hat! Kaum habe ich das Mittel eingeträufelt, hat er minutenlang geschrieen und gewinselt, und seither läßt er sich dort nicht einmal mehr berühren! Einmal hat er sogar nach mir geschnappt! Er muß wahnsinnige Schmerzen haben!“

„Also diese Nebenwirkung ist mir völlig neu!“

Das war richtig! Ich konnte Tristans Gehörgänge erst inspizieren, nachdem ich ihn in eine leichte Narkose gelegt hatte. „Kein Wunder!“ sagte ich und knipste das Lämpchen des Othoskops aus, „er hat eine fortgeschrittene Entzündung, und stellenweise sind bereits offene Geschwüre vorhanden! Dieser Ohrreiniger enthält Salicylsäure, schauen Sie!“ – ich deutete auf die Packungsangaben –, „ein Mittel, das verkrustete Ablagerungen normalerweise löst, aber wenn es auf Geschwüre trifft, ist es so, als würden Sie sich Zitronensaft in eine frische Wunde träufeln! Das brennt wie der Teufel!“

Ich gab Tristan eine Spritze und mischte homöopathische Tropfen mit Kamille, um die lokale Reizung zu mildern.

„Warum hat mir das in der Apotheke niemand gesagt?“ fragte die Dame entrüstet.

„Weil keiner reingeschaut hat!“ antwortete ich trocken. Grimmig rief ich hinterher in der Kurapotheke an und erkundigte mich anonym, ob ich den besagten Ohrreiniger ohne Umstände so bekommen würde oder deshalb zum Tierarzt gehen müsse!

Die weibliche Stimme sagte: „Einen Moment!“ und tuschelte irgendetwas nach hinten. „Nein, Sie können einfach kommen!“ meldete sie sich im nächsten Augenblick wieder.

„Fein! Und was tue ich mit dem Mittel, wenn der Hund Geschwüre im Ohr hat?“

„Wieso Geschwüre?“ sagte sie schnell und legte auf!

Darum fiel meine Sachverhaltsdarstellung an die Bezirkshauptmannschaft um einiges geharnischter aus als die von Dr. Meier!

Irgendwie schienen die Mühlen der Behörde auch hier entsetzlich langsam zu mahlen, denn weiterhin erreichten mich Anfragen von Tierbesitzern, wie das eben gekaufte Medikament richtig zu dosieren wäre! Um nicht falsch verstanden zu werden: mir ging es nicht um den in Wahrheit eher geringen finanziellen Verlust – wenn ich nur geldorientiert arbeiten würde, könnte ich in meiner Praxis auch Tierfutter und -utensilien verscherbeln! Hier ging es ums Prinzip!

Einem günstigen Zufall gleich, weilte die Frau eines Bekannten für vierzehn Tage zur Kur im Lande! Ich bat sie, trotzdem sie zu Hause weder Schaukel- noch Seepferdchen hielten, sich den Artikel mit der größten allgemeinen Beliebtheit, eine bestimmte Pferdewurmpaste, auf Rechnung zu besorgen.

Diesmal wollte ich regelrecht Anzeige erstatten, und dazu brauchte es, wie Juristen es auszudrücken belieben, ein *fait accompli*, eine vollendete Tatsache!

Derzeit nicht lagernd, meldete mir Martina am nächsten Tag! Aber man sei so freundlich, welche zu besorgen, in zwei Tagen wäre sie da!

„Ausgezeichnet! Sobald du die Tube in der Tasche hast, frag bitte noch nach, ob die Paste eh auch gegen Bandwürmer wirkt!" Dem war natürlich nicht so, ich wollte bloß testen, ob man in dem Laden wenigstens Bescheid wußte, *was* da unerlaubt über die Budel wanderte!

Als mir Martina den Injektor samt Beleg aushändigte, lachte sie: „Auf meine Frage hat die Dame zuerst mit den Augenlidern geblinkt wie die Warnlampe bei der Ölreserve meines Autos, dann hat sie gemeint: ‚Ich glaube schon, aber erkundigen Sie sich doch lieber nochmals bei einem Tierarzt!'"

Also denken Sie daran! Nach jedem pharmazeutischen Großeinkauf für Ihren Liebling am besten gleich den Tierarzt Ihres Apothekers fragen!

Von Kühen und Tanten

Der Weg auf die Haberl-Alm führt über den Kreuzbichl, was sich im vorliegenden Fall als äußerst praktisch erwies, weil der Kreuzbichlbauer eine Besamung angemeldet hatte.

Zu meiner großen Überraschung wurde ich vom Kreuzbichler senior erwartet! Mit seinen nicht ganz sechzig Jahren war er für bäuerliche Begriffe noch ein verflixt junger Senior, aber da er sich im Laufe der letzten Jahre mit Haut und Haar der Politik verschrieben hatte, oblag es seither hauptsächlich dem Junior, den Betrieb zu „schupfen".

Da der jedoch mit seiner Frau und den Kindern für einige Tage nach Kroatien ans Meer gefahren war, genoß ich die Ehre, während der Besamung vom Landtagsabgeordneten persönlich den Kuhschwanz aus dem Gesicht gehalten zu bekommen.

„Da schau'n S', die Senta!" rief er plötzlich und deutete auf eine Kuh am anderen Ende des langen Laufstalles, „des macht die seit ein paar Tagen immer beim *Soach'n!*"

Ich drehte den Kopf und erhaschte gerade noch einen Blick auf besagtes Rind, das nach Zusammenfall des Harnstromes soeben den Schweif wieder herunterklappte und dabei wie wild mit den Hinterbeinen zappelte! Ameisen in der Hose kamen mangels Hose und Ameisen nicht in Frage! Fasziniert beobachtete ich, wie die Kuh noch eine geschlagene Minute die Füße kerzengerade nach vorne warf, als würde sie für einen Parademarsch proben.

Schließlich beruhigte sie sich allmählich.

„Seit wann hat sie solche Anwandlungen?" fragte ich den Kreuzbichler, während ich die leere Besamungspistole aus meiner Kuh herauszog.

„Woass net! Der Bua hat mir nix davon g'sagt, aber seit zwoa Tag, wo i' in den Stall geh', fallt's ma auf! Sonst is' s' g'sund!"

„Hm! Vielleicht eine Entzündung im Uro-Genitalbereich!" Ich unterzog die Kuh sehr zu ihrem Unwillen einer kurzen gynäkologischen Untersuchung, wurde jedoch nicht fündig, und zusätzlich einen Harnkatheter zu setzen, hielt ich bei der logischerweise leeren Blase für witzlos.

„Vermutlich nur eine Reizung der Schleimhaut! Ich spritze ihr auf jeden Fall etwas dagegen!" Normalerweise liefere ich gern solidere Diagnosen ab, aber wo nichts ist, hat selbst der Kaiser das Recht verloren!

Auf der Haberl-Alm erwartete mich schon der nächste kuriose Fall!

„Seit gestern kann die Olga nix mehr fress'n und der ‚Schlecker' hängt ihr aus'm Maul!" begrüßte mich der Bauer mit sorgenvoller Miene.

Wir betraten den Melkunterstand und fanden eine kleine Fleckviehkuh in der Ecke, die infolge der gut zehn Zentimeter weit herausstehenden Zunge keinen besonders intelligenten Eindruck machte!

„Im übrigen zeigt sie sich nicht krank?" fragte ich und begann zuerst mit der Allgemeinuntersuchung und dann mit der gründlichen Inspektion der Mundhöhle.

„Naa!" brummte der Haberl, „sie hat an Hunger, des kennt man ihr an!"

„Und es ist ganz plötzlich gekommen?"

„Ja!" brummte der Haberl.

In Gedanken ratterte ich die tausend Seiten von Rosenbergers „Rinderkrankheiten" durch, aber alles, was dort Zungenlähmungen hervorrufen konnte, ergab hier keinen Sinn! Tollwut, Botulismus, Listeriose, Hirnrindennekrose, ja sogar die berüchtigte „Holzzunge", eine bakterielle Erkrankung, konnte ich mit Sicherheit ausschließen.

Es handelte sich einfach um eine Lähmung unbekannter Ursache! Normalerweise spritzt man in so einem Fall einmal Vitamin B.

Vitamin-B-Mangel ist jedoch beim Wiederkäuer äußerst selten und vor allem in der Grünfutterphase höchst unwahrscheinlich!

Irgendetwas Kluges mußte ich jedoch schleunigst von mir geben, denn mein ratloser Gesichtsausdruck schien den Haberl nervös zu machen.

„Hm!" räusperte ich mich, „also sie hat eine Lähmung ...!"

„Das sieht man!" meinte der Haberl ungeduldig, „und was mach'n wir da?"

Meine Antwort zeugte jedenfalls nicht von großem Einfallsreichtum: „Ich spritze ihr einmal Vitamin B!"

Der Haberl hatte noch einen weiteren Patienten für mich, eine Kuh namens Gerti, die jämmerlich hinkte! Während der Bauer angestrengt und keuchend versuchte, das ruckartig anreißende Vorderbein abzuwinkeln und dabei in halbwegs ruhiger Arbeitsposition zu halten, versuchte ich ebenso angestrengt und keuchend mit dem gebogenen Klauenmesser, die veränderten Hornstellen in der steinharten Sohle nachzuschneiden, ob vielleicht ein winziger Eiterherd darunter säße! Eine Viertelstunde lang ächzten und stöhnten wir wie auf einer Gruppensexparty, da entdeckte ich endlich den Übeltäter: eine dünne Astspitze hatte sich in das weiche Fleisch des Zwischenklauenbereichs gebohrt und saß so plan, daß ich den schwarzen Punkt kaum mit der Pinzette fassen konnte! Genau in dem Augenblick, als ich im fünften oder sechsten Versuch das Ding endlich zu haben glaubte, ließ der Haberl Gertis Bein einfach fallen und brüllte mir ins Ohr: „Da, schaun S'! Die Olga frißt!"

Wahrhaftig! Vielleicht noch etwas unbeholfen, aber zielgerichtet erfaßte Olgas Zunge einen Schopf Heu und führte ihn hurtig ins hungrige Maul! Trotz der mangelnden Tischsitten ein herrlicher Anblick!

Zwei Minuten später hatte ich auch bei Gerti den blutigen Dorn entfernt und wollte mich zufrieden auf den Rückweg machen, als die Haberlbäuerin auf mich zutrat und fragte: „Herr Dokta, kann die Tant' mit Ihnen obefahr'n?"

Die Haberl-Tant' genoß eine Art Berühmtheit im Ort, weil sie zu den letzten Originalen zählte, die es heute einfach nicht mehr gibt! Eigentlich sollte sie seit Jahren schon im gemeindeeigenen Altersheim leben, aber von dort war sie aufgrund ihres eigenwilligen Betragens bereits nach kurzer Zeit wieder hinauskomplimentiert worden, rechtzeitig, ehe sich das Personal zu einer kollektiven Lynchaktion durchringen konnte!

Zu ihren zahlreichen Verstößen gegen die Heimordnung hatte beispielsweise gehört, regelmäßig anderen Tischnachbarn vor deren Augen auf die Mehlspeise zu spucken, um sich so diese Portion als Nachschlag zu sichern, mitten in der Nacht, wenn sie nicht schlafen konnte, den roten Alarmknopf auf dem Gang neben ihrem Zimmer zu drücken, um durch die heranbrausende Feuerwehr ein wenig Spätunterhaltung zu genießen, und im Fernsehzimmer stundenlang auf der Fernbedienung zu sitzen, damit niemand den ihr genehmen Sender wechseln konnte!

So war dem Haberl nichts anderes übergeblieben, als die Tant' zu sich zu nehmen und somit alle seine bisherigen und künftigen Sünden bereits auf Erden abzubüßen!

Ich hatte von der Haberltante schon so einiges gehört, das war wahrscheinlich auch der Grund für die eher geringe Begeisterung, sie nun als Beifahrerin zu haben! Dazu kam, daß meine Praxisautos für gewöhnlich Einsitzer darstellen, da der Nebensitz durch eine große Kunststoffbox mit unterschiedlichem Inhalt wie Karteien, Rauchutensilien und anderen nützlichen Dingen belegt ist.

„Auweh, auweh, auweh!“ kam es prompt aus dem Inneren der Almhütte, „meine Füaß’, meine Füaß’, i’ muaß ’nunter auf’n Hof zum Ei’schmier’n!“

Das klang so herzzerreißend, daß ich nicht anders konnte, als weich zu werden!

„Na schön!“ Ich verstaute mit Mühe die sperrige Box in den hinteren Wagenregionen und fuhr zusammen, als ich die Tant’ sah: eine lange, dürre Weibsperson in klobigem, hochgeschnürtem Schuhwerk und grobem Kittel, unter dem zumindest ein Unterrock hervorschaute. Darüber trug sie eine grell gemusterte Kleiderschürze und trotz der Schwüle eine alte graue Lodenjoppe. Das Gesicht mit kleinen boshaften Äuglein war von einem roten Kopftuch eingehüllt, über das zusätzlich ein speckiger Hut samt Hutband in verschossenem Grün gestülpt war. Dazu hing ihr eine Zigarette aus dem Mundwinkel. Das wirkte zusätzlich grotesk, denn meiner Erfahrung nach sind im bäuerlichen Milieu rauchende Frauen die absolute Minderheit!

Die Tant’ schien sich jedoch von meiner Verwunderung nicht weiter beeindrucken zu lassen, sondern saß in Anbetracht ihrer Beinschmerzen flink im Auto drin! Mir blieb also nichts übrig, als mich seufzend daneben zu quetschen.

Nach der ersten Kurve des schmalen Almwegs machte sie „Bähh“ und drückte die Zigarette in den Aschenbecher! „I mag koane Zigarett’n!“

„Warum rauchen Sie sie denn dann überhaupt?“ fragte ich verdattert.

Mir verschlug es über soviel Unverschämtheit glatt die Sprache, als sie darauf tückisch herüberblinzelte: „Weil mir der Bauer, der notige Mensch, sonst mei’ Tasch’ngeld kürzt!“

Zwei Kurven weiter begann sich im Auto ein unangenehmer Geruch nach altem Käse zu verbreiten. Da ich mir ziemlich sicher war, keinen an Bord zu haben, konnte es sich bei der Quelle nur um die Tant’ handeln! Ich ließ beide Seitenscheiben herunter.

„Do ziagt’s!“ schimpfte sie sofort.

„Na, Sie scheinen ja genug anzuhaben!“ meinte ich bissig.

„Geg’n’s Ziag’n hilft koa G’wand! Dös sollt’n S’ als Dokta schon wiss’n!“ kam die murrende Antwort.

Da ich die Alte schlecht mitten im Wald per Fußtritt aus dem Wagen befördern konnte, machte ich die Fenster bis auf Spaltbreite wieder zu und steckte mir eine Pfeife an.

„Guate Idee!“ reagierte meine Beifahrerin, kramte ihrerseits aus ihrer Rocktasche eine abgenagte Stummelpfeife samt losem, krümeligem Knaster, stopfte sie und zündete sie an. Im selben Moment erfüllte ein stinkig beißender Qualm den Innenraum, so als wäre ein vergammelter Komposthaufen in Brand geraten, und ich drehte eiligst die Fenster wieder runter! „Was um alles in der Welt pofeln Sie da? Wollen Sie nicht lieber meine Mischung probieren?“ Ich hielt ihr die Dose hin.

„Guate Idee!“ Sie schüttelte den Pfeifeninhalt unter einem Funkenregen teilweise in den Aschenbecher und mehrteils daneben, und während ich auf den Glutnestern zwischen den Pedalen herumtrampelte, befüllte sie ihren Tschibuk erneut! Nach einigen heftigen Zügen machte sie „Bähh“ und beutelte den Pfeifenkopf in einer erneuten Glimmwolke Richtung Aschenbecher. Schön langsam kam sie mir vor wie der Feuerteufel persönlich!

„Kindertabak! Schmeckt nach goar nix!“ spuckte sie verächtlich.

Zu unser beider Glück hatten wir die Hauptstraße erreicht, und von da an waren es zum Haberlhof nur noch schwache zwei Kilometer!

Am Morgen des vierten Tages traf mich der nächste Tiefschlag!

Zusammen mit dem Espresso servierte mir Karin nämlich die Nachricht: „Der Haberlbauer hat von der Alm angerufen und gesagt, daß der Olga seit heute früh wieder die Zunge heraushängt! Was meint er damit?“

Ich gebe ja zu, daß ich in der Früh, besonders nach unerfreulichen Botschaften, nicht besonders kommunikativ sein kann: „Na, wie er gesagt hat! Die Zunge hängt ihr raus!“ knurrte ich.

„Aha, vielen Dank! Und bis ich dir wieder einmal einen Kaffee serviere, wird sie dir auch raushängen!“ Damit drehte sie mittelmäßig pikiert ins Wohnzimmer ab. „’Tschuldigung!“ rief ich ihr nach und war wütend auf meine verfluchte Morgenmuffelhaftigkeit.

In meiner Ratlosigkeit rief ich die Universität an und verlangte die Rinderklink. Mal sehen, was die hohe Wissenschaft an Vorschlägen zu bieten hatte!

Die hohe Wissenschaft war um diese Zeit jedoch noch nicht im Hause, beschied man mir im Sekretariat, ich möge doch bitte gegen zehn Uhr nach den Visiten anrufen!

Na schön, es wartete vorher sowieso noch eine Menge anderer Arbeit auf mich, ich schluckte Karins vorläufig letzten Espresso hinunter und begann die tägliche Tour!

Um viertel nach zehn bekam ich einen sehr freundlich bemühten Assistenten an den Apparat, der zwar voll des guten Willens war, mir zu helfen, aber mir leider erklären mußte, daß es außerhalb der bereits von mir angedachten Krankheiten Olgas Symptomenbild eigentlich nicht geben dürfte!

Ich bedankte mich höflich und legte seufzend auf.

Das alte Lied! Der kleine Landtierarzt mußte es selber richten!

Pflichtbewußt machte ich auf dem Weg zur Haberlalm noch am Kreuzbichlhof halt, um mich nach der strampelnden Kuh zu erkundigen. Da die Jungfamilie noch mindestens bis Sonntag in der Adria plantschte, war der Herr Landtagsabgeordnete weiterhin in Gummistiefeln statt in der Salontracht um die Wege!

„Die Senta? Die zappelt genau wie vor der Behandlung!“ Nach einiger Mühe, bei der sich die Kuh ebenso widerspenstig gebärdete wie die Opposition, hatte er das Tier ins Halsgatter gesperrt. Diesmal setzte ich einen Harnkatheder, was Senta mit einem flotten Tritt quittierte!

Wenn die Blase bei Rindern nicht völlig gefüllt ist, fließt in den meisten Fällen anfangs kein Harn ab. Man darf sich dadurch jedoch nicht entmutigen lassen, sondern muß einen sachten Reiz setzen, indem man etwa den Katheter vorsichtig in der Harnröhre hin und her schiebt oder durch ihn Luft in die Blase pustet.

Ich wendete beide Verfahren an. Beim Pusten erweist es sich vor allem als vorteilhaft, zuerst zu kontrollieren, ob der Harn bereits fließt, ehe man erneut ansetzt!

Bei Senta tat sich längere Zeit ebensowenig, als würde ich einen Traktorreifen aufblasen, aber dann begann es langsam doch zu tröpfeln, und schließlich plätscherte ein goldgelber Strom zu Boden, worauf die Hinterbeine sofort ihren wilden Stepptanz aufzuführen begannen! Schnell hielt ich einen Urinteststreifen unter den Strahl, wurde dadurch aber auch nicht klüger. Warum die Kuh jedes Mal beim Pinkeln in eine Art Stechschritt vefiel, blieb ein völliges Rätsel!

„Probieren wir's einmal mit etwas *Folium uvae ursi*!“ Ich drückte dem Kreuzbichler ein Säckchen getrocknete Bärentraubblätter, ein bewährtes, billiges Mittel bei Harnwegserkrankungen von Wiederkäuern, ganz ohne Nebenwirkungen und mit dem Vorteil, daß sie es von selbst fressen, in die Hand.

Der Herr Abgeordnete betrachtete es mißtrauisch wie ein schlechtes Umfrageergebnis, aber bevor er Fragen stellen konnte, war ich längst dahin!

Der Haberl sah auch nicht besonders glücklich drein: „Bis gestern auf d'Nacht war alles in Ordnung, aber seit heut' früh kann sie wieder net fress'n! Schaun S' selber!“

Olga stand mit dem durch die heraushängende Zunge verursachten dämlichen Gesichtsausdruck im Melkunterstand und schaute verzweifelt drein! Offenbar hatte die Vitamininjektion ihre Wirkung eingebüßt!

„Ich geb' ihr nochmals die Spritze!" verkündete ich optimistisch.

Und tatsächlich! Kaum hatte ich das obligate Alm-Stamperl getrunken, hatte sich bei Olga die Mobilität ihrer Mundwerkzeuge wieder eingestellt!

Ich zuckte die Schultern: „Bleibt uns nichts übrig, als den Verlauf abzuwarten!"

Als ich zum Auto schlurfte, stand zu meinem Entsetzen bereits die Haberl-Tante in Position, als würde sie auf die Abfahrt des Linienbusses warten!

„Kann i' wieda mit Ihnen mitfahr'n?" Ihr herrischer Tonfall bewies, daß sie die Frage lediglich als unnötige Höflichkeitsfloskel ansah.

Mir stiegen die sogenannten „Grausbirnen" hoch: „Heute leider nicht, ich … äh … muß noch ganz, äh … dringend in die andere Richtung …!"

„Auweh, auweh, auweh!" verfiel sie augenblicklich in ein Gezeter und begann wie wild, die dickbestrumpften Beine auf Knie- und Oberschenkelhöhe zu reiben, „meine Füaß, i' muaß aber dringend hoam, daß i' mir's ei'schmier'n kann! Die Schmerz'n! Der Wehdam! Oh mei, oh mei!"

Bevor sie die Massage auf höhere Regionen ausdehnte, kapitulierte ich: „Also gut, aber ich stell' zwei Bedingungen: kein Rauchen und die Fenster bleiben unten, klar?"

Kaum hatte ich den Sitz freigeräumt, saß die Tant' auch schon drauf! Jedes Mal erstaunlich, diese Geschwindigkeit bei Bewegungsbeschwerden! Als ich den Wagen umrundete, knurrte ich der Haberlbäuerin zu: „Kann sich die Tant' nicht ihr Zeug zum Einschmieren mit herauf nehmen …?"

Die Bäuerin ließ ein bitteres Kichern hören: „ Ei'schmier'n? Daß i' net lach! Fernseh'n will s', die alte Godl! Ganz fernsehnarrisch is'! Morgen in da Fruah laßt sie sich vom Milchchauffeur wieder bis zur Abzweigung auf der Hauptstraß' bringen und geht durch'n Wald auffa! Die hat bessere Füaß wia mir zwoa mittanand!"

Ach so läuft der Hase? Na Gott sei Dank befand ich mich in der richtigen Stimmung, der lästigen Vettel eine Lektion zu erteilen: „Anschnallen, es geht los!"

Man sagt mir allgemein nach, kein langsamer Fahrer zu sein, aber diesmal nahm ich den Almweg unter die Räder, als gelte es, die Portugalrallye zu gewinnen! Linkskurve, Rechtskurve, Achtung Baum, vierter Gang …

„Öhhöö!“ ließ sich die Tant’ vernehmen, „was rasen S’ denn so, Herr Dokta, mir versäumen ja nix …!“

„Doch! Ich hab Sie gewarnt, daß ich es eilig habe, also lenken Sie mich gefälligst nicht ab!“

Bremsung, Haarnadelkehre, Schlingern, Beschleunigen, hoppla Schlagloch, Rechtskurve, Linkskurve, uff! Mit quietschenden Reifen bog ich in einer Staubwolke auf die freie Hauptstraße, überholte achthundert Meter weiter zwei LKWs auf einmal und nahm die Kuppe, daß es uns hinterher in die Federn drückte! Lieber ein Radlager opfern, als dauernd den Tanten-Taxler zu spielen, dachte ich!

Aus den Augenwinkeln heraus beobachtete ich die Tant’! Seit ihrer letzten Bemerkung hatte sie keinen Mucks mehr von sich gegeben!

„Besser wie im Fernsehen, was?“ grinste ich boshaft.

Es kam weder Verneinung noch Bestätigung! Nur die weißen Fingerknöchel, mit denen sie sich anklammerte, zeigten, daß ich mit der

Frage nicht so falsch lag. Die Gabelung zum Haberlhof kam mit hohem Tempo auf uns zu!

„Sie, Sie können mi' glei' da aussteig'n lass'n!" ächzte die Tante.

„Aber nein, auf das kommt's jetzt wirklich nicht mehr an!" erwiderte ich freundlich und donnerte den Schotterweg entlang! Vor dem Bauernhaus zog ich die Handbremse und kam in elegantem 180-Grad-Bogen zum Stehen, wobei die sonnenbadende Hühnerschar vor dem wegspritzenden Kies gackernd die Flucht ergriff!

Wortlos wälzte sich die Tante aus dem Auto und wankte stöhnend und ziemlich breitbeinig dem rettenden Haustor zu. Jetzt war mir auch klar, woher trotz der offenen Fenster der merkwürdige Geruch der letzten Minuten herrührte! Gott sei Dank trug sie genügend Schichten am Leib!

Ich erreichte sogar noch rechtzeitig vor der Mittagspause das Blumengeschäft, um einen großen Blumenstrauß für meine liebe Karin zu besorgen, denn schließlich hatte ich noch ein kleines Zuneigungsdefizit auszubügeln!

Das Wort Defizit brachte mich auch auf den richtigen Gedanken, als der Haberl einige Tage später anrief, um mir mitzuteilen, daß die gute Olga eine erneute Vitamingabe benötigte! Es wäre zwar noch nicht so schlimm wie die letzten Male, kündige sich aber bereits eindeutig an!

„Wissen Sie was, die Kuh hat offenbar ein immer wiederkehrendes Defizit an Vitamin B! Woher, wissen die Götter! Es ist aber völlig unmöglich, alle paar Tage nachzuspritzen. Besorgen Sie sich am besten einen Sack Bierhefe, die ist ein hervorragender B-Lieferant, und verfüttern Sie täglich ein paar Handvoll an die Olga! Abgemacht?"

Gesagt, getan! Schon am Abend erhielt ich vom Haberl die gute Nachricht, daß Olga die Bierhefe mit Genuß gefressen und sich ihr Zustand daraufhin wie erwartet gebessert hatte!

„Danke für den Rat, i' tua jetzt oafach so weiter!" schloß er zufrieden.

Als mich einen Monat später der Weg noch einmal auf die Haberlalm führte – ein Kalb war in den Stacheldraht geraten und bekam jetzt an der Wunde eine ausgeprägte Entzündung –, machte ich vorher Halt am Kreuzbichlhof.

Diesmal war der Bauer selbst wieder anwesend und baß erstaunt über mein Auftauchen!

„Ich wollte nur nachfragen, wie es der Senta geht!" erklärte ich.

„Der Senta? Guat! Warum soll's ihr net guat geh'n?"

„Na, weil ich sie während Ihres Urlaubs zweimal behandelt habe! Haxelt sie noch immer beim Wasserlassen?“

„Aber ja! Des tuat sie ja schon immer! Und desweg’n hab’n Sie behandelt? Davon hat mir der Vater gar nix g’sagt!“

„Aber ja! Jetzt kenn’ ich mich nicht mehr aus! Er hat mir die Kuh vorgestellt, weil sie beim Harnen dauernd so rumzappelt! Ich habe daher, obwohl ich nichts finden konnte, irgendeine schmerzhafte Reizung der Harnwege vermutet und ihr dagegen was gegeben …!“

Der Kreuzbichl junior brach in schallendes Gelächter aus: „Typisch Politiker, wenn man so einen an die praktische Arbeit laßt! Die Senta mag’s net, wann ihr die Nässe auf die Füaß spritzt, und deswegen strampelt sie! Des wird er net g’wußt hab’n, weil er ja nix mehr mit’n Stall z’tuan hat! Kummen S’, i zoag’s Ihnen!“

Er trieb die Kuh ins Fanggatter, zog einen Schlauch herbei und drehte auf. Das Geräusch konnte es nicht sein, denn Senta stand ruhig und suchte mit dem Maul enttäuscht die leere Futterrinne ab!

Der Kreuzbichler hielt die Schlauchmündung jetzt so, daß ein hauchfeiner Sprühregen die Hinterbeine der Kuh benetzte. Sofort fing sie mit dem Veitstanz an!

„Da seh’n S’? Genauso mag sie’s net, wann’s beim Pinkeln spritzt! Normalerweis is’ sowas den Kühen wurst, aber die Senta is eben in dera Hinsicht empfindlich! Dageg’n laßt sich wohl nix mach’n, oder?“

Ich war baff! Eine eigenwasserscheue Kuh war mir bisher noch nicht untergekommen!

„Gummistiefel?“ schlug ich scherzhaft vor.

Der Kreuzbichler grinste: „Ja, die vom Vatern san eh die meiste Zeit frei…!“

„Tut mir jedenfalls leid, daß ich sie umsonst behandelt habe!“

„Na, ganz umsonst wird’s wohl schon net werd’n!“ lachte der Bauer und machte die Geste des Geldzählens. „Aber da is’ der Herr Abgeordnete schuld! Nächstes Mal wähl’ i’ dafüa a and’re Partei!“

Ja, wenn er das so sah …!

Das Kalb vom Haberl war rasch versorgt! Auf den ersten Blick hatte es ausgesehen, als wäre die Sehnenscheide von der Infektion mitbetroffen, aber glücklicherweise handelte es sich lediglich um eine tiefe Fleischwunde!

Im Hintergrund wartete Olga, die der Haberl vorsorglich seit der Früh im Stall belassen hatte, damit ich sie mir nochmals anschauen konnte. Seit sie regelmäßig ihre Bierhefe erhielt, waren die seltsamen Lähmungserscheinungen verschwunden! Doch reiner Vitamin-B-

Mangel! Offensichtlich waren ihre Pansenbakterien momentan nicht in der Lage, dieses zu synthetisieren!

Als ich langsam auf Olga zuging, wich sie zurück, soweit es die Kette zuließ. Die beiden Injektionen waren genau zwei Injektionen zuviel gewesen!

„Geh Alte, sei net dumm! Bist eh g'sund!“ versuchte ich es mit beruhigendem Ton. Aber Mißtrauen ist bekanntlich schneller aufgebaut als Vertrauen! Nicht nur im Tierreich!

Erst die Tatsache, daß ich ihr ein paar Handvoll Hafer-Gerstenbruch in den Holztrog warf, schien sie von meinen redlichen Absichten zu überzeugen! Geräuschvoll leckte sie das Kraftfutter auf.

„Scheint alles zu funktionieren!“ sagte ich befriedigt und drehte mich zum Haberl um.

Plötzlich spürte ich etwas an der Gesäßtasche, und als meine Hand hinfuhr, war es bereits zu spät! Blitzartig wirbelte ich herum und bekam gerade noch den Zipfel meiner Brieftasche zu fassen, ehe sie vollständig in Olgas Mund verschwand!

„Schnell, nehmen Sie s' beim Kopf!“ schrie ich den Haberl an, denn lange konnte ich das nasse Ledereck mit den Fingerspitzen nicht mehr halten!

Der Bauer packte die Olga im Schwitzkasten und stemmte ihr die Faust in die günstigerweise bei jeder Kuh vorhandene Lücke zwischen Schneide- und Backenzähnen, ich kam von der anderen Seite, und gemeinsam quarrten wir der Kleptomanin die Kiefer auseinander! Mit einem Ruck hatte ich die Brieftasche frei. Sie glitschte zwar vor Speichel, und aus einem Bißloch kollerten einige Münzen zu Boden, aber die Barschaft war gerettet!

Olga, die mir offenbar demonstrieren wollte, wie prachtvoll sie dank meiner Behandlung wieder mit ihrem Schleckwerkzeug herumfuhrwerken konnte, drehte ob der rüden Behandlung beleidigt den Kopf von uns ab.

„Die haben Sie ja gut abgerichtet!“ schnaufte ich zum Haberl, während ich die Brieftasche notdürftig an der Arbeitshose abwischte.

„Ja!“ feixte er, „aber das nutzt mir net viel, weil außer 'm Tierarzt kummt koaner mit an dick'n Geldbörsl in mein' Stall! A Schnapserl auf den Schreck'n?“

Ich setze mich auf die Bank an der Hüttenwand und lehnte den Kopf gegen die Blumenkästen vor dem offenen Stubenfenster. Der leichte Wind spielte mit den Blütenköpfen der Geranien, und eine fette Hummel zog ihre Kreise.

Als die Haberlbäuerin uns den Enzian servierte, fragte ich laut: „Was ist denn heut' mit der Tant'? Will sie denn gar nicht mitfahren?"

„Naa, naa, Herr Dokta!" tönte es prompt von innen durch die Geranien durch, „heut' is' net notwendig, meine Füaß san wieder ganz guat!"

„Freut mich zu hören!" rief ich in die Blumen zurück und grinste die Haberlbäuerin an, die mir schelmisch zuzwinkerte. Anscheinend hatte ihr die Tant' von der Höllenfahrt mit dem narrischen Viechbader ausgiebig berichtet!

Den herben Enziangeschmack im Mund, fuhr ich kurz darauf den Almweg flott, aber nicht zu flott hinunter.

Ein interessanter Vormittag, dachte ich: zuerst eine Kuh als Zimperliese enttarnt, dann eine andere als Geldbörslzieherin aufgedeckt und schließlich ein hartnäckiges Fußleiden durch simples Schnellfahren kuriert!

Daher mein Tip an alle Orthopäden: kauft euch einen Ferrari!

Der Wolf und die bösen Geißlein

Die alte Toreinfahrt, durch die man direkt zu den Wirtschaftsgebäuden von Gut Waldenfels gelangt, präsentierte sich in ihrer damaligen Anlage für Pferdefuhrwerke unverändert schmal für moderne Arbeitsgeräte. Trotzdem benützte ich sie lieber als die imposante Einfahrt vor dem Herrschaftshaus, weil die Öffnung in der verwitterten Backsteinmauer, welche stellenweise völlig von Rankpflanzen überwuchert war, mir jedes Mal das aufregende Gefühl meiner Kindheit wiederbrachte, wo eine geheimnisvolle Tür den Zugang zu einem Abenteuer bedeuten konnte! Gleich hinter der Mauer umfing einen der herrliche Geruch nach Stall, Heu und frischem Gras, der mich als Stadtkind immer in seinen Bann geschlagen und maßgeblich zu der Entscheidung, Tierarzt zu werden, beigetragen hatte!

Es war schon eine Zeitlang her, daß ich das letzte Mal auf Gut Waldenfels gewesen war. Das hing mit der Pensionierung von Herrn Aigner, dem vormaligen „Schaffer“ (eine leider im Verschwinden begriffene Bezeichnung für den Verwalter), und der Nachbesetzung des Postens mit Herrn Wolf zusammen!

Selbiger, ein spröder Vorarlberger, vertrat die Ansicht, teure Pferde benötigten Spezialisten, und so war ich seither durch einen Kollegen ersetzt worden, der als hippologischer Fachtierarzt in einer entsprechenden Klinik im bayerischen Grenzgebiet tätig war.

Dagegen ließ sich prinzipiell auch nichts einwenden, denn mit Ultraschallgerät und Thermokamera, mit der sich verborgene orthopädische Probleme identifizieren lassen, war er eindeutig besser ausgerüstet als ich, der ich zur Apparatemedizin ein eher distanziertes Verhältnis pflege. Außerdem gehörte Herr Wolf zu jenen Leuten, die der Meinung waren, Tierärzte müßten aufgrund der Bezahlung unbedingt das tun, was man ihnen anschafft!

Ich schätze durchaus, wenn Tierhalter ihre persönliche Meinung äußern, die sehr oft richtungsweisend sein kann, und bin gerne bereit, meine Ansicht über einen Fall und die ins Auge gefaßte Therapie ausführlich darzulegen, aber ich habe nicht so lange studiert, um mir von Leuten, die schlußendlich doch nur Laien sind, die Vorgangsweise diktieren zu lassen.

Der einzige, der einem Tierarzt anzuschaffen hat, ist seine Frau! Punktum!

Daher war ich diesmal auch nicht in Sachen Pferde unterwegs, sondern in Sachen Ziegen! Die Gräfin hatte vor geraumer Zeit eine arme alte Tauernscheckin aus Mitleid erworben, und die brave Geiß – niemand ahnte etwas von ihrer Trächtigkeit – hatte es ihr durch den Wurf entzückender Zwillingskitze vergolten, die ihrerseits bereits wieder Nachwuchs bekommen hatten, und somit lebten augenblicklich drei Generationen der wertvollen Ziegenrasse auf Waldenfels!

Die kleine Herde war der Gräfin mittlerweile ans Herz gewachsen, noch dazu, wo in der Heraldik des Familienwappens links oben ein Geißbock vorkam, so daß sie beschlossen hatte, diese schönen und intelligenten Tiere weiterhin zu halten.

Um aber mit entsprechenden Zuchtböcken zwecks Vermehrung in Kontakt treten zu können, muß, so verlangt es das Gesetz, vorher die CAE-Freiheit des Bestandes nachgewiesen werden, und deshalb hatte sie mich gebeten, Blutproben abzunehmen.

Obwohl sie in einem weißen Arbeitsoverall steckte – die Betreuung ihrer Lieblinge überließ sie keinem Angestellten –, verkörperte sie noch immer die elegante Erscheinung, als die ich sie in Erinnerung hatte. Auch während sie die Tiere festhielt, damit ich die Vene mit dem Daumen stauen und das Blut durch die Nadel in das Röhrchen fließen lassen konnte, verlor sie nichts an Grandezza. Dem hysterischen Gemecker der überraschten Delinquenten – Ziegen sind furchtbar wehleidig – begegnete sie, trotz ihres eisernen Griffes, wirksam mit beruhigenden Worten.

Üblicherweise falle ich vor dem Begriff „Adel" schon gar nicht auf den Hintern, aber diese Frau hatte Klasse!

Als wir uns in einem kleinen Nebengewölbe des historischen Stallgebäudes die Hände an einem zierlichen Wandbrunnen aus Untersberger Marmor wuschen, fragte sie: „Darf ich Sie zu einem Glas Sherry zu mir bitten? Ich hätte mit Ihnen etwas zu besprechen!"

Bevor ich antworten konnte, kam jedoch ein Gutsarbeiter in das Gewölbe gestürmt: „Der Herr Dokta soll bittschön zum Herrn Graf'n kommen!"

„Ja, dann müssen wir wohl unsere Unterhaltung auf ein andermal verschieben!" meinte die Gräfin bitter, „wer mit den Wölfen heult ...!" setzte sie kryptisch hinzu.

Waldenfels empfing mich in seinem eher schlichten Arbeitszimmer. Er erschien mir seit unserer letzten Begegnung ziemlich gealtert und erhob sich auch nur mühsam aus dem Stuhl, um mir die Hand zu geben. Sicherheitshalber zog ich den Bauch ein und überprüfte schnell aus den Augenwinkeln mein Spiegelbild in der Glasscheibe eines alten Bücherschrankes, ob ich eventuell auf ihn den gleichen Eindruck machen würde! Das Resultat ließ mich einigermaßen aufatmen!

„Nehmen Sie Platz!“ forderte er mich freundlich auf. „Zigarre? Ich weiß, daß Sie Ihre eigenen bevorzugen (siehe: *Mit der Kuh auf du*, Kapitel: *Wer angibt, hat mehr vom Leben*), aber zur Not tun’s meine auch!“

Ich lehnte ab. Nicht daß ich beleidigt war, nicht mehr als Haustierarzt zu fungieren – die Gründe gestalteten sich ja, wie erwähnt, aus fachlicher Sicht durchaus vertretbar –, aber ich wollte auch vermeiden, den ob der plötzlich gewährten Audienz in Ehrfurcht Erstarrten zu geben!

Der Graf schien meine Gedanken zu spüren, denn er sah mich nachdenklich an: „Lange haben wir uns nicht mehr gesehen!“

„Ja!“ antwortete ich, „und was kann ich für Sie tun?“

Einen Augenblick irritierte ihn meine trockene Art, dann fragte er ruhig: „Ist es eigentlich gesund, frische Ziegenmilch zu trinken?“

„Für junge Ziegen jedenfalls!“ kommentierte ich lakonisch.

Er hob eine Augenbraue: „Gut, versuchen wir es andersrum: kann es gesundheitsschädlich sein, frische Ziegenmilch zu trinken? Man hört doch immer wieder was von Tuberkulose und ähnlichem!“

„Da kann ich Sie beruhigen! Das war früher einmal ein Problem, aber infolge rigoroser Bekämpfungsmaßnahmen ist Salzburg seit Jahrzehnten tuberkulosefrei, so daß jede Art von Frischmilch als völlig unbedenklich gilt!“

Waldenfels seufzte: „Ich bin zur Zeit gesundheitlich ein wenig beeinträchtigt, und meine Frau verlangt von mir deshalb, jeden Morgen ein Glas kalte Ziegenmilch zu mir zu nehmen, aber ich verabscheue diesen Geschmack!“

„Ja!“ nickte ich verständnisvoll, „mir ging es als Kind mit Sanostol genauso!“

„Dazu kommt“, setzte er hinzu, „daß unser Verwalter, Herr Wolf, absolut gegen Ziegenhaltung auf einem Gestüt ist! Er behauptet, davon ginge eine unkalkulierbare Gefahr für die Pferde aus …! Meine Frau jedoch will sich unter gar keinen Umständen von ihren Tieren trennen, und deswegen ist es bereits zu einigen unerfreulichen Konfrontationen zwischen den beiden und sogar mit mir gekommen!“

Ich erhob mich: „Graf, in Ihre Betriebsführung samt persönlichen Problemen möchte ich mich nicht einmischen! Das einzige, was ich

Ihnen dazu versichern kann, ist, daß, normalen Gesundheitsstatus vorausgesetzt, eine gleichzeitige Haltung von Pferden und Ziegen überhaupt kein Problem darstellt!“

Er quälte sich aus dem Sessel und gab mir die Hand: „Ich danke Ihnen jedenfalls für die freundliche Beratung!“ Man sah ihm an, daß er sich erhofft hätte, von mir eine klitzekleine Bestätigung für die ziegenfeindliche Haltung seines Verwalters zu erhalten!

Vor dem Arbeitszimmer schoß eine gedrungene Gestalt um einen granitenen Mauerpfeiler. „Was is' jetzt mit den Goaß'n?“ zischte eine Stimme in alemannisch gefärbtem Ton.

Anscheinend hatte Herr Wolf mir dort die ganze Zeit aufgelauert!

„Keine Ahnung! Fragen Sie Ihren Chef!“ erwiderte ich kühl.

Er kratzte sich ratlos die schüttere Frisur: „Ja soll das jetzt heiß'n, daß die Viecher dableib'n? Haben Sie ihm nicht g'sagt, daß das gefährlich is'? Unser Tierarzt meint das auch! Die übertragen so Sach'n wie Tuberkulose (aha, daher wehte der Wind), Würmer, Räude und so weiter! Sogar die Jäger erzähl'n, daß durch die Goaß'n auf der Alm die Gamsräude verbreitet wird …!“

Da schau her! Offenbar pflegte der Pferdespezialist, um seine üppigen Honorare auch weiterhin beziehen zu können, als Gegenleistung Gemeinheiten über Ziegen zu verbreiten! Herr Wolf hatte, wie erwähnt, die Leidenschaft, Tierärzten seine Ansichten auf das Auge zu drücken! Woher die Abneigung des Verwalters gegenüber diesen intelligenten Tieren, denen sogar die Insel Capri ihren Namen verdanken soll, herrührte, war mir schleierhaft, aber auch egal!

Jedenfalls konnte ich den Blödsinn nicht einfach im Raum stehen lassen: „Was für dumme Aussagen!“ fauchte ich, „TBC ist bis auf Tirol in Österreich kein Thema mehr, Ziegenwürmer können Pferde ebensowenig infizieren wie Verwalterwürmer, und was die Gamsräude anbelangt, stecken eher die Gemsen, in deren Population die Krankheit zirkuliert, die Ziegen an, obwohl das aufgrund des Übertragungsmodus in der Praxis auch eher unwahrscheinlich ist! Und jetzt entschuldigen Sie mich bitte, ich hab' noch andere Dinge zu erledigen, als paranoide Thesen zu widerlegen!“

Mit eleganter Unfreundlichkeit ließ ich ihn stehen.

Ich hatte, obwohl bereits Samstag Nachmittag, tatsächlich einen weiteren, zimlich entfernt liegenden Termin! Aus dem unteren Pinzgau hatte mich ein Bauer gebeten, nach seinem Kalb zu sehen, das vermutlich Lungenentzündung hatte. Er hatte bisher vergeblich versucht, in der Nähe einen Tierarzt mit Wochenenddienst aufzutreiben!

Nachdem der Mann sehr höflich angefragt und ich Zeit hatte, sagte ich zu.

Es erwies sich als leicht, den stattlichen Hof auf einer kleinen Anhöhe zu finden, wo ich bereits von einem eher schmächtigen Bauern von ungefähr siebzig Jahren erwartet wurde, der sich nochmals für mein rasches Kommen bedankte. Mit dem Hochgefühl, eine allseits zufriedenstellende Visite zu absolvieren, betrat ich den Stall.

Dort prallte ich entsetzt zurück! Wenn man anderswo meinte, die Luft wäre zum Schneiden, so hätte man diese hier nur mit einem Bulldozer hinausbefördern können!

Es war das alte Lied, daß manche Tierbesitzer die Klimaverhältnisse im Stall in ihrer Bedeutung nicht ernst nahmen! Zu warm, zu stechend durch den Ammoniakgehalt, zu zugig, in dieser Reihenfolge lauten die Sünden!

Während ich neben dem Bauern nach Luft schnappend einherstolperte, preßte ich hervor: „Zu warm haben Sie's hier!"

Der Bauer reagierte nicht und schritt zügig aus! Sicher hatte er meine Bemerkung überhört, was kein Wunder war, denn im Stall herrschte aufgrund der Hitze beständige Unruhe: eine Kuh scheuerte sich wie wild an der Kette (wahrscheinlich Schweißekzem), eine andere drückte die Nase ins Tränkbecken, so daß das Wasser gurgelnd herausschoß, eine dritte muhte herzhaft, offenbar in der Meinung, ich wäre gekommen, um endlich die verdammten Fenster aufzumachen!

Schließlich hatten wir die Box mit dem schnaufenden Kalb erreicht. Der Bauer hielt es fest, und ich ließ das Thermometer in Aktion treten! 41,6°! Kein Wunder! „Zu warm haben Sie es hier drinnen!" ließ ich mich nochmals, diesmal lauter, vernehmen!

Von einer Sekunde auf die andere – so etwas hatte ich in über zwanzigjähriger Tätigkeit noch nie erlebt – schlug die bisherige Freundlichkeit des Mannes in absolute Bösartigkeit um: „I' hab' Sie schon vorher aa verstanden!" knurrte er und funkelte mich gehässig an, „aber mein' Stall richt' i' mir her, wie i' will!"

Das hatte ich gebraucht! Ich bin immer bemüht, neben den eigentlichen Behandlungen meinen Bauern auch prophylaktische Ratschläge zur Verbesserung einer Situation zu hinterlassen. Wenn diese bei einem Ohr rein- und beim anderen rausgehen, was allerdings eher selten passiert, braucht sich der Betreffende jedenfalls hinterher nicht beklagen!

Daß mir aber jemand auf einen sanften Hinweis derart patzig kommt, war neu! Das konnte ich allerdings auch: „Na, wenn Sie so überg'scheit sind, wundere ich mich doch sehr, daß Sie kranke Tiere haben …!"

„Ah so is' das!" Dem Bauern stieg förmlich die Wut ins Gesicht! „Geh' ab! A so oan Dokta brauch i' net!" Er ließ das Kalb aus und schob mich vehement aus der Box.

Ich stopfte im Gehen das Thermometer in die Tasche zurück: „Kein Problem! Wer zahlt, schafft an! Und zahlen werden Sie natürlich! Im übrigen, per du wären wir erst mit einer gemeinsamen Großmutter, klar?"

Ziemlich kochend über diesen Spinner fuhr ich die weite Strecke nach Hause, wo sich Karin wunderte, daß ich nicht, wie Samstag abends üblich, die Fußballzusammenfassung im Fernsehen verfolgte, sondern mich sofort ins Arbeitszimmer verzog. Ich wollte unter allen Umständen verhindern, daß mein Ärger abflaute, ehe ich dem Menschen eine Rechnung geschrieben hatte! Unter Zuhilfenahme der tierärztlichen Honorarordnung komponierte ich eine Kostenauflistung wie Beethoven eine Symphonie! Auch dort war das Finale imposant! Einen kurzen Moment überlegte ich noch, die gemessenen 41,6 Grad des Kalbes ebenfalls in die Summe einfließen zu lassen, so wie man es Kellnern beim Datum nachsagt, aber aus Seriositätsgründen verzichtete ich doch darauf. Es war auch gar nicht nötig!

Nachdem ich die Honorarnote ins Kuvert gesteckt hatte, lehnte ich mich entspannt zurück und steckte mir eine Pfeife an. Vermutlich würde es nächste Woche zuerst wütende Proteste des kleinen Cholerikers hageln, verbunden mit der Weigerung zu bezahlen, und die Sache würde bei meinem Rechtsanwalt landen!

Völlig überrascht stellte ich jedoch zehn Tage später fest, daß der Gesamtbetrag klaglos überwiesen worden war. Der seltsame Landwirt hatte sich den verletzten Stolz einiges kosten lassen!

Leider passiert das im Leben eines Tierarztes nur ein einziges Mal, daß er für bloßes Fiebermessen den Gegenwert einer kompletten Geburt verrechnen kann!

Und dann begann das große Verwerfen auf Gut Waldenfels!

Die Gräfin machte einen völlig deprimierten Eindruck, als sie mir beim Lösen der Nachgeburt bei einer ihrer Ziegen assistierte, die in der Nacht tote, haarlose Zwillinge geworfen und nun Fieber hatte!

„Stellen Sie sich vor, das ist schon die dritte Geiß mit vorzeitiger Geburt und abgestorbenen Jungen! Aber das Schlimmste ist, daß, nachdem es bei meinen Tieren losgegangen war, bereits zwei Stuten ebenfalls abortiert haben! Sie können sich vorstellen, was los ist! Der

Verwalter, der schreckliche Mensch, tobt, und mein Mann besteht jetzt strikt darauf, daß sämtliche Ziegen abgeschafft werden! Was das für meine alte Frieda bedeutet, interessiert ihn nicht!“ Eine Träne stieg ihr ins Auge und glänzte mit den Perlenohrringen um die Wette. Frieda, die alte Tauernscheckin, drängte meckernd an das Holzgatter, als hätte sie begriffen, daß es um ihr Schicksal ging.

„Außerdem richtet mein Mann gegen Sie den Vorwurf, Sie hätten ihn um meinetwillen unrichtig über das Gefahrenpotential von Ziegen informiert! Der Amtstierarzt war auch schon da und hat bei sämtlichen Muttertieren mit Abortus Blutproben gezogen …!“

„Und?“ fragte ich.

Bevor die Gräfin antworten konnte, kam schon wieder ein Gutsmitarbeiter herein und richtete aus, der Graf würde mich gerne sprechen! Na gut, ich war mit der Arbeit sowieso fertig!

Waldenfels ließ mich beim Betreten des Arbeitszimmers deutlich seine Verstimmung erkennen, besaß aber soviel Etikette, mir Platz und Zigarre anzubieten. Ich lehnte beides ab.

„Also, Herr Doktor!“ begann er und legte die Fingerspitzen beider Hände gegeneinander, „nachdem wir seit kurzem erhebliche Störungen der allgemeinen Fruchtbarkeit feststellen müssen, hat der Amtstierarzt entsprechende Untersuchungen veranlaßt! Das Ergebnis habe ich hier!“ Er entnahm einer Mappe mehrere Papierbögen und hielt sie mir entgegen: „Toxoplasmose!“ Nach einer kleinen, bedeutungsvollen Pause fügte er hinzu: „Der Amtstierarzt hat mir versichert, daß es sich dabei um Abortuserreger handelt, die zwar bei Stuten nicht unbedingt, aber unter ungünstigen Umständen doch Verwerfen auslösen können! Bei Schafen und Ziegen stellt es allerdings keine Seltenheit dar!“

„Das ist richtig!“ antwortete ich und wünschte mir, mein Mund wäre nicht so verdammt trocken, „aber normalerweise werden die Toxoplasmen eingeschleppt! Bei Ihnen gibt es nicht zufällig Katzen auf dem Gut?“

Der Graf machte eine unwillige Handbewegung: „Katzen? Bestimmt nicht! Gegen Katzenhaare bin ich allergisch! Mag sein, daß hin und wieder ein Streuner trotz der Hunde das Gelände durchquert, aber in den Stallungen wurde noch nie eine Katze beobachtet! Jedenfalls, die Ziegen kommen weg, und von Ihnen, Herr Doktor, ich muß es gestehen, bin ich einigermaßen enttäuscht!“

Mir stieg das Blut ins Gesicht, während ich mir eine knappe Verbeugung abrang: „Dann kann ich diese Tatsache nur bedauernd zur

Kenntnis nehmen, Graf, sie aber momentan leider nicht ändern. Leben Sie wohl!“

Draußen, auf der geweihgeschmückten Galerie, von der die breite Treppe hinunter in die Halle führte, beschlich mich das widerliche Gefühl, das ich zweimal an der Uni erlebt hatte: die Schmach nach dem Durchrasseln bei einer Prüfung!

Hochgradig sauer marschierte ich zum Wagen, als mir unterwegs ein Gedanke einschoß! Waldenfels war aufgrund seiner gesundheitlichen Beeinträchtigung sicher nicht mehr sehr oft im Stall, vielleicht konnte ich, wenn ich unverdächtig fragte, von jemandem, der sich ständig dort aufhielt, doch herausbringen, ob es Katzen gab! Und wenn ich mit diesem präpotenten Wolf nochmals reden müßte!

Ein älterer Gutsangestellter kreuzte meine Bahn. Ich kannte den Mann noch von früher, wir waren immer prächtig miteinander ausgekommen. Jetzt antwortete er jedoch ausgesprochen unwirsch auf meine Frage: „Gibt es hier irgendwelche Katzen auf dem Hof?“

Wahrscheinlich hatte der Verwalter den Leuten eingeredet, die abortierten Fohlen wären meine Schuld!

„Katzen? Naa!“

„Schön, wo ist der Verwalter?“

Er machte eine mürrische Kopfbewegung: „Hint'n!“

„Wo hinten?“ fauchte ich. Wie einen Lausbuben ließ ich mich behandeln!

„Na hint'n, in der alt'n Gesindewaschkuchl! Bei seine Has'n!“

Ein Verdurstender, der auf allen vieren durch die Wüste kriecht, konnte beim Ruf „Eisgekühlte Limonade“ nicht hellhöriger werden als ich!

„Hasen?“

„Ja, Karnickel! Der Schaffer zücht' dort oan Hauf'n Kaninchen! Vorn, im Vorraum, tuat er s' zerleg'n und aapack'n, und dann werd'n s' auf Bauernmärkten oder an Gasthäuser verkauft! Is' a guater Nebenverdienst für eam!“ setzte er neidisch nach. „Drum brauchert er ja dringend die Räume, wo hiatzt die Goaßn san!“

So lief also der Hase im wahrsten Sinne des Wortes! „Und der Graf weiß davon?“

Dem Mann schien zu dämmern, daß er vielleicht etwas zuviel ausgeplaudert hatte! Er zuckte die Achseln und brummte: „Was woaß i'! Wahrscheinlich!“ Damit drehte er sich abrupt um und ließ mich stehen.

Die alte Gesindewaschküche, die noch aus der Zeit der Holzbottiche und der Waschrumpel stammte, befand sich meines Wissens nach als langer Anbau auf der Rückseite des Gutshauses und stand natürlich seit Jahren leer!

Die betagte Eingangstür trug ein nagelneues, massives Vorhängeschloß, das aber momentan offen war.

Der Vorraum bot, wie der Mitarbeiter gesagt hatte, den Anblick einer netten kleinen Metzgerei mit Hackstock, Schneidbrettern, Messern und einem Folienverpackungsgerät. In einer Schachtel lagerten sogar Klebeetiketten mit dem Aufdruck: Waldenfels, der Fürst unter den Kaninchen! Nicht schlecht!

Ich öffnete die Tür zum Hauptraum. Dieser war bis auf den gemauerten Herd, der einstmals zum Wassererhitzen gedient hatte, von allen Gerätschaften leergeräumt. Dafür türmten sich die Wände entlang vom Boden bis zur niederen Decke Holzkäfige, hinter deren Maschendrähten eine mümmelnde Herde von hunderten langohrigen Insassen erkennbar war! Ihr Besitzer stand, mit dem Rücken zu mir, in der Mitte des Raumes und füllte mit einer schmalen Handschaufel Futter aus einem großen Papiersack in kleine Plastiknäpfe.

„Guten Tag, Herr Wolf! Ostern beginnt heuer ziemlich früh, oder?"

Der Verwalter wirbelte herum: „Was haben Sie hier zu suchen?"

„Och, eigentlich war ich auf der Suche nach Katzen, aber ich muß gestehen, daß Hasen als Braten natürlich weit appetitlicher sind! Noch dazu, wenn es sich um den Fürst unter den Kaninchen handelt!"

Wolf versuchte, den ersten Schock mit Grobheit zu überspielen: „Das geht Sie einen Scheißdreck an! Raus hier!"

„Na, wenn es sich um rätselhafte Verwerfensfälle handelt, an denen man mir die Mitschuld gibt, besteht doch eine gewisse Beteiligung meinerseits, würde ich meinen! Kaninchen eignen sich zum Übertragen von Toxoplasmen nämlich genausogut wie Brieftauben für Nachrichten! Haben Sie das gewußt?"

Einen Moment lang dachte ich, er würde mit der Metallschaufel auf mich losgehen! Dann schleuderte er sie jedoch klirrend in eine Ecke, daß sämtliche Kaninchen durch die Käfige jagten, und pfauchte: „Aber geh'n Sie doch zum Teufel!"

Zu dem ging ich nicht, aber zum Grafen! Der war sehr erstaunt, mich so schnell wiederzusehen, noch erstaunter jedoch, zu erfahren, daß sein Verwalter ohne sein Wissen, dafür auf seinem Besitz und sogar unter seinem Namen, eine florierende Karnickelmästerei ins Leben gerufen hatte! – Ich glaube gar, Herr Wolf und zwei Mitarbeiter hatten noch am selben Abend die Fristlose in der Hand! Ehe die illegale Kaninchenfarm in stundenlanger Arbeit abgebaut wurde, mußten deren Bewohner noch ihre Ohrvenen für eine Blutprobe herleihen!

Der Befund „Hoher Durchseuchungsgrad mit Toxoplasmen“ befand sich Tage später im selben eleganten Umschlag wie die formvollendete Einladung mit Gemahlin zum Sonntagsessen auf Gut Waldenfels!

„Was gibt’s denn?“ wollte Karin wissen.

Ich grinste: „Wahrscheinlich Kaninchen! Kommst du mit?“

„Warum nicht! Ich bin ja nicht schwanger!“

Gräfin und Graf empfingen uns in einem der Jagdsalons zum Aperitif.

„Ich muß mich bei Ihnen entschuldigen, Herr Doktor!“ begann Waldenfels, als wir unsere Gläser hatten, „ich …!“

„Aber nein, schon in Ordnung…!“

„Ich muß mich bei Ihnen entschuldigen!“ wiederholte der Graf mit erhobener Stimme, „und wenn es nicht aus eigenem Bedürfnis wäre, dann ganz sicher im Auftrag meiner lieben Gattin und ihrer Frieda!“

Das Essen war vorzüglich und mit dem Hauptgang aus Wild in allen Variationen ganz nach meinem Geschmack! Arme Karin, Kaninchen wäre ihr sicher lieber gewesen!

Zum Kaffee reichte Waldenfels mir die kostbare Intarsienkiste mit eingebautem Humidor: „Zigarre?“

Dieses Mal nahm ich eine!

Der Apfel fällt nicht weit vom Pferd

Grace zuzusehen war ein wunderbarer Anblick! Der warme Farbkontrast der Fuchsstute im tiefgrünen Wiesengras wurde noch durch die langsam sinkende Sonne betont, die Mähnensaum und Schweif in ein oranges Leuchten verwandelte. Obwohl ihr Körper in Relation zu den langen Beinen etwas plump geraten schien, was vor allem an der kräftigen, überbauten Kruppe lag, sah man die Leichtigkeit der Bewegung, als sie plötzlich leise wiehernd den Kopf hochwarf und aus purem Vergnügen einige Runden um die Weide drehte.

Nur der alte Stockleitenbauer schaute griesgrämig drein, als hätte ihm jemand etwas besonders Ekelhaftes auf seine Wiese gekippt. Das heißt, um seine Wiese handelte es sich ja nicht mehr, seit er vor gut einem Jahr an den ältesten Sohn, den Kilian, übergeben hatte!

„Seit hundertzehn Jahren war der Stockleitenhof bekannt für seine Norikerrösser, oa Reservesiegerin war sogar drunter!“ Zum Beweis zeigte er auf die große Blechtafel mit der Aufschrift „NORIKER-ZUCHTBETRIEB“ und der Abbildung eines stattlichen Vertreters dieser Kaltblutrasse, die am Giebel der Tenne prangte. „Und jetzt bild’t sich der blöde Bua ein, er muaß ausgerechnet mit Traber anfangen!“

„Nana!“ warf ich begütigend ein und deutete auf die beiden muskulösen Norikerstuten, die gemächlich auf der Nachbarwiese grasten, „immerhin gibt es ja noch die Flora und die Dana, Ihr Sohn wollte eben einmal was Neues probieren!“

„Ja, was Neuch’s!“ murrte der Alte, „im Paradies damals wollten s’ aa unbedingt was Neuch’s probier’n, und herauskommen is’ die Erbsünd’!“

Der Stockleitner trug das „Stock“ nämlich nicht nur im Hofnamen, sondern auch in seinen konservativen Anschauungen!

Grace ließ sich durch die Herabwürdigung zum Sündenfall in ihrer guten Laune beim Herumtollen nicht beeinträchtigen. Warum auch? Schließlich gehörte sie als lupenreines *American Standardbred* jener hochgezüchteten Rasse an, die den gesamten Trabrennsport dominiert, und hatte mindestens soviel gekostet wie ein Luxustraktor! Den Preisvergleich pro PS durfte man gar nicht anstellen!

Da der Kilian noch auf dem Feld beschäftigt war, die letzten Siloballen zu drehen, und ich mit meiner Arbeit sowieso fertig war, verabschiedete ich mich. Die Leier vom Stockleitner kannte ich mittlerweile zur Genüge! Da konnte noch soviel Wasser vom Berg runterfließen, wo es den Winter über als Schnee gelegen hat!

Im nächsten Frühjahr herrschte wie immer um diese Jahreszeit Hochbetrieb auf dem Stockleitenhof! Hinter dem Stall befand sich ein aus festen Pfosten und Brettern gefertigter Deck- und Probierstand, wo einmal wöchentlich der Wilflingbauer als Hengstenhalter mit dem Zuchthengst aus der Vulkan-Linie Station machte.

An solchen Tagen war der Hof von Geländewägen mit Pferdeanhängern zugeparkt, darinnen warteten die Stuten darauf, unter den fachkundigen Blicken ihrer Besitzer der Reihe nach in dem Stand entweder belegt zu werden oder, wenn der Rossezeitpunkt noch zu früh war, mit den Hufen donnernd gegen die Plankenwand zu schlagen!

Der prachtvolle Hengst stampfte jedesmal vor Erregung, dicke Schaumflocken sprühten von seinen Nüstern, und die Muskulatur dampfte im Schweiß, während er unbändig am Halfter riß!! Nach einigen Runden sah der Wilfling, bis auf die Erregung, genauso aus!

Grace jedoch verpaßte die Veranstaltung! Als bei ihr die Rosse einzusetzen begann, hatte sie der Kilian nach Hannover auf die Veterinärmedizinische Universität transportiert, weil er sie dort künstlich befruchten lassen wollte, und dazu bedarf es einer mehrfachen Ultraschalluntersuchung, um die Größe des Follikels und den Eisprungzeitpunkt zu kontrollieren.

Anschließend ließ der Kilian die Stute nach zwanzig Tagen nochmals ultraschallmäßig untersuchen, und als dabei die Trächtigkeit nachgewiesen wurde, stellte er sie für weitere drei Wochen an der Klinik ein, um zu vermeiden, daß der Transportstreß den Embryo schädigen konnte.

Angesichts dessen, was die tiefgefrorenen Spermaportionen eines in Neuseeland beheimateten Rennchampions (Grace wurde sicherheitshalber dreimal in Serie besamt) gekostet hatten, fiel dieser zusätzliche Aufwand überhaupt nicht ins Gewicht!

„Was hat denn Ihr Vater dazu gesagt?“ fragte ich verblüfft, als der Kilian mir, nachdem er Grace heimgeholt hatte, die Summe gestand.

„Ah, der! Der war so mit seinen Norikern und der ganzen Deckerei beschäftigt, i' glaub, der hat inzwischen vergess'n, daß es die Grace überhaupt gibt!“

Schließlich war es soweit! Mitten in der Nacht läutete das Telefon: „Bittschön schnell kommen, die Grace is' beim *Füllen!*“ Bums, aufgelegt!

Mit einer einzigen fließenden Bewegung steckte ich im Gewand, und während ich im Vollmondschein die glücklicherweise nicht allzu weite Strecke zum Stockleitenhof entlangraste, raste auch der Puls! Pferdegeburten sind bekanntlich die heikelsten Ereignisse im Tierarztleben, wenn sie nicht von selbst ablaufen!

Da Stuten und Fohlen aufgrund ihrer Anatomie von Haus aus für schnelles Werfen prädestiniert sind, bedeutet jede Verzögerung höchste Gefahr für Mutter und Nachwuchs! Bereits dreißig Minuten nach dem Blasensprung setzt die Sauerstoffmangelversorgung der Frucht ein!

Dazu kommt noch der Umstand, daß aufgrund der langen Fohlenbeine in Relation zu den Tierärztearmen eine Lageberichtigung sich oft als technisch unmöglich erweist und Kaiserschnitte bei Pferden infolge bestimmter Gegebenheiten höchstens auf dafür eingerichteten Kliniken vertretbar sind! Und wie gesagt, immer der Zeitfaktor!

Ich brachte den Wagen mit einem harten Tritt auf das Bremspedal einen Meter vor der Stallwand zum Halten, als in der hellen Türöffnung die breitschulterige Silhouette des Kilian auftauchte: „Alles in Ordnung, Herr Doktor, i' hab' mir nur denkt, i' ruaf zur Sicherheit glei' an, falls es irgendwie Komplikationen gibt!"

Ich sank stöhnend in den Autositz zurück: „Also ich bin zwar froh, daß es gut vorüber ist, aber seien Sie in Zukunft so nett und rufen dann an, wenn Sie mich wirklich brauchen! Mein Nervensystem kann man jetzt als Einkaufsnetz verwenden!"

Trotzdem ging ich natürlich in den Stall, um das Neugeborene zu begutachten. Klatschnaß und schwer atmend lag es im Stroh, und Grace schnupperte verwundert daran. Der Stockleitner senior war als alter Pferdemann natürlich ebenfalls erleichtert, daß die Geburt problemlos abgelaufen und die Nachgeburt, der *Helm,* wie man bei uns dazu sagt, auch schon abgegangen war, zeigte es aber nicht! Mit verschränkten Armen stand er da und brummte: „Das soll a Fohlen sein? Wenn i' da an meine Norikerrössl'n denk' ...!"

In der Tat war der kleine Hengst um einiges zierlicher als ein Kaltblutfohlen! Den Kilian bekümmerte die Kritik nicht, er hockte sich neben den Kleinen und frottierte ihn mit einer Bürste trocken, wie ich es allen meinen Bauern beigebracht hatte. Früher wurden dazu Strohbüschel verwendet, aber das Stroh wurde durch den Fruchtschleim sofort glitschig und verlor die Reibewirkung.

„Haben Sie schon den Nabel desinfiziert?"

Er nickte.

„Gut, dann hau' ich mich noch ein paar Stündchen auf's Ohr und schau morgen noch mal vorbei zur Lähmeprophylaxe!"

Die Fohlenlähme stellte früher eine gefürchtete Infektion dar, die über den Nabel die Gelenke befiel und meistens ziemlich aussichtslos verlief.

Seitdem die Neugeborenen innerhalb der ersten vierundzwanzig Stunden entsprechend behandelt werden, hatte ich, toi, toi, toi, keinen einzigen derartigen Fall mehr!

Aber als ich am nächsten Vormittag auf dem Hof eintraf, gab es bereits eine andere Schwierigkeit! „Er sauft net!" empfing mich der Kilian.

Mangelndes Saugvermögen kommt zwar bei allen Tierarten vor, beim Fohlen jedoch ist es besonders dramatisch, da diese im Gegensatz zu Kälbern mit geringen Energiereserven geboren werden und körperlich rasch verfallen!

Der kleine Hengst stakste zwar auf seinen dünnen Beinen durch die Box, aber sobald man ihn zum Euter führte, lutschte er lediglich an der Zitze wie ein verzweifelter Autor am Kugelschreiber!

Wenigstens war der Kleine mobil, denn Fohlen, die noch dazu festliegen, gelten als ziemlich aussichtslos!

Gott sei Dank hatte ich seit Jahren eine patente Behandlungsmethode, bei der die Tiere, sofern sie sonst organisch gesund sind, innerhalb von 36 Stunden zu saugen beginnen. Zur Sicherheit verabreichte ich noch eine Infusion, damit das Fohlen in der Zwischenzeit gut über die Runden kam.

Wie erwartet erhielt ich am nächsten Tag die beruhigende Nachricht, daß der Kleine saufe wie ein Weltmeister! Hatte ja auch was nachzuholen!

Umso mehr erschütterte es mich, als Karin mir einige Wochen später übers Autotelefon mitteilte, der Kilian habe angerufen, das Hengstfohlen, das mittlerweile den Namen Baldur erhalten hatte, trinke seit der Früh wieder nicht!

Kruzitürken, das war neu!

Als ich am Stockleitenhof aus dem Wagen hüpfte, machte der Kilian ein besorgtes Gesicht: „Gestern hat er schon mehr zögerlich g'soff'n, aber seit heut' morgen überhaupt nimmer! Das Problem is', der Baldur is' bereits verkauft! An einen Trabertrainer in der Nähe von Salzburg!"

Er nannte eine atemberaubende Summe! Nennen kann ich sie hier nicht, falls das Finanzamt mitliest. Jedenfalls wunderte es mich nicht mehr, daß bei solchen spekulativen Beträgen für vielversprechende Fohlen schon so mancher mit Rennpferden pleite gegangen ist!

„Na ja, im internationalen Vergleich ist das bei *der* Abstammung zwar eher ein Schnäppchen, aber jeder muß klein anfangen!“ setzte der Kilian mit verlegenem Stolz hinzu, „der Vater is’ ganz aus ’m Häusl, soviel Geld hat er bis heut’ für alle seine Fohlen zusammen net g’seh’n!“

„Also, dann schau’n wir halt nach Ihrem vierbeinigen Rohdiamanten!“

Baldur war gehörig gewachsen, stand aber nun trübsinnig und mit leicht gekrümmtem Rücken neben seiner Mutter! Auch das Fiebermessen ließ er apathisch über sich ergehen. Als ich den dick geschwollenen Nabel berührte, zuckte er mit dem Hinterbein!

Mit sorgenvoll gerunzelter Stirn tastete ich die Extremitäten ab. Das linke Sprunggelenk schien zwar eine Spur wärmer als normal, sonst aber glücklicherweise noch unauffällig.

Ich richtete mich auf: „Bin ich froh, daß wir ihn damals gespritzt haben, sonst hätten wir jetzt eine wunderschöne Fohlenlähme aufgrund der Nabelentzündung! Ich dachte, Sie hätten ihn nach der Geburt desinfiziert?“

„Hab ich auch! Hab mir das Mittel extra aus dem Internet über ein Pferdeforum besorgt!“ Er hielt mir eine Flasche aus gelbem Kunststoff mit unbekanntem Hersteller und Blabla als Aufschrift unter die Nase: „Ist sogar Bio!“

Ich fuhr hoch: „Bio und Desinfektion ist wie ein heißer Eislutscher! Das funktioniert nicht! Manchmal versteh’ ich die Welt nicht mehr! Da hat einer ein wertvolles Fohlen und kauft dafür den billigsten Dreck aus dubiosen Quellen …!“

„Was heißt da billiger Dreck?“ protestierte der Kilian, „das Zeug war sauteuer!“

„Wenn wir den Baldur nicht hinkriegen, auf jeden Fall!“ entgegnete ich lakonisch und injizierte dem Fohlen eine gründliche Dosis Antibiotikum. „Morgen wieder!“ nickte ich anschließend.

Am nächsten Tag war das Fieber bereits gesunken, das Tier wesentlich munterer, und das Sprungelenk gefiel mir auch besser! Allein die Nabelverdickung zeigte sich unverändert, aber das machte mir keine Sorgen, das dauerte immer ein bißchen länger!

Baldur sprach dankenswerterweise tadellos auf die Therapie an, und als ich am fünften Tag zur abschließenden Behandlungseinheit auftauchte, erwies es sich schon als sehr mühsam, dem Junghengst die letzte Spritze zu verpassen, noch dazu, wo mir als Helfer und Hal-

ter bloß der alte Stockleitner zur Verfügung stand! Der Junior war, zuversichtlich über den guten Heilungsverlauf, frohgemut auf die Alm gefahren, Zäune ausbessern!

Als Baldur nach der Injektion schnurstracks zu Grace hinüberstelzte, um sich mit einem ordentlichen Schluck Milch zu entschädigen, strahlte der Stockleitner über das faltige Gesicht: „A wundervoll's Rössl, net? Da siacht man, daß der Bua den Zuchtverstand von mir g'erbt hat! Der Apf'l fallt halt do' net weit vom Baam!"

„In diesem Fall nicht weit vom Pferd!" korrigierte ich belustigt, weil er vor einigen Wochen noch ganz anders dahergeredet hatte.

Er warf mir kurz einen scharfen Blick zu, ob ich ihn etwa mit einem Pferdehintern vergleichen wollte, dann kapierte er aber und grinste geschmeichelt: „Naja, so kann man's aa sag'n!"

Dann beobachtete er mit behaglicher Miene wieder den kleinen Baldur, der mit gespreizten und – Gott sei Dank – wieder gesunden Beinen dastand, Hals und Kopf unter den Bauch von Grace gereckt, und am Euter saugte, daß es nur so schmatzte! Dabei wedelte er mit dem kleinen Schweif emsig hin und her. Ein herzerfrischender Anblick!

„Da kriagt man ja vom Zuschau'n an Duascht!" ließ sich der Stockleitner wenigstens vernehmen, „kommen'S, Herr Doktor, wir geh'n jetzt ins Haus, aa wos trinken! Owa sicher koa Milch!"

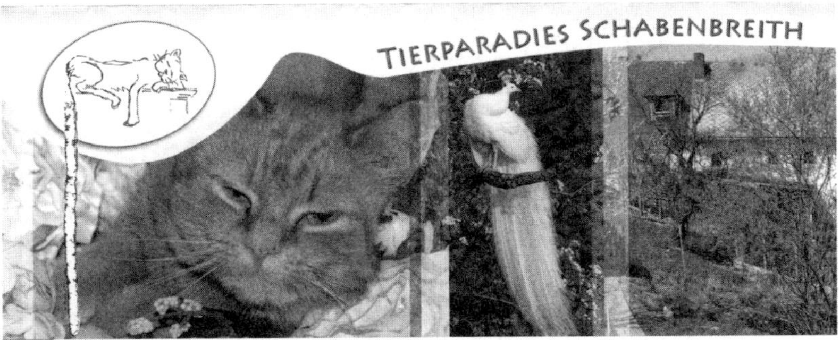

Das Tierparadies Schabenreith

Auf einer Seehöhe von ca. 800 Metern liegt, umgeben von herrlicher Landschaft, der aus dem 13. Jahrhundert stammende Bauernhof Schabenreith. 1993 von Doris und Harald Hofner-Foltin erworben, fanden damals 12 Tiere mehr als genug Platz. Der Hof wurde liebevoll restauriert und mit Gästezimmern ausgestattet. Im Laufe der Jahre fanden immer mehr misshandelte und verstoßene Tiere ein neues Zuhause. Bis zu 300 Tiere tummeln sich auf dem 9 Hektar großen Gelände. Im Tierparadies gibt es ein Leben „danach". Nach den Misshandlungen, den ganz alltäglichen Qualen im Namen der Nutztierhaltung oder dem gerade noch verhinderten letzten Gang zum Schlachthof. Ein täglicher Wettlauf zwischen kranken Tieren, Tierarzt und ignoranten Tierhaltern.

Da die Zivilberufe wegen des gigantischen Arbeitsaufwandes am Hof aufgegeben werden mussten, bildet die Frühstückspension die Lebensgrundlage. Durch treue Tierpaten und Spender sowie dem Verkaufserlös der vier Bücher „SaTierische Geschichten" und „Bunte Hunde und Schräge Vögel", Fotoausstellungen, Lesungen, dem Verkauf selbstgemachter Konfitüren werden die restlichen Finanzmittel aufgebracht. Die benötigten, großen Mengen Heu stammen aus eigener Produktion. Die Bewirtschaftung des gesamten Hofareales erfolgt organisch biologisch. Neben der Arbeit am Gnadenhof haben Doris und Harald Hofner-Foltin ein Sterilisierungs- sowie Vorsorgeimpfungsprojekt ins Leben gerufen, um eine unkontrollierte Vermehrung von Haustieren und die damit oftmals verbundene qualvolle Tötung, Verwahrlosung bzw. Ausbreitung von Krankheiten zu verhindern.
Immer wieder müssen in Not geratene Tiere versorgt werden: Angemähte Katzen, ausgesetzte oder halbtot geprügelte Hunde, verwahrloste Kühe, halbverhungerte Pferde oder Schafe, plötzlich ungewollte Meerschweinchen oder Hasen, durch die morgendlichen Rufe störende Pfauen und so weiter.
Auf Schabenreith hat jedes Tier die Möglichkeit, so zu leben, wie es seinem Wesen entspricht. Die individuelle Betreuung jedes einzelnen Tieres unter Berücksichtigung tierpsychologischer Aspekte sowie eine optimale tierärztliche Versorgung führt zu höchster Ausgeglichenheit.

Jeder Euro zählt ...

Bankverbindung:
BAWAG • BLZ.: 14000
Konto-Nr.: 46710409714
BIC: BAWAATWW
IBAN: AT221400046710409714

Schicken Sie uns eine
E-Mail: **office@tierparadies.at** oder ein
Fax: +43 (0) 75 82 / 37 110, oder
rufen Sie uns an: **+43 (0) 75 82 / 73 09**,
+43 (0) 699 / 127 341 14, oder
+43 (0) 699 / 100 800 26.

AUS UNSEREM PROGRAMM

ISBN 978-3-85365-204-6

ISBN 978-3-85365-220-6

ISBN 978-3-85365-233-6

V. F. SAMMLER